メディアの公共性

転換期における公共放送

大石裕・山腰修三・中村美子・田中孝宜［編著］

慶應義塾大学出版会

はじめに

　本書は日本および世界各国の公共放送が置かれた状況や直面している課題を提示し、「メディアの公共性」とは何かを探ることを目的とした入門書である。

　それでは、なぜ、「メディアの公共性」が重要なのか、そしてなぜ、「公共放送」をその主たる対象とする必要があるのだろうか。

　改めて指摘するまでもなく、デジタル化やインターネットの発達によってメディア環境は大きく変わりつつある。その影響は、新聞や雑誌だけでなく放送メディア、とくに公共放送にも及んでいる。

　メディア環境の変化の中での公共放送の将来像はとくに欧州を中心に、2000年代以降大きな議論となっている。それというのも、公共放送（ヨーロッパでは公共サービス放送という呼称が定着しているが、本書では基本的に公共放送と表記する）は西欧の従来のメディア環境の中で大きな存在感を持ってきたからである。インターネットの発達と普及は人々のメディア利用や意識を大きく変えることになった。公共放送がこれまでと同様の「公共サービス」をどのように提供できるのかが問われる中で、公共放送をインターネット時代に対応させる「公共サービスメディア（PSM）」のあり方が論じられるようになった。

　こうしたヨーロッパを中心とした公共サービスメディア論を紹介することもまた、本書の目的の一つである。だが、公共サービスメディア論を検討すると、それがメディア技術の変化、といった単純な問題にとどまらないことがただちに了解される。公共放送はデジタル化やインターネットの発達だけでなく、グローバル化、市場原理主義の浸透、社会の多様化・多元化といった政治的、経済的、文化的諸変化によっても従来のあり方が問い直され、揺らいでいるのである。公共放送の意義を積極的に認める人々にとって、こうした状況は「公共放送の危機」とみなすことができる。

　しかし、「危機」は公共放送のあり方を根源的に問う機会でもある。公共放送は国民国家を基盤とする社会の網の目の中で成立し、不特定多数を対象に情報を一方向的に伝達する技術を基盤に固有の公共的な役割を作り上げてきた。

i

こうした公共放送を成り立たせ、あるいは正当化してきた要因を再検討し、それを通じて公共放送と社会との関係を改めて問うことが、いま求められているのである。

また、公共放送から公共サービスメディアへの移行を問うことは、「放送」という特定の技術に留まらない、メディアと社会との関係性、さらにはメディアの公共性を明らかにすることでもある。そしてそれは、今日の政治的・社会的文脈の中で、メディアの公共性を正当化する新たな視座や論理を提示することにつながるのである。

このように、本書では、公共放送の現状や公共サービスメディアへの移行をめぐる議論を紹介するだけでなく、公共放送の捉え方を示すことを重視している。上記の議論を踏まえ、本書はマス・コミュニケーション論やジャーナリズム論、メディア論を基本としながらも、政治学や社会学、法学といった隣接する社会諸科学の概念や理論との関係性を意識している。それが本書の特徴となっている。

本書の構成は次の通りである。

第Ⅰ部は、公共放送を捉える際の基本的な視座を論じている。

第1章「公共放送とは何か」は、公共放送の位置づけや特徴を概説している。また、「制度化」から公共放送を捉える視点や、メディアの公共性と政治理論・社会理論との関係性など、後の各章で展開される枠組みを提示している。

第2章「『公共サービスとしての放送』の限界と可能性」は、主に英国のBBCを対象に、公共放送がいかなる理念の下で構想され、どのように発展してきたのかを歴史的に論じている。さらに、近年の公共サービスメディア論を参照しながらBBCの今後を展望している。

第3章「メディアの公共性をめぐる制度と法」は、公共放送がどのように制度化されているのかを、メディア法の観点から論じている。そしてこうした観点からNHKと政治や社会との関係性を捉える枠組みを提示している。

第4章「メディアと公共性」は、公共圏に代表される民主主義に関する様々な概念とメディアとの関係性を検討し、政治・社会理論の観点から公共放送・公共サービスメディアの位置づけを明らかにしている。

第Ⅱ部は、公共サービスメディア論が積極的に議論されている欧州を中心に、

公共放送が直面している変化の諸相を論じている。

　第5章「ヨーロッパの公共放送の現状と課題」は、「公共サービスメディア」論の現状を、欧州放送連合の Vision2020 プロジェクトを中心に解説している。ここで整理されている議論が以後の各章の基盤となっている。

　第6章「デジタル化と今後の公共放送」では、技術に関する独自の視点より「公共放送」から「公共サービスメディア」への変遷過程を捉えなおしている。この章では「技術」を一つの「制度」として、すなわち、政治的、社会的、経済的、文化的な文脈から構築されるものとして捉えている。そして「公共放送」と「公共サービスメディア」を「古いメディア／新しいメディア」「放送／ネットワーク」という二項対立図式で捉える従来の視点を批判し、「放送」の持つ今日的意義を指摘している。

　第7章「グローバル市場における公共メディアの役割とその価値」は、グローバル化、市場原理主義の進展といった近年の社会変動を踏まえて公共サービスメディアのあり方を論じていている。多くの研究では市場原理主義の進展はメディアの公共性の脅威とみなされる傾向にある。しかし本章では、「競争的協力関係」という新たな視座を通じて、今日の社会変動が必ずしも公共サービスメディアにとってネガティブな影響のみをもたらすわけではないことを強調する。

　第8章「公共サービスメディアの理念と商業化」は、第7章とは対照的に、今日の市場原理主義の進展がもたらす問題を具体的な事例を通じて明らかにしている。本章では「文化帝国主義」や「文化的近接性」といった概念に依拠しながら、公共放送 BBC の商業部門である BBC ワールドワイドのコンテンツが欧州の公共サービスメディアによってどのように受容されてきたのかを論じている。そして、BBC ワールドワイドのグローバルな戦略が、文化的画一性を促進する側面を批判している。

　第Ⅲ部は、今後のメディアの公共性を考える上で参考になる視座を提示している。

　第9章「新興国の公共放送」は、タイにおける公共放送の成立過程を紹介している。第5章から第8章では公共放送がすでに存在しているヨーロッパを主な対象とし、公共放送の未来像が語られる。他方で、それと同じ時期にその他の地域、とくに新興国では公共放送を新たに立ち上げ、定着させるための議論が行われている点は興味深い。タイの事例では、公共放送を市民社会の中に位

置づけ、市民ネットワークの拡充と番組制作への市民参加という二つのメカニズムから公共放送を発展させる企図が説明している。

第10章「グローバル社会における公共メディアと災害報道」は、「災害報道」をキーワードに「メディアの公共性」を再検討している。そして災害報道をメディアの果たす公共的な機能と位置づけたうえで、一般市民との関係性や国境を越えたほかの機関との連携の可能性を論じている。

第11章「米国における非営利メディアの生態系」は、通常、公共放送の存在感が低いと評価される傾向にある米国を事例としている。米国ではメディア環境の変化により、従来のニュース・メディアが揺らいでいるが、その一方で、非営利のデジタルメディアが新たにジャーナリズム機能を担いつつある。そして本章では、こうした新興のニュース・メディアが公共サービスメディアと多くの共通点を持つと論じている。米国の事例は、新たな「メディアの公共性」をジャーナリズムの視座から検討する上で示唆的である。

第12章「公共サービスメディアと人権」は、「人権」をキーワードに「メディアと公共性」を新たに構想するための手がかりを提供している。「人権」がメディア・コミュニケーション論の一部ではすでに関連づけて論じられてきたことを踏まえて、この概念を公共サービスメディアに組み込むことの意義と妥当性を近年の欧州の政策を事例としながら検討している。

第13章「コモンズとしての公共サービスメディア」は、「コモンズ」の観点から「メディアと公共性」を捉え直すための議論が提起されている。この章では「コモンズ」概念を整理し、この概念を公共サービスメディアと結びつけて論じてきた先行研究を再検討している。そして公共サービスメディアにコモンズ概念を適用する際の問題点を明らかにしたうえで、公共サービスメディアをコモンズの点から論じるための枠組みを提示している。このように、第11章から13章は「公共放送」にとどまらず、今日のメディアを公共性の観点から発展させる上での新たな視座が論じられている。

公共放送の問い直し、あるいは公共サービスメディアをめぐる議論は現在進行中の諸変化を検討し、分析する作業である。それに加えて、公共放送は国民国家を基盤として社会的・歴史的文脈の中で成立してきたことに注目すると、公共放送のあり方や現状は各国・各地域で異なっている。したがって、本書の各章では「公共放送」と「公共サービスメディア」という呼称の使い方が必ずしも統一されていない。現下のシステムを「公共放送」と捉えている立場、す

でに「公共サービスメディア」に移行していると捉えている立場、「公共放送」から「公共サービスメディア」への移行期と捉えている立場など、章によって立場は異なる。こうした立場の違いこそが、公共放送の現状を示しているともいえるだろう。

　なお、本書の後半は2014年8月に東京で開催された「世界公共放送研究者会議」（RIPE）の成果の一部をもとにしている。RIPE（Re-visionary Interpretations of Public Enterprises の略称）は、公共放送・公共サービスメディアの現状と課題について各国の放送事業者と研究者が共同で検討し、議論するために2年に一度開催される国際会議である。第7回目にあたる東京大会はNHK放送文化研究所と慶應義塾大学メディア・コミュニケーション研究所による共催となった。東京大会では「越境化」が全体テーマとなったため、本書に収録されているいくつかの章ではこのキーワードに関連づけた議論が展開されている。

　RIPE東京大会についてはすでに成果の一部が日本語で出版されている。とくに『ジャーナリズムの国籍』（山本信人監修、慶應義塾大学メディア・コミュニケーション研究所／NHK放送文化研究所編、2015年）、『放送研究と調査』2014年10月号、11月号、12月号をそれぞれ参照していただきたい。なお、先行して出版された姉妹書である『ジャーナリズムの国籍』が新興国を主な対象とした専門書であるのに対し、本書は主としてヨーロッパの事例を踏まえつつ、公共放送を捉える上での基本的な議論に関する書き下ろしを加えた入門書となっている。

　第II部、第III部は第5章と第9章を除いてRIPE東京大会の発表論文がもとになっている。編者から原著者に対して適宜疑問や希望を伝え、章によっては大幅な加筆・修正を加えたものもある。英文論文の和訳については全編、翻訳家の今川昌子氏に担当していただき、中村（第8章、9章、12章、13章）、田中（第6章、7章、11章）がそれぞれ確認と修正を行い、さらに山腰が全体の最終確認と統一を行うという手順をとった。

　最後に、本書の企画から出版まで大変お世話になった慶應義塾大学出版会の乗みどり氏には心から御礼申し上げる。

2016年9月

編者一同

目　次

はじめに ———————————————————————————— i

　　編者一同

第 I 部　メディアの公共性を問い直す

第1章　公共放送とは何か ———————————————— 3

　　山腰修三

1　放送の公共性とその制度化　／　2　公共放送の社会的機能　／　3　岐路に立つ公共放送　／　4　メディアの公共性の可能性

第2章　「公共サービスとしての放送」の限界と可能性
　　——BBC の現代的意義———————————————— 19

　　中村美子

1　はじめに——放送の始まりと公共放送の誕生　／　2　公共放送モデルとしてのイギリス BBC　／　3　市場原理の導入と公共サービス放送の縮小　／　4　公共放送の転換　／　5　公共サービスとしての BBC の限界　／　6　公共サービスとしての放送の可能性——BBC の現代的意義

第3章　メディアの公共性をめぐる制度と法 ———————— 39

　　鈴木秀美

1　メディア法制における公共性　／　2　放送法制の概要　／　3　放送の自由と規制　／　4　NHK の公共性

vii

第4章　メディアと公共性 ——————————— 59

大石　裕

1　はじめに——メディアと民主主義　／　2　公共圏としてのメディア　／　3　メディアの公共性　／　4　公共サービス放送　／　5　公共サービスメディア　／　6　結び——公共性と共同性

第Ⅱ部　公共サービスメディア論の視点

第5章　ヨーロッパの公共放送の現状と課題 ——————— 77

中村美子

1　公共放送から公共サービスメディアへ　／　2　圧力にさらされる公共放送　／　3　PSM の六つの価値　／　4　EBU Vision 2020 の提言　／　5　ヨーロッパ PSM の課題

第6章　デジタル化と今後の公共放送 ———————— 95

タイスト・フヤネン

1　はじめに　／　2　公共放送から公共サービスメディアへ——批判的考察の必要性　／　3　放送と電子メディアとしてのラジオとテレビ　／　4　メディア横断志向のユーザーと放送メディア　／　5　おわりに

第7章　グローバル市場における公共メディアの役割とその価値 —— 115

タニヤ・マイヤーホーファー

1　はじめに　／　2　国内における公共サービスメディアの「市場主義化」　／　3　国境を越えた空間における公共サービスメディアの「市場主義化」　／　4　越境ネットワークの「市場主義化」　／　5　越境型の PSM の制度化　／　6　PSM 間の連携のダイナミクス　／　7　おわりに

第8章　公共サービスメディアの理念と商業化
——BBCワールドワイドと英米系コンテンツの市場支配——— 135
ヒルデ・ヴァン・デン・ブルック、カレン・ドンダース

1　はじめに　／　2　視聴覚コンテンツの流通・文化帝国主義、文化的近接性　／　3　PSM の理念と国内制作番組 vs. 海外購入番組　／　4　コンテンツ流通市場と BBC ワールドワイド　／　5　おわりに

第Ⅲ部　メディアの公共性と公共放送のゆくえ

第9章　新興国の公共放送——タイ公共放送の成立をめぐって——— 161
パラポン・ロドライドォ

1　はじめに　／　2　タイ PBS の目的と組織運営　／　3　タイ PBS の基盤と市民参加モデル　／　4　タイ PBS モデルの運営と成功　／　5　「公共メディア友の会」の拡大　／　6　「TV Jor Nuer」の経験　／　7　市民意識と「TV Jor Nuer」　／　8　おわりに

解題（中村美子）　176

第10章　グローバル社会における公共メディアと災害報道——— 177
田中孝宜

1　はじめに　／　2　NHK と災害報道　／　3　内なるグローバル化と災害報道　／　4　グローバル化で変わる公共放送　／　5　境界を越える公共放送

第11章　米国における非営利メディアの生態系
——公共放送への挑戦——— 193
アラン・G・スタヴィツキー

1　はじめに　／　2　デジタルメディア環境の変化　／　3　デジタルメディアによる地元ニュースの役割　／　4　デジタル・ニュース・メディアの国際報道　／　5　デジタルメディアの調査報道　／　6　共通のコンテンツと共通の価値観　／　7　デジタルメディアは公共メディアにどのような影響を及ぼすのか　／　8　おわりに

COLUMN　アメリカにおける「公共放送」と新興の「非営利ネットメディア」（田中孝宜）　205

第12章　公共サービスメディアと人権 ——————— 207

ミンナ・アスラマ・ホロヴィッツ

1　はじめに——PSMの存在意義　／　2　国民国家の文脈——PSMを正当化するいくつかの議論　／　3　人権に基づくアプローチのグローバルな文脈　／　4　人権に基づくPSMのあり方——ヨーロッパの事例　／　5　グローバルな次元でのPSMの存在意義——ユートピアか、一つの可能性か

第13章　コモンズとしての公共サービスメディア ——————— 225

コリン・シュヴァイツァー

1　公共サービスメディアからコモンズへ　／　2　コモンズという概念　／　3　PSMとコモンズの関連性　／　4　コモンズとしてのPSMを検証する枠組み

索　引 ——————————————————— 243
掲載論文原題一覧 ————————————— 246

第Ⅰ部

メディアの公共性を
問い直す

第 1 章　　　　　　　　　　公共放送とは何か

山腰修三

1　放送の公共性とその制度化

（1）公共放送の捉え方

　本章では、日本放送協会（NHK）を中心に、公共放送を理解するための基本的な視点について検討する。

　周知の通り、NHK が他の商業放送（以下、日本の商業放送については「民放」と表記）と大きく異なる点は、CM が存在せず、その代わりに受信料が徴収されることである。一定金額の受信料によって支えられているということは、広告収入に大きく依存する民放とは異なり、急激な収入増が見込めない代わりに安定した財源が確保されていることを意味している。また、番組内容も大きく異なる。民放が視聴率を追求し、その結果、各局で似通ったバラエティ番組や情報番組、ドラマが制作される傾向があるのに対し、NHK は必ずしも高い視聴率を獲得することを目的としないドキュメンタリー、教育、福祉、伝統芸能など多様な番組を編成している。つまり、公共放送は営利目的の商業放送とは異なる事業体であることが分かる。

　一方において、（しばしば混同されることがあるものの）NHK は国営放送とも異なる。国家に財源を依存し、経営や放送内容を統制される中国中央電子台（CCTV）のような国営放送に対し、NHK は視聴者との契約に基づく受信料によって運営されている。例えば 2014 年に「政府が『右』と言っているのに我々が『左』と言うわけにはいかない」という NHK 会長の発言が強く批判されたのも、NHK が国家の統制から自立していること（あるいはより明確に自立すべきであるという期待）のゆえである[1]。

　だが、世界各国の公共放送を見渡すと、「公共放送＝NHK」というイメージは必ずしも普遍性を持たない。確かに、英国の BBC は NHK のイメージに近い。

だが、他のヨーロッパ諸国では、公共放送がより小規模な場合もある。アメリカでは商業放送が圧倒的な地位を占め、途上国では公共放送を持っていない国が多い。何よりも、CM を放送する公共放送や政府からの財源に依存するものも存在する。公共放送の形態や規模は国ごとに異なり、運営手法も違いがある。

　このように、具体的な共通点から公共放送を厳密に定義することは難しい。結局のところ、公共放送と他の放送形態との差異を理解する手がかりは、「公共（public）」概念をどのように捉えるか、という点に求められるのである。

（2）公共の利益とメディア

　マス・コミュニケーション研究、メディア研究やジャーナリズム研究において、公共放送の「公共」という用語が「公共の利益（public interest）」という理念と密接に結びついていることは広く受け入れられてきた（マクウェール 2005 = 2010: 236; Zelizer and Allan 2010: 126）。

　NHK については、放送法でこの点に関わる記述を確認することができる。すなわち、「公共の福祉のために、あまねく日本全国において受信できるように豊かで、かつ良い放送番組による国内基幹放送を行う」ことである（15 条）。ここで「公共の福祉」と呼ばれている概念が、上記の「公共の利益」に対応している（以下では「公共の利益」という語に統一して用いる）。つまり、「公共の利益」の実現のために設立されたメディアが公共放送である。

　メディア研究やマス・コミュニケーション研究の中では、公共の利益は「マス・メディアが現代社会で生じる数多くの重要かつ本質的な課題に取り組み、その活動が適切に行われることが、社会全体の利益になる」という考え方を指し示すものと理解されている（マクウェール 2005 = 2010: 216）。留意すべきは、この説明は新聞や商業放送など、すべてのマス・メディアに当てはまる点である。放送法の 1 条にはその目的として、「放送を公共の福祉に適合するように規律し、その健全な発達を図ること」とあるが、この場合の「放送」には民放も含まれている。したがって、商業放送（民放）もまた、公共の利益を実現するための制度と理解される。

　しかし、私的な利潤を追求する商業放送では実現が困難な公共の価値や利益が存在することもまた事実である。冒頭の事例に戻れば、例えば NHK は国会中継に何時間も費やすことがある。また、綿密な取材や調査に基づくドキュメンタリー番組では、社会問題や時として民間企業の問題を告発する。いずれも

4　第 I 部　メディアの公共性を問い直す

視聴率やスポンサーの影響から独立した公共放送だからこそ可能な番組作りであるといえるが、重要なのは次の点である。すなわち、こうした番組作りが実現する「公共の利益」は、民主主義社会において期待される特定の価値の実現と密接に連関しているのである。

　それは第一に、社会全体の普遍的な価値に関わるものである。つまり、社会を秩序化し、維持する上で必要な情報、課題、価値観や目標を社会全体で共有させることである。そして第二に、個別の価値に関わるものである。とくに少数派の価値観やアイデンティティへの配慮である。これら一見すると矛盾する公共の利益の実現のために、政府およびあらゆる利益集団から独立する形で多様かつ質の高い番組を制作し、そうした番組をあまねく伝達することが求められるのである。

（3）公共の利益の制度化をめぐる政治

　これまでの議論から分かるように、公共放送とは、民主主義社会において、公共の利益を放送という手段によって実現するための制度であると考えることができる。「制度」とは、「同一の目的と持続的な諸規則によって公式・非公式に規定されている諸活動と諸実践の複合体」である（McQuail 2013: 16）。つまり、公共の利益の実現という目的によって NHK や BBC の組織や日常的な番組作りの体制は規定され、また、そうした規定に基づく日々の番組制作や視聴者による消費といった諸実践により制度は支えられているのである。

　公共放送を「公共の利益の実現のための特定の制度」と捉える視点は、なぜ、公共放送のあり方が国や地域ごとに異なっているのかという問いに一つの解答を提示している。すなわち、「制度化」のあり方は、歴史的、技術的、政治的、社会的、経済的、文化的諸要因によって多様性を持つのである。無論のこと、それはその国の公共放送がラジオから開始されたのか、あるいはテレビとラジオが同時に開始されたのか、またはどのような法的位置づけによって成立したのか、といったメディア技術やメディアシステムの導入の経緯のみによって規定されるものではない。ラジオやテレビといったメディアが社会の中でどのように利用され、あるいは評価されてきたのかといった視聴者の意識や行為によっても規定される。さらには社会内部のアイデンティティの多様性、民主主義システムのあり方や公的なものに対する人々の意識などによって公共放送の「制度化」は異なってくるのである[2]。

第1章　公共放送とは何か　5

しかし、ここで再度確認すべきは、公共放送の組織原理としての「公共の利益」の理念そのものが曖昧な概念である点である（Blumler 1998）。「国益」と公共の利益との関係がしばしば問われるように、社会の中で何が「利益」とみなされるのかは流動的である。したがって、「公共の利益」の考え方が変化すると、公共放送のあり方も変化することになる。

　また、一連の議論が指し示しているのは、「制度」が常に変化に対して開かれている点である。公共放送のあり方、あるいは公共放送に期待される役割は、政治的、社会的、経済的、文化的、技術的諸要因の変化に伴って変わってくるのである。

　このように、公共放送を捉える際に、制度化のされ方、その歴史的変遷や今日的な変化の諸相に注目することが重要である。

2　公共放送の社会的機能

（1）NHK の組織的特徴

　それでは、公共の利益の実現を組織原理とする NHK はどのような特徴を持ち、また、どのようにしてその社会的な役割を果たしてきたのだろうか。

　今日の NHK の前身である社団法人日本放送協会は 1926 年に誕生した。とはいえ、現在の姿とは異なるものであった。周知のように、当時はラジオ放送のみであり、また、政府の強い統制下におかれていた。そして、戦時体制が確立する中で政府の宣伝機関としての役割を果たすようになった。戦後、GHQ による統制を経て、1950 年の放送法制定に伴い、現在の特殊法人に改組された。今日の NHK は、戦前の教訓を活かし、政府からの干渉を極力排し、視聴者の意向が反映される運営の仕組みを整備している（中村 2013: 107）。組織の最高意思決定機関として 12 人の有識者から構成される経営委員会を設置し、会長の選出や運営方針の決定権限を付与している。その一方で、経営委員会が番組内容に干渉することは禁止されている。

　NHK は約 1 万人の職員を擁する巨大なメディア組織である。放送総局内に報道局、制作局、海外総支局、解説委員室などが設置され、報道局には政治部、経済部、社会部などを擁する取材センター、報道番組を制作するニュース制作センターなどが置かれている。制作局には文化・福祉番組部や経済・社会情報番組部、科学・環境番組部、ドラマ番組部などが置かれている。また、全国に

6　第 I 部　メディアの公共性を問い直す

放送局（支局）が置かれ、そこでも独自の番組が制作される。こうして多様な番組作りを可能にする制度が確立されている。

　また、受信料を徴収する上で、NHK と国民との直接契約という形がとられている。この仕組みは「公共放送としての NHK の自主自律、放送の不偏不党を財政面から保障するもの」と説明されている（NHK 編 2014: 684）。2013 年度の受信料による収入は約 6438 億円であり、総事業収入の 98％を占めている。

（2）NHK に対する視聴行動と評価

　日本社会における NHK に対する評価としてまず指摘されるのは、その高い信頼性である。メディアの信頼度を尋ねた 2015 年の「メディアに関する世論調査」（新聞通信調査会）によると、1 位が NHK（70 点）、2 位が新聞（69 点）、3 位が民放（61 点）、4 位がラジオ（60 点）、5 位がインターネット（54 点）である。この調査では、2008 年の第 1 回調査以来、常に NHK がトップである（新聞通信調査会 2015）。

　また、5 年おきに行われている「日本人とテレビ・2015」調査によると、「事件や災害が起きたときの対応が早い」、「報道番組の掘り下げ方が深い」、「報道番組が中立・公正である」、「教養番組に、興味深いものがある」、「地域の出来事や話題を、よく伝えている」といった項目で NHK に対する評価が民放に対する評価を上回っている。民放が NHK よりも上回った項目は、「新鮮な感じのする番組がある」、「自分の気持ちにぴったり合う番組がある」と「娯楽番組に、おもしろいものがある」であった（木村・関根・行木 2015: 41）。以上のように、民放と比べ、社会的出来事に関する知識や教養を深める上で NHK が果たしている役割の評価が高いことが分かる。

　このように、日本のテレビ視聴者はとくに NHK に対してジャーナリズムとしての役割を期待している。日本・韓国・イギリスで公共放送のどの番組を「よく見ているか」という点について比較した調査によると、日本では NHK で最も視聴されているジャンルはニュースであり、次いでドキュメンタリーとなっている（中村・米倉 2009: 81）。韓国（KBS）やイギリス（BBC）ではそれらの番組のほか、バラエティやドラマも多く視聴されているが、NHK では娯楽系の番組はそれほど多く視聴されていない。換言すると、日本における NHK の評価は報道機能にその多くを負っていると評価することができる。

　同調査では、「世の中の出来事や動きを正確、公平に伝えている」と評価す

る割合が NHK では 75％であるのに対し、民放では 39％と大きく差があることが分かる（同: 84）。例えばイギリスでは、公共放送（82％）と商業放送（79％）、韓国でも公共放送（45％）、商業放送（49％）と同程度の評価であることと対照的である。新聞やインターネットを含めたメディア間比較でも、「情報が信頼できる」メディアとして NHK が最も評価され、次いで新聞、民放、インターネットとなっている（新聞通信調査会 2015: 4）。このように、報道が正確、公平であり、信頼できることが NHK に対する評価の高さの一つの根拠となっており、また、報道が日本社会における公共放送に求められる重要な機能であることが分かる。

（3）NHK のジャーナリズム機能

　NHK の取材体制は日本のジャーナリズム組織の中でも有数の規模と質を有する。NHK は全国に 68 の放送局と支局、海外に 30 の総支局を持つ。これらの取材網は、民放に比べて広範かつ充実しており、他の有力なニュースメディアである全国紙や通信社と匹敵する、あるいはそれ以上のものである。こうした取材体制は、海外ニュースだけでなく、地域のきめ細かい報道を可能にし、地方局独自のローカルニュース番組の制作にも反映されている。また、例えば東日本大震災から 5 年が経過した 2016 年 3 月でも、「証言記録 東日本大震災」のような被災地域の継続的な報道を行っている。

　1953 年の放送開始からしばらくの間、NHK のテレビニュース番組は短時間のスポットニュースが主流であったが、1960 年から放送された「きょうのニュース」や 1974 年から放送が開始された「ニュースセンター 9」といった番組ではテレビの特徴を活かした報道が行われた。とくに、「ニュースセンター 9」は出来事が生じた現場から伝える手法や当事者の映像や音声を重視するといった方針により、視聴者の支持を獲得したとされる（NHK 放送文化研究所編 2003: 55）。

　2013 年度の時点で、NHK 総合テレビでは全放送時間のうち 50.1％が報道に割かれている（NHK 編 2014: 587）。2016 年の時点で、NHK は多様なニュース番組を提供している。「おはよう日本」、「ニュース 7」、「ニュースウォッチ 9」といった大型のニュース番組を基幹とし、12 時のニュースのようなスポットニュース、そして「首都圏ニュース 845」に代表されるローカルニュース番組を放送している。解説委員室による「時事公論」ではニュースの解説に力点を

置き、「日曜討論」では複数の政治家や専門家を招いた時事問題に関する討議が行われる。

　その他、インターネットと連動した「News Web」、「分かりやすさ」を重視した「週刊ニュース深読み」など、新たなコンセプトに基づいた番組も存在する。BS では「国際報道 2016」といった海外ニュース専門番組がある。NHKの国際放送 NHK World では Asia Insight など、海外向けの報道も行っている。

　前述のように、視聴者は NHK に報道機能を求めている。2014 年の調査によると、「おはよう日本」の 7 時台の視聴率は 10.4 %、「ニュース 7」は 12.6 %、「ニュースウォッチ 9」は 7.3 %となっている。NHK 総合でよく見られている番組トップ 10 の中に報道番組が 6 本入っている（西・塚本・吉藤・行木 2014: 63)。

　また、ドキュメンタリーの領域でも調査報道や検証報道が行われてきた。例えば「埋もれた報告」(1976 年) では、1950 年代後半に公式確認され、被害が拡大した水俣病事件について、調査報道の手法により国や熊本県、原因企業チッソの担当者の責任を追及し、注目を集めた。この番組が NHK における調査報道の本格的な嚆矢と位置づけられている（小俣 2009: 76)。また、近年も、「NHKスペシャル」や「クローズアップ現代」といった番組でさまざまな社会問題の発見や歴史的検証を行ってきた。ほかにも 2011 年 3 月の福島原子力発電所事故後、政府や東電からの情報に頼らない独自の取材・調査に基づいて制作された「ネットワークでつくる放射能汚染地図」シリーズはネットでも高く評価された。

3　岐路に立つ公共放送

(1) 公共放送の直面する課題

　しかしながら、公共放送は現在、いくつかの課題に直面している。後に見るように各国共通のものが多いが、まずは NHK が陥っている「危機」の諸相を確認してみよう。

　最初に指摘すべきはメディア環境が大きく変化している点である。デジタル技術の発展やインターネットの普及による多メディア化・多チャンネル化はNHK の従来のプレゼンスをいくつかの側面で揺るがしている。第一に、多メディア・多チャンネル化が視聴者やユーザーの分散をもたらす、という点であ

る。つまり、インターネットの利用時間（とくに最近では動画配信サービスの利用）やCSチャンネルの視聴時間の増加がNHKの視聴時間の低下をもたらしかねない、という点である。第二に、テレビやNHKに対する人々の意識が変化する点である。つまり、NHKの公共的役割の意義を認め、評価する割合の低下が懸念されるのである。

　また、上記のメディア環境の変化にとどまらず、NHKを視聴しない層が顕在化してきた。とくにそれは若者のNHK離れという現象として生じている。例えば先述の通り、NHKのニュース番組の視聴率は高いものの、世代ごとに大きな差異が存在する。「ニュース7」の平均視聴率（2014年）は12.6％だが、70代以上の男性が32％、女性が30％であるのに対し、30代の男性は1％、女性は3％に過ぎない。「ニュースウォッチ9」の平均視聴率（2014年）は7.3％だが、70代以上の男性が16％、女性が14％である一方で、30代の男性は4％、女性は1％である（西・塚本・吉藤・行木2014）。つまり、多く視聴する高齢層が平均を押し上げており、若者世代はむしろほとんど視聴していない実態が明らかになっている。こうした視聴層の偏りは、「社会生活に必要な情報をあまねく伝達する」というNHKの公共的機能を揺るがしかねない。

　最後に、NHKをめぐる不祥事や疑惑によってその公共性が大きく揺らいだ点を指摘することができる。2000年代に、番組制作者による横領など、いくつかのスキャンダルが明るみに出て、それらに対するNHKの対応も含め、非難を浴びた。また、2001年に放送されたETV特集の戦時性暴力をめぐる番組に自民党有力議員が政治的介入を行ったと朝日新聞が2005年に報じ、前年の不祥事、NHKと政権与党との関係、さらには歴史認識問題とが結びついて大きな問題となった。

　一連の出来事はNHKの信頼性を著しく損ねた。先述の「日本人とテレビ」調査を時系列的に見てみると、NHKを「ぜひ必要」と答えている割合は2000年調査では、40％であったのに対し、2005年調査では28％まで急落している（諸藤・平田・荒牧2010: 12）。その後、2010年調査では38％まで回復しているものの、この期間に受信料支払い拒否という現象が生じている点は見逃せない。2001年には79％であった支払い率が2005年には69％まで落ち込んでいる。日本では公共放送の受信料未支払いに罰則がないため、視聴者は「異議申し立て」の手段としてこれを行ったと指摘されている（林2010: 190-191）。

（2）政治・社会的要因の変化

　留意すべきは、今日、公共放送が大きな課題に直面していることは各国共通の事態である点である。加えて、その課題や危機はメディア環境の変化や視聴者の意識・行動の変化にとどまらず、より広範な政治的・社会的変化と密接に結びついている点である。

　それでは、公共放送を揺るがすような政治的・社会的変化とは何だろうか。ヨーロッパではこの点について1990年代から積極的に議論されており、例えば次のような要因が指摘されている（Blumler 1998: 53 参照）。すなわち、グローバル化や社会の複雑化の進展、消費主義や個人主義の台頭、それらと連動した既存の公的な制度やコミュニティに対する帰属意識や信頼性の低下などである。これらの動向は一方において社会の価値観やアイデンティティの多様化をもたらすが、他方において、国民国家の枠組み内で同質性の高い不特定多数の視聴者に対する同一情報の提供という従来の公共放送が依拠してきた諸前提を揺るがす要因ともなるのである。

　以上のような広範な政治的・社会的変化の中で、公共放送の組織原理である「公共の利益」概念そのものを再定義し、公共放送を新たなメディアとして再制度化しようとする動向がヨーロッパを中心に登場してきた。その中で提起されたのが「公共サービスメディア」という概念である。

　公共サービスメディアの詳細については以降の各章で論じられているので、ここでは簡略な紹介にとどめておく。公共サービスメディア論は、公共放送のリニューアルを志向する議論である。そこでは、現代社会の変化に対応し、公共メディアの使命や役割を再定義する必要性が指摘される。そしてとくにデジタル技術の積極的な活用により、従来の公共放送の枠を超えた、新たな公共メディア像を構想する点に特徴がある。ヨーロッパ放送連合の Vision 2020 などで提示されている議論では、多様化した個人のニーズへの適応、グローバルなメディア企業との競合、限られた予算の中で金額に見合った価値（value for money）を示す必要性が論じられている（EBU 2014: 6-7）。こうしたニーズに対応するために、従来の不特定多数へ向けた一方向的なコミュニケーションである「放送」ではなく、デジタル技術を活用した双方向型のコミュニケーションを可能にする新たな公共メディアとして再定義されるべきであると論じられている（EBU 2014: 8 参照）。このように、多様化、多元化した今日の社会の変化に対応しつつ、新たな「公共の利益」を実現することが公共メディアのこれか

らの方向性として示されている。

（3）NHK 改革の方向性

　以上のような公共放送を取り巻く現状を捉えると、NHK が直面している課題が「インターネットの台頭」、「若者の NHK 離れ」や「不祥事の対応」といった表層的なものにとどまらない、社会の変化と連動した「公共放送」の理念と制度そのものの問い直しにかかわるものであることが理解されよう。実際に NHK は自らの「公共性」を問い直す「改革」を打ち出すが、そこにはヨーロッパにおける「公共サービスメディア論」と同種の問題意識が示されている。例えば、2006 年に発表された「デジタル時代の NHK 懇談会」報告書では、デジタル化が進む新たなメディア環境においても、NHK が公共的な役割を果たすことの重要性が強調されている。

> NHK は報道・教育・教養・娯楽の幅広い分野の番組を通じて、視聴者がさまざまな生き方や考え方に触れ、暮らしと人生を実り多いものにしていくと同時に、公共意識を高め、多様・多彩な活力ある民主主義社会の実現と成熟に向けて努力できるよう、これまで以上に尽力しなければならない。
>
> 　　　　　　　　　　　　　　　　（デジタル時代の NHK 懇談会 2006: 11）

　この目標を達成するために、NHK は次の二つの方針を掲げた。第一は、多様な価値観やアイデンティティを持つ個々人のニーズを満たす番組や情報の提供である。NHK はこれを「視聴者第一主義」と呼ぶ。「視聴者第一主義」とは「視聴者が負担する受信料を主財源とする NHK が、視聴者の多様な関心を反映し、その期待に応える番組を分け隔てなく放送する」ことを意味する（同: 11）。すなわち、「各地域、各分野、各世代、各見解等に分け入って、視聴者の多彩な意向をていねいに汲み上げる努力」が必要であるという考えである（同: 11）。第二に、こうした多様な関心やニーズを汲み上げるため、そしてそれらに対応したサービスを提供するためにデジタル技術を活用することである（同: 18）。このように、NHK は多様化した視聴者の利害関心やニーズに個別に対応することを自らの新たな公共的使命とみなし、また、デジタル技術に基づくサービスを新たに提供することが「多様・多彩な活力ある民主主義社会」の実現に通じると主張したのである。2005 年の「新生プラン」では、この「視聴者第

12　第 I 部　メディアの公共性を問い直す

一主義」の実現のために、放送内容の充実、視聴者の声をくみ取った番組作りに加え、デジタル技術の活用を通じた「視聴者のみなさんにとって利便性の高い新しい公共放送サービスの開発」を主張している（NHK 2005: 3）。また、2006年の「デジタル時代のNHK懇談会」報告書では、ブログの活用などに触れ、次のように論じている。

> 視聴者の関心やニーズを直接に、また迅速に汲み上げることが可能なこうした新しいツールは、視聴者第一主義を実践する観点から言っても、今後さらに積極的に利用されるべきであろう。　　　（デジタル時代のNHK懇談会 2006: 18）

このように、「視聴者第一主義」に基づいてデジタル化への対応と多様な視聴者のニーズへの対応というNHKの目指すべき改革の方針が規定されていった。こうしたメディア環境と社会の変化への対応は、ヨーロッパにおける「公共サービスメディア論」が示したものと同じ方向性を示すものであるといえよう。

4　メディアの公共性の可能性

本章では、公共放送を理解するための基本的な視点を論じてきた。第一は、公共放送とは、「公共の利益（公共の福祉）」を放送によって実現しようとする制度という点である。その一方で、その運営の仕方や理解のされ方は国や地域によって異なっている。第二は、日本では公共放送がNHKとして制度化され、公共的な機能を果たしてきたと一定程度評価されてきたことである。とくにジャーナリズム機能が高い信頼性を獲得する根拠となってきたといえる。第三は、他方で2000年代以降、政治・社会状況やメディア環境の変化により、公共放送の信頼性や期待が低下してきた点である。先進産業諸国の公共放送は新たな制度設計（再制度化）の必要性を迫られ、それがNHK改革をめぐる議論やヨーロッパの公共サービスメディア論を活性化させている。

公共放送は今後どのように変化していくのか。その有力なシナリオが公共サービスメディア論であり、それと密接に連関するNHK改革である、といえよう。2006年度から2008年度にかけてのNHKの3カ年経営計画は「NHKの新生とデジタル時代の公共性の追求」をテーマとして掲げた。以後の経営計画

もこうした方向性の延長にある。

　注目すべきは、視聴者第一主義に基づく施策が推進されてきた点である（林2010）。例えば、「NHK "約束" 評価」（2005～2008年度）、「視聴者視点によるNHK評価」（2009～2011年度）といった視聴者調査を実施し、そこで示された「評価」をNHKの事業運営に反映させる試みが行われた。また、視聴者を細かくセグメント化し、それぞれのニーズを探ることが行われた。とくにインターネットの普及を背景に「若者」の情報行動やテレビに対する意識に関する調査が積極的に実施された点は注目される（諸藤2009）。重要な点は、一連の試みがマーケティング的な視点から視聴者を「顧客」と捉え、顧客の満足度を高めることがNHKの使命とみなされている点である。典型的には、2005年度から立ち上げられた「お客さま満足向上活動」である。これは「『視聴者の声』を "経営資源" として、意向を的確に把握し、適切かつ迅速に業務に反映すること」（NHK編2014: 322）であるが、視聴者を「お客様」と名づける視点が明確化されている点に留意すべきである（林2010: 193）。

　NHK改革にせよ、ヨーロッパの公共サービスメディア論にせよ、こうした改革の方向性の問題点は、「市場原理主義」の観点から公共放送を再定義しようとしている点である。換言すると、一連の改革の発想は、今日の政治や社会の変化に対応する有力な「処方箋」の一つである「新自由主義」の発想と響き合っている。公的セクターの「規制緩和」や「民営化」を推進する「新自由主義」は本来的にはメディアの公共性の議論とは矛盾するものの、一連の新たな公共メディア論ではそれらの論理の融合が目指されている。確かに社会、そして視聴者の多様化がますます進展することは不可避である。また、公共的なメディアとして「放送」が唯一の形態である究極的な根拠は存在しない。だが、マーケティング的な発想や経済的効率性でそれらを論じることは、視聴者を「公衆（the public）」ではなく、「消費者（consumer）」とみなすことにつながる。例えばそうした議論は、断片化する視聴者の個別のニーズに対応することはできても、民主主義社会の中で政治的・社会的問題に関する情報共有や対話を促進させるための解決策にはならない。むしろ、社会の連帯や公共の利益を否定し、過小評価する言説と結びつくことになり、公共放送の存在意義を自ら掘り崩すことにもつながりかねないのである（Hall 1993）。

　果たして、公共放送を民間放送（商業放送）と同じ市場原理の論理で再構築することが唯一の方向性なのだろうか。それ以外の再制度化の方向を構想する

ことはできないのだろうか。その際に有用な方法が、新たな「メディアの公共性」を構想するために政治理論や社会理論の諸概念を参照することである。

公共放送を民主主義理論の観点から根拠づけるために従来から参照されてきたのが「公共圏」と呼ばれる概念である。公共圏とは、人々が共通して関心を抱く事柄について議論を行い、集合的な政治的意思を形成するための言論空間である。つまり、そうした集合的な政治の意思を形成するためのコミュニケーションの場を提供する役割を公共放送に見出してきたのである（ハーバーマス 1990 = 1994; Dahlgren 1995; 花田 1996）。

注目すべきは、公共圏の概念そのものが民主主義をめぐる政治・社会状況の変化を踏まえて問い直されてきた点である。すなわち、人々のアイデンティティや利害、要求の多様化の中で、従来の公共圏の単一性が批判され、公共圏の複数性が主張されている（Morley 2000; 林 2011）。その一方で、公共放送が社会の構成員にあまねく情報を伝達し、社会の普遍的価値を維持・深化させることを目的とするならば、多様性（個別性）と普遍性をどのように調停しつつ、多様なアイデンティティや価値観の「結節点」として機能しうるのかを検討する必要があるだろう（山腰 2013）。

また、公共放送の視聴者像を考える上で、「公衆」とはいかなる存在かを改めて考える必要がある。公衆は「大衆」や「消費者」とどのように峻別することができるだろうか。あるいは、近年のアイデンティティの多様化の中で、公衆とは複数の「publics」であるべきなのだろうか。それとも、何らかの形で統一的な「公衆（the public）」としてまとめ上げることができるのだろうか。公衆をどのような存在として考えるかも、公共放送の今後のあり方を構想する上で不可欠な作業である。

さらには近年のメディア論は、人々の「経験」や「記憶」、アイデンティティの構築・共有に果たすメディアの機能について積極的に論じている。こうした新たな視点に注目することで、メディアの公共的な役割をめぐる議論を深めることができよう。

このように政治理論や社会理論、とりわけ民主主義をめぐるさまざまな考え方や概念を参照し続けることが新たな公共メディア像を考えることにつながるのである。

1）　とはいえ、NHK と政府や与党との関係がしばしば問題となってきたことは事実である（クラウス 2000 = 2006）。

2）　例えば占領初期に GHQ が NHK 民主化のために設置した「放送委員会」、新たな放送行政を確立するために設立された独立機関「電波監理委員会」などは戦後改革の機運の中で生み出されたがいずれも短命に終わった（奥平 1974）。これらの諸制度が存続していた場合、NHK のあり方は今日のそれと異なっていた可能性を有する。また、戦後の NHK のあり方が 55 年体制と呼ばれる自民党一党優位体制のもとで規定されてきたというクラウスの指摘も重要である（クラウス 2000 = 2006）。

引用・参照文献

NHK（2005）「NHK 新生プラン」
　　https://www.nhk.or.jp/pr/keiei/plan/plan18-20/pdf/plan.pdf（2015 年 7 月 30 日閲覧）。

NHK 編（2014）『NHK 年鑑 2014』NHK 出版。

NHK 放送文化研究所編（2003）『テレビ視聴の 50 年』日本放送出版協会。

奥平康弘（1974）「放送法制の再編成―その準備過程」東京大学社会科学研究所編『戦後改革 3　政治過程』東京大学出版会：379-441 頁。

小俣一平（2009）「『調査報道』の社会史―第 5 回　『調査報道』がジャーナリズムを活性化させる」『放送研究と調査』2009 年 6 月号：72-81 頁。

木村義子・関根智江・行木麻衣（2015）「テレビ視聴とメディア利用の現在―『日本人とテレビ・2015』調査から」『放送研究と調査』2015 年 8 月号：18-47 頁。

クラウス、エリス（2000 = 2006）『NHK vs 日本政治』（村松岐夫監訳）東洋経済新報社。

新聞通信調査会（2015）「第 8 回　メディアに関する全国世論調査」
　　http://www.chosakai.gr.jp/notification/pdf/report9.pdf（2016 年 2 月 29 日閲覧）。

デジタル時代の NHK 懇談会（2006）「『デジタル時代の NHK 懇談会』報告書　公共放送 NHK に何を望むか―再生と次代への展望」。
　　http://www3.nhk.or.jp/pr/keiei/kondankai/pdf/houkoku2.pdf（2015 年 7 月 31 日閲覧）。

中村美子（2013）「デジタルメディアと公共放送」大石裕編『デジタルメディアと日本社会』学文社：103-126 頁。

中村美子・米倉律（2009）「公共放送は人々にどのように「話題」にされているか―『日・韓・英 公共放送と人々のコミュニケーションに関する国際比較ウェブ調査』から」『放送研究と調査』2009 年 7 月号：78-89 頁。

西久美子・塚本恭子・吉藤昌代・行木麻衣（2014）「テレビ・ラジオ視聴の現況―2014 年 6 月全国個人視聴率調査から」『放送研究と調査』2014 年 9 月号：58-69 頁。

ハーバーマス、ユルゲン（1990 = 1994）細谷貞雄、山田正行訳『公共性の構造転換―市民社会の一カテゴリーについての探究（第 2 版）』未来社。

花田達朗（1996）『公共圏という名の社会空間―公共圏・メディア・市民社会』木鐸社。

林香里（2010）「公共放送としての NHK の位置価―『視聴者第一主義』の未来」北田暁大編『自由への問い 4　コミュニケーション』岩波書店：179-203 頁。

林香里（2011）『〈オンナ・コドモ〉のジャーナリズム―ケアの倫理とともに』岩波書店。

米国プレスの自由調査委員会（1947 = 2008）渡辺武達訳『自由で責任あるメディア』論創社。

マクウェール、デニス（2005 = 2010）大石裕監訳『マス・コミュニケーション研究』慶應義塾大学出版会。

諸藤絵美（2009）「テレビとの向き合い方別にみる 20・30 代の視聴者像―生活時間調査『テレビと気分』から」『放送研究と調査』2009 年 8 月号：46-53 頁。

諸藤絵美・平田明裕・荒牧央（2010）「テレビ視聴とメディア利用の現在（1）―「日本人とテレビ・2010」調査から」『放送研究と調査』2010 年 8 月号：2-19 頁。

山腰修三（2013）「『放送の公共性』再考―メディア環境の変容と公共圏概念の展開」『法学研究』第 86 巻第 7 号：165-190 頁。

Blumler, Jay (1998) "Wrestling with the Public Interest in Organized Communications," in K. Brants, J. Hermes and L. van Zoonen (eds.) *The Media in Question*. London: Sage: 51-63.

Dahlgren, Peter (1995) *Television and the Public Sphere:Citizenship, Democracy, and the Media*. London: Sage.

EBU (2014) Vision 2020, http://www3.ebu.ch/files/live/sites/ebu/files/Publications/EBU-Vision2020-Networked-Society_EN.pdf（2015 年 7 月 7 日閲覧）.

Hall, Stuart (1993) "Which Public, Whose Service?," in W. Stevenson (ed.) *All Our Futures*. London: British Film Institute: 23-38.

McQuail, Denis (2013) *Journalism and Society*. London: Sage.

Morley, David (2000) *Home Territories: Media, Mobility and Identity*. London: Routledge.

Zelizer, Barbie and Allan, Stuart (2010) *Keywords in News & Journalism Studies*. Berkshire: Open University Press.

第2章 「公共サービスとしての放送」の限界と可能性
——BBC の現代的意義

中村美子

1 はじめに——放送の始まりと公共放送の誕生

　ラジオ放送の開始から100年の時がたとうとしている。ラジオからインターネットへ、誰もが自由にさまざまなメディアを利用でき、かつ誰もがメディア活動に参加できる時代に、メディアシステムとして公共放送はなぜ存在しているのか。また、今後も存続することが求められるのか。本章では、この問いに、世界の公共放送の中でも最も歴史が古く、しばしば公共放送のモデルとみなされるイギリスの BBC（British Broadcasting Corporation）を例にとり、考えてみる。日本の放送システムは、第二次世界大戦後、公共放送 NHK と民間放送の二元体制を採用し、日本では NHK を“公共放送”と呼んでいる。しかし、イギリスでは BBC を“公共サービス放送”（Public Service Broadcaster）と呼び、放送が国民健康保険制度と同じ公共サービスの一つであると考えられている。冒頭でこのことを指摘するのは、それが、イギリスの BBC を例に公共放送を考える鍵となるからである。

　イギリスのラジオ放送は、無線機器製造事業者のマルコーニ社など複数のラジオ受信機製造事業者によるジョイントベンチャー会社のイギリス放送会社（BBC; British Broadcasting *Company*）によって 1922 年に始められた。世界でヒットした映画「タイタニック」は、1912 年に英国旅客船タイタニック号が沈没し、1500 人を超える乗員・乗客が犠牲となった大惨事の実話をもとにしたが、タイタニック号が発信した遭難信号をニューヨークで受信し、ホワイトハウスに伝えたのが英マルコーニ社のアメリカ支社に勤務していたデビッド・サーノフである。マルコーニ社はイタリアの無線発明家グリエルモ・マルコーニが創設

したもので、1901年にイギリスからカナダ・ニューファンドランド島を結ぶ無線電信実験に成功、翌年には北米からの大西洋無線電信実験に成功させた。イギリスで無線電信免許を獲得したマルコーニ社は、ラジオの定時放送を行うことで受信機販売につなげようとイギリス政府に働きかけ、5年間のラジオ放送の免許を得て放送を開始した。政府がラジオ放送を開始しようと決めた理由はいくつかある。その一つは、アメリカをはじめ各国で放送が始まる状況を目の当たりにして、イギリスが技術開発に遅れをとっているという危機感である。また、放送を他国への間接的なプロパガンダに利用できるかもしれないという理由や、アマチュア無線愛好者の間ではフランスやオランダの音楽がよく聴かれている実情から、イギリスの音楽を聴かせるべきだ、といった理由も挙げられている（Briggs 1961: Ch.5）。アメリカではすでにラジオブームが起きており、乱立する商業ラジオ局の状況はイギリス政府にとっては"カオス"と映ったようである。マルコーニ社単独ではなくジョイントベンチャーとしてBBCが設立されたことも、そうしたカオスを起こさないために政府が事業者の一本化を求めたことが背景にあった。そして、BBCの放送免許の有効期間が終了する前の1925年に、イギリス政府は改めて放送のあり方を検討する調査委員会を設置し、その勧告を受け民間会社から現在の公共放送BBC（British Broadcasting Corporation）へと改組した。これが、世界初の公共放送の誕生である。

　世界のラジオ放送は、ほぼ同時期に始まっている。アメリカは1920年、フランスは1921年、ドイツとロシアは1923年、カナダは1919年にそれぞれ開始した（NHK放送文化研究所 2016）。しかし、その後、フランスは1933年に商業ラジオ局を政府が買収し、国営化した。また、ドイツでは民間ラジオで放送が始まったが、1925年には帝国放送協会が設立され、1933年にナチスがそれを国営化し、国民啓蒙宣伝省の下に置いた（NHIK放送文化研究所 2003: 17-29）。

　このように放送は、民間の事業者の手で始まったが、わずか10数年の間に大きく三つのシステムに分かれて発展した。アメリカの商業放送、イギリスの公共放送、フランスやドイツの国営放送の三つのシステムである。それぞれの基本的性格は、商業放送は自由放任主義（permissivism）、公共放送は家父長主義（paternalism）、国営放送は独裁主義（authoritarianism）、と特徴づけられる（Head and Sterling 1990: 489-491）。自由放任主義は自由競争主義とも言い換えられ、アメリカの憲法修正1条に基づく表現の自由をもとに、自由な事業を促進し、結果的に生じる商業主義こそ、人々が欲しがるものを提供するという信念に根ざ

している。

　これと対照的な哲学が、イギリスの BBC を典型的な例とする家父長主義である。これは、啓蒙主義と言い換えられる。BBC の初代会長となったジョン・リースは 16 年もの間 BBC のかじ取りを担った。彼は、放送を提供するものは強い道徳観に基づく啓蒙主義によって国民を導く義務があると考え（Reith 1924: 32）、「人々が欲しがるものではなく、われわれが必要だと思うものを与える」という信念によって BBC を運営し、「情報を提供し、教育を与え、人を楽しませる」という公共放送の目的を確立した。そして、BBC の経験を通じて確立した公共放送システムが、放送には社会的役割があると信じる多くの国で採用されている。一方、独裁主義は、専制的政府が国民に対し一方向的なメディアとして放送を利用し、放送を完全にコントロールするアプローチである。

　しかし現代では、一つの理念にもとづいて放送制度化されている国は、中国やベトナムなどの共産主義一党独裁国家など数少なく、多くが商業放送と公共放送の併存、二元体制が採用されている。

2　公共放送モデルとしてのイギリス BBC

　では、世界の公共放送のモデルとされるイギリスの BBC とは、どのような放送事業者だろうか。BBC といえば、「ライフ―いのちをつなぐ物語」や「プラネットアース」のような世界の自然をテーマとしたドキュメンタリー番組や、世界のニュースを 24 時間報道する「BBC WORLD NEWS」、あるいはシャーロック・ホームズの現代版ドラマ「シャーロック」、自動車をテーマにした娯楽番組「トップ・ギア」など、ニュース、ドキュメンタリーからドラマまでさまざまなジャンルの番組を数多く放送している。これらの番組は日本や世界でも多様なプラットフォームを通じて視聴されてきた。また、世界のスポーツの祭典であるオリンピックの放送やテニスのウィンブルドン選手権、女王陛下在位 60 年記念式典、ロンドンのロイヤルアルバートホールで毎年開催される真夏の音楽祭「プロムナードコンサート」といった国民的な大イベントの放送も BBC が行っている。

　BBC の放送の規模と範囲は現在（2016 年）、全国放送のテレビチャンネルは 8、ラジオについては全国放送が 11[1)]、地域やローカルレベルでは 40 局以上、また、インターネット上ではニュース専門の News Online、そして放送と同時のテレ

第 2 章　「公共サービスとしての放送」の限界と可能性　21

ビおよびラジオ番組の送信と放送後 30 日間までアクセスできる見逃しサービスの BBC iPlayer と、"フルスケール"のサービスである。中国を除いて、世界の中で、単独の事業体でこれほどの規模のサービスを行っているのは、おそらく BBC だけであろう。それだけに、各国の公共放送事業者は、技術革新に支えられたサービスの拡大・拡張を可能としたイギリスの BBC とその放送制度に常に関心を抱いてきた。

それでは、BBC の運営の仕組みを見てみよう。その骨格は、前節で触れた 1925 年に設置された放送調査委員会の政府への勧告によって形成された[2]。少し長くなるが、その勧告を引用する。

> 第一に、放送は公共の利益の受託者（Trustee）として仕事をする BBC と称する公共企業体の手で行われるべきこと。その資格と任務は、公共事業のそれと対応するものであること。議会が最終支配権を留保し、郵政長官が制作に関する一般的質問に答辞する責任を持つとしても、この BBC は、議会が許し得る限り最大の自由を与えられるべきこと。
> 第二に、BBC は国王の指名する 5 ないし 7 名の非常勤の経営委員から成立すべきこと。各経営委員は、放送事業と利害が対立する恐れのある放送の各分野、たとえば、音楽、ドラマ、教育、製造のような分野を代表するべきではなく、判断の正しい独立性のある者でなければならない。経営委員の任期を 5 年とすること。
> 第三に、BBC は郵政長官から、放送事業の維持と発展を十分効率的に確保しうる収入を受けるべきこと。そして、最初は、無線電信免許の発行から得た収入でこれを賄うべきであるとし、余剰収入は国家がこれを保留すべきこと。
> 第四に、特許状は 10 年ごとに更新されるべきこと。

> (Lord Simon of Wythenshawe 1953)

これら四つの勧告は公共放送の重要な原則を指し示している。第一に、郵政長官（当時）が BBC を所管し、放送が議会へ説明責任を果たす公共サービスとして行われること、第二に放送事業に利害を持たない経営委員が BBC を運営管理することを通じて BBC に政府からの独立性を与えること、そして第三に、政府の一般税収からではなく、無線電信免許の発行から得る収入を財源とし、放送の維持と発展に必要な財源を保障すること、第四に BBC に 10 年の有効期間を持つ特許状（免許）を与えることによって BBC の安定性と継続性を保障したことである。そして、放送が公共サービスに位置づけられ、全国どこ

22　第 I 部　メディアの公共性を問い直す

に住んでいようと、すべての人が同じサービスを享受できる全国放送を基本として提供されるという"ユニバーサリティ"こそ、公共放送の普遍的原則であることが明確にされた。これらは、第二次世界大戦後ヨーロッパを中心に国営放送が公共放送へ改組される上で、公共放送制度の基本原則として受け継がれた。

しかし、他国と比べイギリスの公共放送制度のとりわけユニークな点を二つ指摘しておこう。その一つは、BBC が議会の承認を経て成立する放送法ではなく、国王が与える特許状を根拠法としたことである。特許状は、国王が法人団体や会社に与える特権や創設条件を定めたもので、特許状の下に独占的に事業を行った先例として、古くは 1694 年に運営を開始したイングランド銀行やエリザベス 1 世の時代にアジア貿易を行った東インド会社などがある。特許状を採用した当時の郵政長官は、議会での説明の中でその理由を三つ挙げている。

> 第一に、特別な法律を採用したならば、新機関は政治的活動に結びついた議会の創造物だというような考え方を国民の心のなかに植えつけ、そのことによって、発足時からその機関の立場について偏見を持つ傾向が生まれるであろう。第二に、1908 年会社法によって設立するのでは、「少なからず地位と威信を欠く」ものとなろう。第三に、会社法で設立される会社は、その定款が具体的にオーソライズしたことしか行えないのに対し、特許状によって創設される法人は、特許状が具体的に禁じていないことであれば、いかなることもできる。
>
> （Briggs 1961: 322–323）

21 世紀の現在に至るまで、歴代の政府は BBC の設置法として一般の法律ではなく特許状を採用している。その理由を、公共放送が持つべき政治的独立性と技術革新が開く未来に対し自律的に対応する柔軟性を BBC に与えたと考えられてきている。

また、無線電信免許からの収入を充てるという考え方も、BBC の独立性を保障する観点から重要な勧告だったといえるだろう。そもそも、民間会社としての BBC が放送を始めるにあたり、ラジオ放送受信機の購入者に BBC を受信する免許（BBC receiving licence）と BBC の製造するラジオを使用するロイヤリティ（特許料）など複数の免許料の支払いを義務づけた。しかし、ラジオ受信に関する免許の発行は迅速には進まない上、ロイヤリティを支払わずに個人で製作したラジオを使用することが後を絶たず、これらの免許を「一般放送受信

免許」(a standard broadcasting licence) に一本化して、その収入の半分を BBC の番組制作や運営に充てた。これが、現在の受信許可料の起源である。したがって、放送受信機の設置という行為に対する政府の許可という性格を持つが、一般的な税収からの割当ではないということは、政治に左右されない BBC の運営の独立性と、税収をほかの公共サービス事業と競い合う必要がないという面で財源の安定性を保障する上で重要な仕組みであると評価されてきた。

図1「公共放送とステークホルダー」は、制度から見た BBC と政府および国民の代表である国会との関係を示した。BBC は10年ごとに更新される特許状によって運営されているが、2016年5月に政府が BBC の将来像に関する放送白書を発表し、BBC には2017年1月から11年有効の特許状を付与することが決められた (DCMS 2016)。図1は、その新特許状に基づき想定される関係図である。

世界でも政府から独立した公共放送として称賛されることの多い BBC だが、制度上は BBC に対して持つイギリス政府の権限は大きい。BBC は、国王から下賜される特許状を根拠法とし、BBC のサービスの範囲や規模は政府と BBC との間で締結される協定書に規定されている。政府はこれらの草案を作成し議会に説明を行うが、一般法のように議会での採決を必要としていない。特許状の採用は、"政府から独立した公共放送"を保障する責務を政府が自ら負い、どの政党が政権に就こうとも BBC を政治的に利用しないという紳士的な了解を前提にしたシステムといえるが、現実には時の政府の意向が色濃く反映される。

新しい特許状では、BBC の企業統治システムが抜本的に変更された。すでに述べたように、BBC の公共放送化以後90年余りの間、政府からの独立を確保する仕組みとして BBC 内部に規制監督機関が置かれてきた。しかし、新特許状の下では BBC の外部にある放送通信分野の独立規制機関である Ofcom (Office of Communications) が、特許状と協定書に規定された枠組みに照らし、BBC の規制監督の役割を全面的に担うように変更された。そして、BBC 内部には、一般企業の取締役会に相当する BBC 役員会が設けられ、業務執行を監督する。また、BBC 役員会のトップを含めほぼ半数を任命する権限も政府にあり、政府は人事を通じて BBC の方向性をコントロールすることも可能である[3]。

さらに、BBC の中心的な運営財源である受信許可料の料額を決定し、その

図1 公共放送とステークホルダー

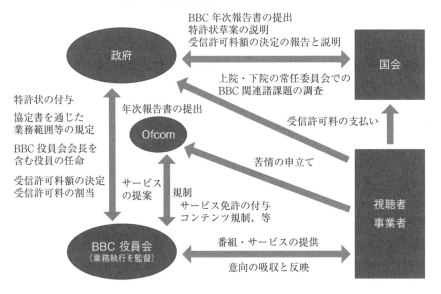

収入をどのように使用するのか判断する権限も政府にあり、放送を所管する担当相が財務相の同意を得て、BBC が使用する財源規模が決まる[4]。決定までの交渉は通常非公開で行われ、財政面でも政府は BBC に圧力をかけることが可能である。

3 市場原理の導入と公共サービス放送の縮小

　イギリスは、ヨーロッパ地域の中では相対的に商業テレビ放送の導入が早かったが、それでも放送が民間に100％開放されたのではなく、受信許可料を財源とする BBC と広告放送を財源とする IBA という二つの公共サービス放送事業体によって放送が行われてきた[5]。

　この伝統的な公共サービス放送システムによる放送の独占は、マーガレット・サッチャー率いる保守党政府の登場により大きく変化し、ひいては BBC の存在基盤を揺るがすことになる。サッチャーは1979年にイギリスで初の女性首相に就任し、1990年の辞任まで11年にわたって首相を務めた人物である。サッチャーと BBC の間で起きた論争や対立にはいくつもの逸話がある。1982年の

第2章　「公共サービスとしての放送」の限界と可能性　25

イギリスとアルゼンチンとの間で起きたフォークランド紛争の報道や、北アイルランドの独立を求め、国内テロを頻発させた IRA をテーマにしたドキュメンタリー番組の放送、そして 1985 年のイギリス軍のリビア攻撃報道など、BBC の報道における不偏不党をめぐりいくつもの激しい論争が起きた。とりわけ IRA 報道をめぐっては、BBC をはじめとした放送事業者に対し政府が留保してきた「放送禁止」の権限を歴史上初めて行使するという事態を招いている。しかし、サッチャー政府が公共放送に与えた最も大きなインパクトは、放送分野に市場原理を導入したことである。

　サッチャー政府は、戦後の「ゆりかごから墓場まで」に象徴される手厚い社会保障システムによる国の財政逼迫に対し、公共事業の民営化と競争原理の導入によって経済の立直しを図った。1984 年に国営電話会社の BT（British Telecom）の民営化に着手し、国内電話事業に BT に対抗する Mercury を新規参入させた。放送分野もその例外ではなく、その手始めとして 1984 年に事業者を入札制で選定し免許を付与するケーブルテレビシステムを導入した。この政策決定過程で、自由市場主義を強く主張したのが IEA（Institute of Economic Affairs）である。IEA は、放送規制の根拠となる電波の希少性が終焉し、地上テレビがさまざまなコミュニケーション市場の一部にしか過ぎなくなり、それゆえこれまで採ってきた放送規制は意味をなさず、電波という資源の最大活用こそが政府政策の第一義的目標であるべきだと主張した。そして、IEA の主要メンバーである経済学者のアラン・ピーコックが、1985 年にサッチャー政府が設置した「BBC の財源調達問題を検討する調査委員会」（通称ピーコック委員会）の委員長に任命され、BBC の財源として受信許可料以外の選択肢を検討することを付託された。1 年余りの検討を経て出された調査報告書は、「イギリスの放送は、消費者主権を基礎とした高度に発達した市場システムに向かって進むべきである。このシステムは、視聴者が自分たち自身の利益について最も優れた最終的判断者であることを認めるものである。できるだけ多くの代替供給源から自分たちが必要とする放送サービスを自由に購入することができる場合に、視聴者は自分たちの利益を最もよく満足させることができる、というものである」と結論づけ（Home Office 1986: 133）、視聴者主権と市場原理主義を放送政策の中心に据えるべきだと主張した。また、BBC の財源調達方法について詳細に経済分析を行った結果、委員会は、BBC が視聴者の意思で加入して料金を支払う有料放送で運営されることが究極のシステムだと結論づけた。

そして、BBC が有料放送化された暁には、「公共サービス放送審議会」を設置し、市場から供給されないような公共サービス的番組を幅広い番組制作事業者に制作委託する仕組みを提案した。

ピーコック委員会を設けたサッチャー政府が、BT と同様に BBC の完全民営化まで意図していたのか定かではないが、サッチャー政府はピーコック委員会の報告書に沿って「視聴者主権と競争による選択の拡大と質の向上」を放送政策の中心に据えることを明確にしたことは確かである。政府は、ピーコック委員会の勧告した BBC 改革は見送ったのだが、その代わりに大胆な商業放送改革を断行した。1990 年放送法によって、BBC と並ぶ公共事業体の IBA は解体され、独立規制機関の ITC（Independent Television Commission）を新設し、競争入札制で地上テレビ放送免許を付与するなど、地上テレビ放送を民営化し競争を導入した。さらに、民間の番組制作会社の事業の促進策として、BBC やその他の地上テレビ放送免許を持つ事業者に対し、ニュース報道番組を除く一般番組についてその放送時間の 25％を外部の制作会社に委託する「25％クォータ」を法律で義務づけた。

サッチャー政府の公共サービス放送に対する考え方は、ルパート・マードックが代弁したと言えるだろう。マードックはグローバルメディア王と呼ばれる人物で、オーストラリア出身ながらアメリカのテレビ業界でケーブルテレビを足がかりに参入し事業を拡大した。イギリスでも 1960 年代から 80 年代にかけて国内の全国紙を次々と買収し、放送界への進出も試みたが挫折した経験を持つ。サッチャー政府の後押しによって、マードックは 1990 年に通信衛星を利用した直接受信の有料衛星放送 BSkyB（現在は Sky に改称）を開始したが、その前年の 1989 年、テレビ業界人が多数参加する年次イベントで次のような講演を行った[6]。「イギリスのテレビにおいて、質が高いと通用するもののほとんどが、テレビを支配する一部のエリートの持つ価値の反映でしかない。そしてそのエリートたちは、自分たちの好みがその質であると常に考えてきた」と、啓蒙主義に基づく BBC やイギリスの放送体系全体を批判するとともに、これまで新規参入の障壁となっていた放送を公共サービスとして規制する考え方を批判した。

サッチャー政府は、地上テレビの民営化やケーブルテレビや衛星放送の導入によってイギリスの公共サービス放送の伝統を破壊する産業革命を起こしたという見方も可能だろう。BBC はこの産業革命の直接的な影響を受けなかった

としても、BBC にとっての本当の脅威は、サッチャー政府の自由市場主義に根ざした「視聴者／消費者の選択の自由」が生みだした新しい状況の中で、公共サービス、不偏不党、質の高さ、独立という公共サービス放送の原則が無価値化され、それに対する回答を当時の BBC は持っていなかったことである（Seaton 2015: 304, 307）。

4　公共放送の転換

　多チャンネル化によって商業放送との競争は強まり[7]、国境を越えて受信可能な衛星放送の実現がテレビ番組の国際流通を促進し、グローバルな放送市場を作り出した。それに比例して、受信許可料を財源とする公共放送 BBC への批判と"公共放送システム"そのものへの批判が強まった。その代表例が、BBC 不要論である。民間事業として多様なテレビチャンネルが、BBC と同じニュースやドラマなどの娯楽番組や趣味番組を提供しているのだから、BBC はもはや必要ない、という意見である。例えば、タイムワーナー傘下の HBO（Home Box Office）のようなアメリカのケーブルテレビ事業者は、多様な専門チャンネルをまとめて供給しているのだから、BBC のテレビ番組がなくても、視聴者は多くの選択肢の中から同等のサービスを利用できると主張した。

　また、BBC の限定的必要論もしばしば主張される。これは、「市場の失敗」論に基づく主張で、BBC が提供する番組は、市場では採算が取れない可能性の高い、あるいは市場のメカニズムでは供給することができないジャンルの番組に限定すべきだという主張である[8]。また、限定論には、公共放送 BBC が技術革新に対応して新しいサービスへ乗り出すことを制限しようというものもある。放送媒体として発展した公共放送を"放送"の枠に閉じ込め、公共放送のインターネットの利用を制限しようというものである。とりわけ、受信許可料という安定した財源を利用して、サービスを拡張することは、市場競争をゆがめている、特権的地位の乱用だというものである。

　こうした批判の中で、2006 年に BBC には大きな理念的転換が起きたと考えられる。イギリス政府は BBC の特許状を更新する際に、国民の意向を吸収する作業を行う。1927 年以後第 8 次特許状の付与にあたり、当時の労働党政府は、約 3 年の時間をかけて議論を積み重ね、BBC の将来像を決定した（中村 2006; 2008）。

議論の出発点は、「受信許可料を支払う国民は、BBC の事実上の株主である」という認識である（DCMS 2003）。つまり、国民が年額 149.50 ポンド（2015 年 6 月現在、約 2 万 7,000 円）を BBC に投資しているという見方である。政府は、BBC が株主である国民に対する説明責任を強化することが最も重要であるとし、政府が保有していた BBC のサービス認可の権限を BBC の内部監督機関（当時は BBC トラスト）に委譲する一方、BBC 自身が受信許可料が効率的に使用されていること、公共の利益にかなうものであることを保障することと定め、株主である国民や利害関係にある業界に対し、公的資金である受信許可料の使用が妥当であることを直接説明するという仕組みを作った。

　説明責任を果たす上で、一般企業ならば、企業は株主に利潤をあげていることを数量的に説明するが、BBC による放送の公共サービスの実績を評価することは難しい。これまでは放送時間量や報道・教育・娯楽の 1 日における編成比率など、アウトプットを中心とした評価を行ってきた。これに対し、「公共的価値」（Public Values）という概念を用いて、BBC の目的は公共的価値の創造にあるとし、BBC のサービスから生み出すアウトカムを評価することへ転換した。公共的価値とは、「個人的価値」、「市民的価値」、「経済的価値」の三つの価値を総合した価値である。当時の政府は、公共サービスを向上させるために、この概念をとり込み、公共サービス事業の改革を行おうとしていた（Kelly, Mulgan, Muers 2002）。BBC にこの概念を当てはめてみると、「個人的価値」とは、視聴者個人のし好に基づく番組やサービスの利用がもたらす価値であり、「市民的価値」は、個人の利用満足を超え、社会全体に広く恩恵をもたらす価値である。例えば、ニュース番組は、一人が番組を見ることよって役に立つだけでなく、ほかの多くの人々が番組を視聴することによって、共通の理解に基づく社会が生み出される（BBC 2004a: 28-30）。これらは、サービスを利用する消費者と社会へ参画する市民の価値であり、この二つの価値が最大にある場合、公共サービスは成功しているとみなされる。しかし、サービスに受信許可料という公的資金を投入する場合、すでに市場で供給されているサービスを行うとなれば妥当性が問われる。三つ目の経済的価値は、イギリスのテレビ番組制作を含む映像コンテンツが生み出すクリエイティブ経済への貢献を指す。BBC が、ロンドン以外の地方都市の支局で番組を制作することは、地方のテレビ関連産業の振興につながる。また、まだ誰も行っていない新サービス、例えばインターネットを利用してテレビ番組の新しい画期的なサービスを行うとしたら、商業

ビジネスが乗り出すための土壌を醸成することにつながる可能性がある。

そして、これら三つの価値を総合した公共的価値を高めるためには、よりどころとなる明確な目標や目的が必要である。このため、BBC の目的を再定義し、「全国の人々に情報、教育、娯楽を提供する」という伝統的な目的に加え、①市民性と市民社会を維持する、②教育と学習を促進する、③創造性と文化的卓越性を奨励する、④全国、地域、コミュニティを代表する、⑤イギリスを世界へ、世界をイギリスに伝える、⑥放送通信技術とサービスの恩恵を国民にもたらす、という六つの公共的目的を設定した。

一方、この公共的価値という概念には、もう一つ重要な効用がある。それは、テレビやラジオ番組の視聴率／聴取率に代わる質的評価となりえ、BBC で働く人たちには自分の仕事の価値を認識できる基準や指標を与えられたことになるからである。もちろん BBC にとっても、商業放送と同様に多くの視聴者を集めることは重要である。しかし、商業放送とは明らかに異なる公共放送らしい番組、例えば福祉番組や子ども番組など、視聴対象を絞った番組がその対象に届いていることが確認でき、視聴者が自分の身近な問題として見識を深めることがあるならば、その番組の目的は達成したことになる。

ヘッドとスターリング（Head and Sterling）は公共放送の理念を家父長主義に基づく放送サービスだと定義した。「公共放送の父」と呼ばれるジョン・リース初代 BBC 会長は、ラジオ放送の国民生活への影響力の大きさを実感し、ましてや電波という国の貴重な資源を利用するならば、最善の方法で放送サービスを行い国民や政府へ奉仕するという信念を持っていた。家父長主義に立って、社会的責任を果たすということがリースの姿勢であり、そのことが BBC の伝統として長く受け継がれた側面もある。これに対し、「公共的価値」の採用によって、BBC の番組やサービスの存在意義は、受信許可料支払い者である国民や業界関係者の意見や評価によって証明される。したがって、BBC の公共放送制度は、上からの家父長主義から視聴者中心主義へと理念的な転換が起きたという見方ができる。

5　公共サービスとしての **BBC** の限界

こうした転換は、当時の労働党政府による「メディア状況の急速な変化に対応する能力を備えた力強く、政府から完全に独立した BBC を作る」という目

的に沿って可能となったもので、激変するメディア環境の変化の中でも公共サービスとしての放送の伝統を維持したといえる。

しかし、公共放送制度に内在する"公共サービス"としての制約が表出したともいえる。政府はBBCの新サービスの認可の権限をBBCトラストに委譲し、政府のBBCへの関与の余地を狭めたが、その一方でBBCが放送通信分野で政府の公共サービス政策の推進役であるという性格を明示した。前出したように、BBCには六つの公共的目的が課された。実は、六つ目の「放送通信技術とサービスの恩恵を国民にもたらす」という目的は、政府が追加したものである[9]。それは、どの国の政府にとっても重要な国策であるアナログ放送からデジタル放送への移行のためであり、急速に発達の兆しを見せ、利用やサービスが未知数のコミュニケーション技術への対応のためであった。イギリスの地上デジタル放送は、1998年に世界に先駆けて始まり、2012年に地上デジタル放送へ完全移行した。政府は目標通りに計画を進めるため、BBCに対しデジタル放送を受信していない世帯のデジタル化を支援する任務を与えた[10]。また、先進各国がブロードバンドのユニバーサル・アクセスを共通目標にする中で、政府は通信を利用した新しいサービスの分野でもサービスのパイオニアとなり、国民の利用を促進する役割をBBCに担わせた。

また、このことに関連して受信許可料の使用についても、変化が起きた。受信許可料収入の一定の額について地デジ移行支援費用に充てたが[11]、これはBBCの番組やサービス以外に受信許可料を使用する初めての例となった。BBCとステークホルダーの関係図で説明したが、BBCが受信許可料収入を全額利用できるのか否かの判断は、政府が決定できる。この地デジ支援という例は、受信許可料はBBCの運営財源に限定されるものではなく、広く公共サービス政策の実施に使用されるということを示した。

2010年の総選挙で政権が労働党から保守・自民連立へと交代したが、受信許可料をBBCの番組やサービス以外に使用するという方針は継続され、国際放送やウェールズ語の専門チャンネルS4C[12]の運営も国費から受信許可料で賄うように変更された。さらに、政府がメディア政策の一つとして取り組んだローカルの商業テレビサービスの立ち上げ資金も受信許可料から拠出することとなった（中村 2013）。また、2015年に誕生した保守党政権は、75歳以上の受信許可料の全額免除による受信許可料収入の不足額について、これまで労働・年金省予算で補塡していたが、これを徐々に減らし、2020年には全額カット

という方針を決めた（DCMS 2015）。この額は、2014年実績で1000億円を超え、受信許可料収入の16.5％に相当する[13]。

　すでに述べたように、受信許可料は、政治勢力に左右されない独立性と、省庁の予算割当ての競争にさらされない安定性を保障するものと見られてきた。しかし、受信許可料の使用の現状は、党派を超えて政治家や利害関係者の間で、受信許可料は税金と同じであると解釈され[14]、政府の公共サービス政策の実現に使用されるということを示している。そして、BBCは文化メディアスポーツ省が所管する公共サービス機関の一つとみなされ、多メディア多チャンネルに続く"放送と通信の融合"の時代に、BBCだけが放送・メディア分野での公共サービスを提供する事業体ではないという考えが共有されるという大きな変化が起きている。

6　公共サービスとしての放送の可能性——BBCの現代的意義

　どの国でもデジタル化とインターネットの普及が、若者を中心にテレビ離れを起こし、公共・商業を問わず、放送事業者にとって経営上の深刻な問題がつきつけられている。BBCは第1節で紹介したように、ラジオ、テレビ、インターネットの各媒体を利用して広範なサービスを行っている。2014年度のBBC年次報告書によれば、国民の97％がいずれかの媒体でBBCの番組を視聴し、情報を得ている（BBC 2015）。BBCは、マスの視聴者を対象とした総合編成チャンネルから、ニュース専門のチャンネルをはじめ、子どもあるいは文化教養といった特定の視聴関心にこたえる広範なチャンネルや番組を、可能な限り幅広いメディアで提供している。メディア環境や視聴者のメディア利用の大きな変化の中で、BBCは、いち早く"公共放送から公共メディア"へ転換し、非常に成功している公共放送といえるだろう。このように番組やサービスを通じてBBCは視聴者の支持を得ているにもかかわらず、政府はBBCの運営財源とサービスの縮小を迫り、BBCへの政治的支援を弱めている。

　それでは、公共放送は公共メディアに転換しても未来はないのだろうか。

　未来があるとしたら、その手がかりはBBC自身にある。以下に視聴者との関係の新たな構築を通じて可能な二つの仮説を提示したい。

　BBCは、「BBCの歴史を通じて、目標達成のために自らの資源をほとんど利用して、一人旅をすることを選んできた。（中略）しかし、最近の著しい変化

32　第Ⅰ部　メディアの公共性を問い直す

図2　公共放送のパートナーシップ

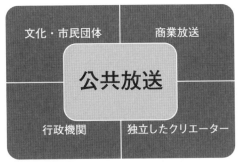

出典：著者作成

の中で、BBC は外部の組織と目標を共有しながら、関係を公式的なものにし、協働やネットワークを創造することによって、自分一人で行うよりもずっと大きな影響をもたらす可能性があることに気づいた」（BBC 2004b）と述べ、パートナーシップの創造を新たな目標に据えた。これが、第一の未来仮説である。パートナーシップの創造は、BBC と番組やサービスを利用する個々の視聴者との関係を超え、社会集団としての受信許可料支払い者に、BBC の持つ人的・物的資源を開放し共有することで、公共的価値を創造することと理解できる。もう一度、図1「公共放送とステークホルダー」に戻ってみよう。視聴者と記したが、正しくは受信許可料を支払うすべての人々であり、放送活動に関わる業界人や教育・文化・福祉活動に関わるさまざまな社会集団を指す。その関係を、図2の「公共放送のパートナーシップ」で表した。BBC が放送やメディアにとどまらず、幅広い異なる社会活動の中核となって活動を支援し、また外部と連携することで公共的価値が最大になると考えられる。その関係者とは、「市民・文化団体」、「行政機関」、「商業放送」、「独立したクリエーター」の四つの部門である。

　BBC は従来、市民・文化団体部門と「チルドレン・イン・ニード」や「コミック・レリーフ」などの放送番組を通じて恵まれない子どもを支援する慈善募金活動を行い、また、オーケストラ活動を支援してきた。地方行政部門では、学習向上活動など放送・非放送活動を行っているほか、最近ではイングランドのグレイター・マンチェスター地域のサルフォード市に第二の放送センターと呼ばれる BBC North をオープンしたが、これはサルフォード市と開発会社との

共同プロジェクトとして地域経済の復興・再生と位置づけられている。

ライバルだった商業放送とは、地上デジタルテレビ放送の普及や、それに続くインターネット接続テレビの開発や事業化で提携してきた実績がある。

独立したクリエーターの部門とは、BBC や商業テレビに所属せず、テレビ番組の制作やウェブコンテンツを制作するクリエーターを指す。イギリスには、サッチャー政府が導入した「25％クォータ」規制がある。BBC は 2007 年からBBC の内部制作を 50％に制限し、民間の番組制作プロダクションやフリーランスの番組制作者に BBC へのアクセスを可能とした。

また、"BBC だけが放送・メディアの公共サービスを提供する事業体ではないという考え" に対する答えも「パートナーシップの創造」にあると考えられる。ローカル商業テレビの導入に受信許可料が使用されたことはすでに述べた。この背景には、地方分権化の流れの中でローカル行政を監視するメディアの存在が重要である。ローカルテレビの導入計画がほぼ完了する 2016 年に、BBCは英ニュースメディア協会とのパートナーシップを公表し、ローカルジャーナリストの雇用費用を受信許可料で負担するほか、BBC が獲得したローカルコンテンツを誰でも利用できる「ローカルバンク」の設立などを計画している（BBC 2016）。

第二の未来仮説は、かなり実験的な仮説である。世界各国で公共放送は、従来の放送にとどまらず、インターネットも含めたあらゆるメディアプラットフォームを利用するようになった。ヨーロッパでは、市場が何を提供しようとも、メディア融合時代に人々が実際に利用し身近であるような方法で公共放送の任務を遂行するならば、公共放送の存在は正当化されるという主張が、公共放送事業者にとって生き残りの論拠とされてきた（Jakubowicz 2007）。BBC も、2007 年以後のインターネットを利用した見逃しサービスなど、技術革新の速度と合わせ、あらゆるプラットフォームやアプリケーションを利用して、BBCの番組やコンテンツが身近な存在であるようにしている。しかし、この擁護論は、公共放送が利用するプラットフォームの拡張には助けとなったが、送り手である公共放送が受け手である視聴者に向けて番組を届けるというもので、公共放送と視聴者の関係という面では従来と変わらないといえるのではないだろうか。

人々のテレビ番組視聴形態の変化を予測することは難しい。イギリスのテレビ視聴の 90％は放送同時視聴だという結果から、テレビの現状に安堵する放

送事業者もいたかもしれない。しかし、テレビ視聴の方法は大きく変化している。2010年5月にアップル社のiPadがイギリスに登場し、わずか5年でイギリスの半数以上の世帯がiPadやアンドロイド系を含めタブレット型のデジタル機器を所有している。とりわけ、35歳から54歳の間では、この層の64％が所有している。そして、家庭内でインターネットに接続したタブレットを用いて、36％の人がBBC iPlayerやthe ITV Hubといったサービスを利用して、テレビ番組を同時や時差で視聴している（Ofcom 2015）。

　こうしたオンデマンド視聴の傾向が継続した10年後の世界を想像してみると、地上放送周波数帯を使った「放送」として24時間つながった、言い換えると24時間の時間を埋めるテレビチャンネルを提供することに、これまでと同じ意義があるのかと疑問が生じる。視聴者のBBCに対する評価も、提供しているテレビチャンネル全体としてではなく、視聴する番組で評価するようになるのではないだろうか。したがって、公共放送と視聴者との関係はますます、番組やコンテンツ、そして関連したサービスを通じて構築されるのであって、公共放送のサービスの規模で評価されるのではなくなるだろう。

　そこで、BBCが放送における公共的価値という概念を導入し、理念的転換を図ったことは、意義深い。各国政府の緊縮財政の下で、BBCをはじめ世界の公共放送は財源規模の縮小を迫られている。もし、運営資金不足でいくつかの放送チャンネルをシャットダウンし、アナログ放送時代と同規模のチャンネル数に減少するという事態が起きたとしても、悲観的に受け止める必要はない。なぜなら、個の視聴者にこたえる番組やコンテンツは、インターネット上で視聴者のオンデマンド視聴に提供されており、公共放送は内外のクリエーターとの協働によって、資源を番組やコンテンツ制作に集中し、公共的価値を創造するからである。

　放送の公共サービスとしての限界は、公共放送機関が政府からの経済的・政治的圧力から自由でないという制度上の仕組みから生じている。しかし、政治的支持がなければ公共放送は制度化されず、一方で公共放送の番組やサービスを通して視聴者／受信許可料支払い者の支持があってこそ存在し続けたといえる。BBCをはじめとしたヨーロッパの公共放送は、1990年代後半からの約20年の間に公共放送から公共サービスメディアへ転換した。それは、政府の放送のデジタル移行やデジタル・コミュニケーションの普及という公共政策の中心に公共放送が置かれていたからといえるであろう。しかし、どの国でも歳出抑

制の一環として公共放送の財源規模を実質的に縮小する傾向に転じている。公共放送への政治的な支持が弱まるならば、政治という回路を通さず、受信許可料支払い者との直接的な関係を強化する必要がある。それが、BBC のパートナーシップと公共的価値の創造を通じて可能となると考える。

　BBC は今（2016 年 8 月現在）、企業統治システムの抜本的な変更によってその独立性は危機にあると言われている。また、事業収入の実質増加が見込めず効率化の問題に直面し、BBC は、ニュース部門を除いた内部の制作部門を子会社化するという大胆な組織改革を断行し、BBC という組織そのものも変化の途上にある。こうした変化が BBC にどのような影響を与えるのかは予断を許さない。しかし、BBC という公共放送の現代的意義は、家父長主義から視聴者中心主義への思想の転換とパートナーシップを通じた公共的価値の創造というビジョンが、各国の公共放送にそれぞれの方向性を考える上で示唆を与えていることではないだろうか。

1） 海外向けラジオの BBC World Service の英語版が国内で放送されている。これを含むと全国ネットのラジオ放送は 11 となる。
2） この委員会は委員長の名前をとって「クロフォード委員会」と呼ばれるが、BBC の運営財源を検討する調査委員会の第 1 回は、1923 年に設置された「サイクス委員会」で、ここでは民間企業の BBC の財源として広告収入を否定し、受信許可料を勧告した。BBC の初代会長のジョン・リースは、BBC カンパニーの総支配人という立場で、委員会のメンバーに任命され、持論を展開した。
3） 2016 年 7 月の執筆時点では、BBC 役員会の人数や政府が任命する役員数について明確にされていない。イギリスでは、公共機関のトップなど高職を任命するにあたり、公募制を採用し議会内に設置された公職任命に関するコミッショナーが選考過程を監視するシステムが導入され、政府任命の透明性は確保されるようになった。
4） 2016 年 5 月に発表された政府の BBC の将来に関する放送白書では、政府から独立した第三者機関が BBC の財源規模について政府に勧告する仕組みを作り、決定に至るプロセスの透明性を図るとしている。
5） テレビ視聴における BBC の視聴占有率は、1990 年には 47％だったが、2000 年には 38％、2010 年には 27.7％に減少し、占有率が減少したまま本格的なデジタル放送時代を迎えた。
6） ルパート・マードックの衛星放送 BSkyB は、ハリウッド映画とサッカーを中心とした専門チャンネルをとりそろえ、サービス開始から 3 年で単年度黒字を達成、5 年で契約数 500 万に達した。マードックは、イギリスの家父長主義に基づく規制された放送を批判し、Sky の始まりを「視聴者が選択の自由を持つ新時代の幕開け」と称した。

7) テレビ視聴における BBC の視聴占有率は、1990 年には 47％だったが、2000 年には 38％、2010 年には 27.7％に減少した。

8) 「放送の自由市場と呼ばれるアメリカでは、利潤追求に走るあまり商業放送が公共の利益にかなっていないという批判から、1969 年に教育的な番組を提供する公共放送 PBS（Public Broadcasting System）が導入された。

9) BBC は、政府の公共サービス改革の中心的な概念である公共的価値を放送サービス分野に置き換え、BBC の役割の再定義を行った。その中で、六つの公共的目的のうち五つは、BBC が伝統的な「情報、教育、娯楽の提供」という目的を現代的に再解釈し、自ら提案したものだった。

10) デジタル移行支援の対象は、全国の約 130 万人の高齢者と障害者とされ、BBC が消費者団体や障害者団体等と協力してデジタル放送受信の支援を行った。この際、利用者は、地上デジタル放送、衛星デジタル放送、デジタルケーブルサービスの中から選択できた。

11) 地デジ移行を前に、2007 年 3 月政府と BBC との間で受信許可料の取り決めが結ばれた。2007 年 3 月から 2013 年 3 月末まで毎年値上げを行うことが決まったが、受信許可料収入のうち約 6 億ポンドがデジタル移行支援費に限定された。

12) S4C は、ウェールズ語と文化を保護する目的で 1982 年にウェールズ語専門テレビ放送を開始した。放送法で設置された公共法人 S4C Authority が運営主体であり、政府交付金で運営されていたが、2013 年 4 月から受信許可料での運営に変わった。スコットランドでは 1990 年以後ゲール語によるテレビ・ラジオ番組の制作支援が行われてきたが、地上デジタル放送開始を契機に、2008 年 9 月から BBC と共同でゲール語テレビチャンネルの BBC Alba を始めた。運営資金は、スコットランド議会の交付金である。

13) 75 歳以上受信許可料支払い免除の国費補填に関するこの取り決めについては、政府は 2016 年 5 月に発表した放送白書で正式に撤回した。

14) 2006 年に国家統計局が受信許可料を"税（tax）"と公式的に定義した。

引用・参照文献

NHK 放送文化研究所（2003）『テレビを超えるテレビ』NHK 出版。

NHK 放送文化研究所（2016）『データブック世界の放送　2015』NHK 出版。

中村美子（2000）「放送が提供する公共サービスとは―イギリスの BBC 財源論議からの一考察」『NHK 放送文化研究所年報』。

中村美子（2006）｜公共サービス放送のガバナンスと説明責任―デジタル時代の BBC の未来」 NHK 放送文化研究所『放送研究と調査』7 月号、NHK 出版。

中村美子（2008）「デジタル時代の公共放送モデルとは―イギリス BBC の特許状更新議論を終えて」『NHK 放送文化研究所年報』。

中村美子（2013）「ローカルテレビ新規導入と BBC の役割」NHK 放送文化研究所『放送研究と調査』4 月号、NHK 出版。

箕葉信弘（2002）「BBC イギリス放送協会　パブリック・サービス放送の伝統」東信堂。

BBC (2004a) "Building Public Value Renewing the BBC for a Digital World," BBC.

BBC (2004b) "Building Public Value through Partnerships," BBC.

BBC (2015) "BBC Annual Report and Account 2014/15," BBC.

BBC (2016) "BBC and the News Media Association Announce Plans for Ground-Breaking New Partnership," 12 May 2016 BBC（http://www.bbc.co.uk/mediacentre/latestnews/2016/bbc-nma-partnership　2016 年 7 月 15 日閲覧）.

Briggs, Asa (1961) *The History Broadcasting in The United Kingdom Volume I The Birth of Broadcasting.* London: Oxford University Press.

Council of Europe http://www.coe.int/t/dghl/standardsetting/media/doc/PSB_Anewbeginning_KJ_en.pdf（2015 年 8 月 11 日閲覧）.

Department of Culture, Media and Sport (DCMS)(2003) press release "Jowell Launches Biggest ever Public Debate on Future of the BBC."

————(2015) press release "BBC to Fund Provision of Free Licences for Over-75s."

————(2016) "A BBC for the Future: A Broadcaster of Distinction," Cm9242.

Kelly, Gavin, Mulgan, Geoff and Muers, Stephen (2002) "Creating Public Value An Analytical Framework for Public Service Reform," Strategy Unit, Cabinet Office.

Guardian online 2015/07/08 "The BBC Licence Fee Deal is a Drive-by Shooting," "Full Details of BBC Deal Should be Published, Says Labor MP Chris Bryant."

Head, Sydney and Sterling, Christopher (1990) *Broadcasting in America A Survey of Electronic Media 6th Edition.* Boston: Houghton Mifflin.

Home Office (1986) "Report of the Committee on Financing the BBC," Cmnd. 9824.

Jakubowicz, Karol (2007) "Public Service Broadcasting: A New Beginning, or The Beginning of the End ?," *KnowledgePolitics.*

Lord Simon of Wythenshawe (1953) *The BBC From Within.* London: Victor Gollancz.

Reith, J.C.W. (1924) *Broadcast over Britain.* Hodder and Stoughton.

Seaton, Jean (2015) *Pinkoes and Traitors' The BBC and the Nation 1974-1987.* London: Profile Books Ltd..

Office of Communications (2015) *UK Audience Attitudes to the Broadcast Media.* London: Ofcom.

第3章　　メディアの公共性をめぐる制度と法

鈴木秀美

1　メディア法制における公共性

（1）表現の自由と知る権利

　メディアの公共性をめぐる制度と法について考えるにあたっては、メディア法制を基礎づけている表現の自由の保障の意味を確認しておく必要がある。日本国憲法 21 条は、「集会、結社及び言論、出版その他一切の表現の自由は、これを保障する」と定めて表現の自由を保障している。「一切の表現の自由」という言葉からわかるように、この保障は、口頭や印刷だけでなく、放送やインターネットによる表現にも及ぶ。

　憲法がなぜ表現の自由を保障しているのか、つまり表現の自由にどのような価値があるのかをめぐる議論の出発点となっているのが、アメリカで表現の自由の第一人者であったＴ・Ｉ・エマースンの所説である（エマースン 1972）。エマースンによれば、表現の自由は、①個人の自己実現、②真理への到達、③政策決定への参加、④安定と変化の間の均衡という四つの価値に仕えている。①は、表現の自由が、個人の人格の発達にとって不可欠だということである。②は、表現の自由が、知識を増大させ真理を発見する最良の方法だということである（「思想の自由市場」論と呼ばれている）。③は、表現の自由が、公開の討論の過程を通じて国民が社会における決定に参加することを可能にするということである。なかでも、主権者たる国民が政治的決定を下すため、表現の自由は中核的な役割を果たしている。このため、表現の自由には、表現活動を通じて国民が政治的意思決定に関与するという、民主主義に資する社会的な価値（自己統治の価値）があるともいわれる。④は、自由な討論こそが合理的な判断を可能にし、順応性のある、安定的な社会を実現する方法だということである。もし討論が抑圧されると、不満が蓄積して社会が不安定になるし、重大な争点

から公衆の注意がそらされ、社会の直面している真の問題が隠蔽されてしまう。日本でも、表現の自由がこれら四つの価値に仕えていると考えられている。

　表現の自由は、18 世紀末の近代市民革命とともに誕生した人権宣言の中で、思想を発表し、伝達する自由として保障された。表現の自由は、本来、表現の「受け手」の存在を前提としていたが、19 世紀の市民社会までは、送り手の自由を保障しておけば、受け手の自由をとくに問題にする必要はなかった。ところが、20 世紀になってマス・メディアが発達すると、大量の情報を一方的に流すマス・メディアと、その受け手である一般国民との分離が顕著になった。その上、社会において情報が持つ意義も飛躍的に増大した。そこで、表現の自由を一般国民の側から再構成し、表現の受け手の自由（聞く自由、読む自由、視る自由）を保障するため、それを「知る権利」として捉える必要があると考えられるようになった。20 世紀末からインターネットが急速に普及したことで、現在では、インターネットを利用すれば、誰でも手軽に情報を発信することが可能になり、マス・メディアと一般国民の分離という問題は、ある程度は解消されたと見ることもできる。とはいえ、現状では、インターネットによる情報発信は、マス・メディアによる報道にとって代わる存在にまではなっておらず、表現の自由を論じる場合、知る権利の観点にも注意を払う必要がある。

（2）マス・メディアの公共性

　表現の自由には、取材・報道の自由が含まれている。最高裁は、博多駅事件（最大決昭和 44 年 11 月 26 日刑集 23 巻 11 号 1490 頁）において、「報道機関の報道は、民主主義社会において、国民が国政に関与するにつき、重要な判断の資料を提供し、国民の『知る権利』に奉仕するものである。……事実の報道の自由は、表現の自由を規定した憲法 21 条の保障のもとにあることはいうまでもない」として、報道の自由が憲法 21 条の保障に含まれることを認めた。これに対し、取材の自由については、「報道機関の報道が正しい内容をもつためには、報道の自由とともに、報道のための取材の自由も、憲法 21 条の精神に照らし、十分尊重に値するものといわなければならない」とした。学説では、報道は、取材・編集・発表という一連の行為により成立するものであり、取材は報道にとって不可欠の前提であるから、取材の自由も報道の自由の一環として憲法 21 条によって保障されているという考え方が支配的である。ところが、最高裁は、取材の自由について、報道の自由と異なり、「十分尊重に値する」と述

べているにすぎない。これまで取材の自由に対する制約が争われた事件で、最高裁が、問題とされた制約を合憲と判断することが多かったこともあり、最高裁にとっては、報道の自由と取材の自由の保障の程度に差異があり、後者の保護の程度は前者より弱いと考えていると見られている。

　ただし、そういう最高裁も、取材・報道の自由、言い換えればマス・メディアの果たす公共的役割に配慮して、報道関係者に特別扱いを認めている。

　国家公務員の守秘義務と取材の自由の関係が争われた沖縄密約事件（最決昭和 53 年 5 月 31 日刑集 32 巻 3 号 457 頁）では、最高裁は、新聞記者が公務員に職務上の秘密について取材することが「そそのかし」として罰せられるべきか否かについて、一般論として、「真に報道の目的からでたものであり、その手段・方法が法秩序全体の精神に照らし相当なものとして社会観念上是認されるものである限り」、取材活動は「正当業務行為」として違法性が阻却されるという解釈を示した。

　また、傍聴人が法廷でメモをとることが原則として禁止されていたことが争われた事件では、メモを禁止された弁護士が、司法記者クラブの記者に例外としてメモが許されていたことを憲法 14 条（法の下の平等）に違反すると主張したが、最高裁は、「報道の公共性、ひいては報道のための取材の自由に対する配慮」を理由に、異なる取り扱いには合理性があるとした（最大判平成元年 3 月 8 日民集 43 巻 2 号 89 頁）。

　さらに、最高裁は、民事事件において報道関係者が取材源を秘匿するため証言を拒絶することを、民事訴訟法上の「職業の秘密」の証言拒絶についての規定（197 条 1 項 3 号）により、原則として認めた（最決平成 18 年 10 月 3 日民集 60 巻 8 号 2647 頁）。その際、取材の自由の意義に照らせば、「取材源の秘密は、取材の自由を確保するために必要なものとして、重要な社会的価値を有する」とされた。

　このような判例を背景として、2003 年制定の個人情報保護法 50 条は、表現の自由に配慮して報道機関や著述を業として行う者に個人情報保護のための義務規定の適用除外を認めた（この規定は、2015 年の改正により 66 条に移された）。

　このほか、表現の自由が果たす公共的役割が名誉毀損法制において重要な意味を持っている。ある人の社会的評価を低下させる表現行為は、「名誉毀損」にあたり、損害賠償等の民事責任だけでなく、犯罪として刑事責任を問われる可能性がある。日本では、刑法 230 条の 2 第 1 項を手がかりに、刑事事件だけ

でなく民事事件の場合も、名誉毀損的表現が、①公共の利害に関する事実に係り、②もっぱら公益を図る目的でなされた場合、③事実の真否を判断し、真実であることの証明があったときは免責される。また、④真実性の証明ができない場合でも、行為者がその事実を真実であると誤信し、誤信したことについて、相当の理由があるときは、法的責任を問われない。これら四つの免責要件は、名誉権と表現の自由を調節するためのものと理解されている。①の「公共の利害に関する事実」とは、不特定多数の人々に知らせその批判にさらすことが公共のために役立つようなものをいう。名誉毀損の免責要件は、一般人にも適用されるが、その恩恵を被るのは多くの場合、マス・メディアである。

2　放送法制の概要

　日本放送協会（以下では、「NHK」）に限らず、民間放送も含めて「放送には公共性がある」といわれることがある。放送は、利用可能な周波数が限定されており、また、電波によって同時に多数の受け手に一方的に情報を伝えることができるため強い社会的影響力があるとされ、新聞や雑誌には見られない法的規制を受けている。日本の放送法制は、現在、番組制作（ソフト）について規律する「放送法」と、放送のための電波利用の免許（ハード）について規律する「電波法」によって構成されている[1)]。放送法は、①「放送が国民に最大限に普及されて、その効用をもたらすことを保障すること」、②「放送の不偏不党、真実及び自律を保障することによって、放送による表現の自由を確保すること」、③「放送に携わる者の職責を明らかにすることによって、放送が健全な民主主義の発達に資するようにすること」、これらの原則に従って、「放送を公共の福祉に適合するように規律し、その健全な発達を図ることを目的」としている（放送法1条）。電波法の目的は、「電波の公平且つ能率的な利用を確保することによって、公共の福祉を増進すること」である（電波法1条）。

　「放送」は、「公衆によって直接受信されることを目的とする電気通信の送信」（放送法2条1号）と定義されている。この定義は2010年改正によって採用されたものである。改正前、「放送」は、「公衆によって直接受信されることを目的とする無線通信の送信」と定義されており、放送は無線によるものに限定されていた。これに対し、現行法の放送の定義では、無線と有線の区別がなくなっており、「放送」と「非放送」の区別が不明確になった。インターネット上の

表現も放送に該当する可能性があるとして、放送概念の妥当性には憲法上の疑問も提起されている（松井 2013: 293-294）。ただし、「受信者の要求に応じて情報がその都度送信されるもの、……インターネットのホームページやインターネットでの配信サービス（動画配信も含む）」は、現行放送法においても「放送」には該当しないという解釈もある（金澤 2012: 33）。

なお、2010 年改正で、放送について「基幹放送」と「一般放送」[2] の区別が設けられた。基幹放送にあたるのは、地上テレビ、BS、110 度 CS、AM、FM、短波による放送などである。一般放送にあたるのは、その他の CS 放送やケーブルテレビである。一般放送に対する規律は基幹放送に比べて緩和されている。

放送に対する法的規制として、放送局の免許（電波法 4 条）・放送業務の認定（放送法 93 条）による参入規制、番組編集準則による内容規制（放送法 4 条 1 項）、マスメディア集中排除原則による複数局支配の禁止（放送法 93 条 1 項 4 号）、民間放送（地上放送）における放送区域の県域への限定、そして NHK の設立がある。日本では第二次世界大戦後まもなく、NHK と民間放送の併存体制が採用された。ただし、1950 年に放送法が制定された時、まだ民間放送は開局しておらず、放送法は NHK 設置法という性格が強かった。NHK が制度と法の中でどのように位置づけられているかを明らかにするためには、まず、放送法制の概要を説明しておかなければならない。

放送法は、基幹放送について、①放送局の「免許」を総務大臣から受けることにより（電波法 4 条）、自動的に放送業務を行うことができるハード・ソフト一致の事業形態と、②放送局の「免許」（電波法 4 条）と放送業務の「認定」（放送法 93 条）というハード・ソフト分離の事業形態を定めている。②は、2010 年改正で採用された。放送法では②が原則、①は例外とされている。ただし、既存の地上放送事業者のほとんどは①の事業形態を維持している[3]。

放送法・電波法が制定された 1950 年当時、放送の監督権限は「電波監理委員会」にあった。ところが、連合国総司令部（GHQ）による日本の占領が終了した 1952 年にこの委員会は廃止され、その権限は郵政大臣に移された。2001 年の省庁再編後は総務大臣に放送の監督権限がある。放送行政の主体については、かねてより放送行政の公正さを実現するために、独任制の大臣よりも電波監理委員会のように、政治から一定の距離をとることが可能な、合議制の「独立行政委員会」に委ねるべきだと指摘されてきた。2009 年総選挙によって政

権を握った民主党は、野党の時、放送と通信の監督機関を、総務省から「通信・放送委員会」に移す法案を国会に提出していた（ただし、不成立）。民主党政権下、総務省は、2009 年 12 月から「今後の ICT 分野における国民の権利保障等の在り方を考えるフォーラム」を開催し、監督機関のあり方について検討した。当初、放送行政の主体が総務省から独立行政委員会に移行するのではないかと注目が集まったが、2010 年 12 月の最終報告では、現行制度維持という結論が示された。

　なお、NHK が行っている BS による放送は「衛星基幹放送」である（放送法 2 条 13 号）。衛星放送は、その導入にあたって、衛星を管理する事業と、その衛星を利用して放送番組を提供する放送事業を分離する仕組み（ハード・ソフトの分離）が 1989 年放送法改正により採用された。2010 年改正までは、前者は受託放送事業者、後者は委託放送事業者と呼ばれていたが、改正後、受託放送事業者は、基幹放送局提供事業者と呼ばれることになった（提供義務、役務の提供条件の総務大臣への届出等について、放送法 117〜125 条参照）。

　なお、地上テレビ放送を行う民間放送は、基幹放送普及基本計画に基づき、原則として一つの県を放送対象地域としているが（地域事情によって関東、中京、近畿については広域圏が考慮されている）、番組供給とニュースについては全国的なネットワークを形成している。

　基幹放送事業者は、マスメディア集中排除原則によって複数の放送局を支配することが禁止され、ラジオ・テレビ・新聞の三事業を支配することも原則として禁止されている（ただし、この禁止は同一地域内で情報独占の危険性がない場合を適用除外としているため、フジテレビ・ニッポン放送・文化放送・産経新聞社のように兼営が認められてきた例が少なくない）。マスメディア集中排除原則は、放送をする機会をできるだけ多くの者に対して確保することにより、放送による表現の自由ができるだけ多くの者によって享有されるようにするためのものである。但し、2007 年の改正で導入された認定持株会社制度（放送法 158〜166 条）により、フジ・サンケイグループのようなメディア・コングロマリットが誕生し、実際には放送の東京への一極集中が進んでいる（鈴木・山田・砂川〔笹田佳宏〕2009: 81-82）。

3 放送の自由と規制

(1) 放送法4条と電波法76条の関係

　放送法は、「放送番組は、法律に定める権限に基づく場合でなければ、何人からも干渉され、又は規律されることがない」（放送法3条）と規定して放送番組編集の自由を保障している。ただし、放送事業者は、番組編集準則（放送法4条1項）によって、番組について「公安及び善良の風俗を害しない」（1号）、「政治的に公平である」（2号）、「報道は事実をまげない」（3号）、「意見が対立している問題については、できるだけ多くの角度から論点を明らかにする」（4号）という内容規制を課されている。さらに、基幹放送事業者については、テレビ放送の編集にあたって、「教養番組又は教育番組並びに報道番組及び娯楽番組を設け、放送番組の相互の間の調和を保つ」ことを求める番組調和原則という内容規制もある（放送法106条1項）。これらの内容規制は、表現の自由の保障に照らして新聞や雑誌にはおよそ許されないものであり、とくに番組編集準則の合憲性について学説では意見の対立も見られる。

　放送法は番組編集準則違反について法的制裁を直接には課していない。しかし、総務大臣は、放送法違反について、前述したハード・ソフト一致の事業形態の場合、放送局の運用停止（いわゆる「停波」）を命ずることができる（電波法76条）。放送局の運用停止は、総務大臣が3カ月以内の期間を定めるものとされている。総務省は、放送事業者が番組編集準則に違反し、次の三つの要件を満たす例外的な場合には、電波法76条を適用し、放送局運用停止を命じることができると考えている。それは、①番組が番組編集準則に違反したことが明らかで、②その番組の放送が公益を害し、電波法の目的に反するので将来に向けて阻止する必要があり、③同じ事業者が同様の事態を繰り返し、再発防止の措置が十分ではなく、事業者の自主規制に期待することはできないと認められることである。また、総務省は、その前段階として事前措置としての行政指導を行っている（金澤 2012: 57-59）。総務省は、行政指導に際し、放送事業者に再発防止のための具体的措置やその実施状況についての報告を求めることもあり、これでは「行政指導というよりも実質的には改善命令と異ならない」と批判されている（山本 2007: 58）。

　こうした総務省の解釈とは異なり、学説では、番組編集準則は、放送事業者の自律のための倫理的規定（ガイドライン）であると解釈されている。放送事

業者の自律を尊重して、「番組編集準則に違反したことを理由に、電波法76条による運用停止や免許取消は行いえないとするのが通説である」（長谷部 1992: 168）。番組編集準則違反を理由に行政指導[4]を行うことも許されないと考えられている。旧郵政省もかつてはそのように説明していた。

　ところが、郵政省は1993年の椿発言事件（テレビ朝日報道局長が総選挙の報道にあたって、非自民政権が生まれるよう報道せよと指示したと発言し、放送法違反ではないかが問われた事件）に関連して、それまでとは異なり、番組編集準則には法的拘束力があるとの解釈をとるようになった。この事件では、放送法違反の事実は認められなかったが、1994年9月、「役職員の人事管理などを含む経営管理面で問題があった」として、郵政大臣がテレビ朝日に対して厳重注意という行政指導を行った。

　その後、とくに第一次安倍晋三政権の下、番組編集準則違反を理由とする行政指導が繰り返された。2009年に民主党政権が誕生してからしばらく番組編集準則違反を理由とする行政指導は行われなかったが、2015年、第二次安倍晋三政権の下でNHK「クローズアップ現代」の「出家詐欺」報道について番組編集準則違反だとして「厳重注意」という行政指導が行われた。

　なお、2007年に発生した関西テレビの番組捏造事件をきっかけに、総務省は、「報道は事実をまげない」という番組編集準則に関連して、放送法を改正し、虚偽放送をした放送事業者に対する行政処分として再発防止策の提出義務を導入しようとした。総務省は、放送局の運用停止は厳しい行政処分であるため適用の前例がなく、行政指導には法的拘束力がないため、厳しさの面で両者の中間的な制裁として、再発防止策の提出というソフトな手法を行政処分として法定する必要があると考えたが、公権力による番組介入の手がかりになるという野党等の激しい反対にあって実現には至らなかった（鈴木・山田〔鈴木秀美〕2011: 165）。

　放送行政が独任制の大臣の権限とされているという前述した問題もあるため、番組編集準則を放送事業者の自律のための倫理的規定として解釈・運用しない限り、放送法の内容規制は憲法21条の表現の自由の保障と両立できない。放送の場合、これまでは、「多元的な情報源（報道機関）の間に自由競争の原則を支配させるだけで、国民の知る権利に応える情報多様性が確保される保障は必ずしもない」という理由から、「周波数の希少性」と「放送の社会的影響力」を根拠に、また番組編集準則が倫理的規定であることも考慮に入れて、放送法

の内容規制を合憲とする見解が支持されてきた（芦部 2000: 303）。それとは別の新しい説明としては、いわゆる「部分規制論」がある。それによると、放送に対する規制により、「少数派の意見が放送に対してアクセス可能となる一方、自由なプリント・メディアが放送によってはとり上げられない見解を伝えるとともに、政府による過剰な規制を批判し、また規制の厳格な正当化を要求する基準点（benchmark）としても機能する」。このようにメディア全体で、生活に不可欠な基本的情報の社会全体への公平な提供が期待できると考えれば、放送に対する番組編集準則も正当化される（長谷部 1992: 96-103）。

　これに対し、近年、違憲説も有力に唱えられている。その際には、表現の自由との関係で、新聞と区別して放送を例外扱いする根拠の有無を精査することが求められる。違憲説からは、多チャンネル化により周波数の稀少性は解消されつつあること、「放送」の影響力の証明がなされていないことなどが指摘され、これらの根拠が薄弱であれば、それらを総合しても意味がないことなどを理由に、放送を例外扱いすべきではなく、新聞と同様に表現内容規制は許されないと主張される（松井 2013: 290-294; 渋谷 2013: 395; 阪本 1995: 315）。倫理的規定説に対しては、その背後に、もし番組編集準則が法的規定であるなら違憲になるという考え方があるはずで、それならはっきり違憲といえばよいではないか、という批判も加えられている（駒村 2001: 162）。なお、番組編集準則、とりわけ不明確で、政治が放送へ干渉する口実とされてきた政治的公平性を求める規定（放送法 4 条 1 項 2 号）を、民間放送との関係では法律の明文規定から削除すべきであるという指摘もある（宍戸 2010: 44; 鈴木 2000: 310）。

　2015 年 11 月、「放送倫理・番組向上機構」（以下では、「BPO」）の放送倫理検証委員会（以下では、「検証委」）は、前述した NHK の番組不祥事についての「意見」の中で、番組編集準則違反を理由とする政治や行政の放送への介入を厳しく批判した（鈴木 2015③: 122-123）。これを契機に、番組編集準則をめぐる議論が高まった。2016 年 2 月には、衆議院予算委員会で、高市早苗総務大臣が番組編集準則違反の際に電波法 76 条を適用するという従来の解釈を維持することを明言したが（いわゆる「停波発言」）、この発言が放送現場に萎縮効果を与えるとして各方面から厳しい批判を受けた（西土 2016; 鈴木 2016）。かねてから、安倍政権やそれにつながる政財界には、2011 年の原発事故、オスプレイの導入、領土問題などについて、NHK の報道が「偏向している」という批判があった（松田 2014: 158-161; 上村 2015: 26）。しかし、安倍政権が「政治的公平」

を求めることは、実際には、政権批判をするなということを意味するといえよう（鈴木 2014: 105）。前述した総務省の解釈は、番組で政治的公平が確保されているか否かを大臣が判断できるということを前提としている。しかし、表現の自由の観点や放送法の趣旨に照らせば、それが許されるかは大いに疑問だといわざるをえない。

（2）放送事業者の自律のあり方

　放送法は、番組編集準則の実現をその職責を担っている放送事業者の自律に委ねている。放送法が放送事業者の自律を重視していることは、訂正放送の仕組みからも読み取れる。放送法 9 条 1 項は訂正放送・取消放送を次のように規定している。「真実でない事項の放送をしたという理由によって、その放送により権利の侵害を受けた本人又はその直接関係人から、放送のあった日から三箇月以内に請求があったときは、放送事業者は、遅滞なくその放送をした事項が真実でないかどうかを調査して、その真実でないことが判明したときは、判明した日から二日以内に、その放送をした放送設備と同等の放送設備により、相当の方法で、訂正又は取消しの放送をしなければならない」。違反行為は 50万円以下の罰金に処されるが、「私事に係る」場合については親告罪とされている（放送法 186 条 1 項）。

　NHK が番組中で離婚を特集した際、ある離婚した夫婦の元夫の言い分だけを約 15 分放送したことに対し、元妻が名誉毀損・プライバシー侵害による損害賠償と訂正放送を NHK に求めた事案で、2 審（東京高判平 13・7・18 判時 1761 号 55 頁）は元妻の主張を認め、NHK に放送法に基づく訂正放送を命じた。しかし、最高裁は、この規定を「放送事業者に対し、自律的に訂正放送等を行うことを国民全体に対する公法上の義務として定めたものであって、被害者に対して訂正放送等を求める私法上の請求権を付与する趣旨の規定ではない」とし、権利侵害の被害者が放送事業者に訂正放送等を求める私法上の権利を否定した（最判平成 16 年 11 月 25 日民集 58 巻 8 号 2326 頁）。

　放送事業者の自律が尊重されていることは、放送法が次のように自主規制を促す規定を設けていることからも明らかとなる。放送事業者は「放送番組の編集の基準」（番組基準）を定め、それに従って放送番組の編集をすること、番組基準を公表することを義務づけられている（放送法 5 条 1 項、2 項）[5]。NHKも民間放送も「放送番組審議機関」（一般に、番組審議会と呼ばれている）を設

置しなければならない（放送法6条1項、82条1項）。ここでは、番組基準を公表することにより、放送事業者がそれに従って番組を編集しているかどうかを公衆の批判に任せるという考え方が採用されている。日本のように、番組に対する規律の実効性確保を、例外的な場合を除いて放送事業者の自主規制に委ねるという手法は、比較法的に見て独特であり、番組規律の「日本モデル」と呼ばれている（曽我部 2012: 372）。ただし、放送法が義務づけている総務省への報告義務が放送事業者による放送番組審議機関の活用を妨げており、形骸化を招いているという問題もある（鈴木 2015b: 292-293）。

　この日本モデルの中で自主規制を強化するため NHK と民放連は、2003 年 7 月、BPO を設立した（三宅・小町谷 2016: 1-31）。BPO には視聴者と放送事業者を結ぶ「回路」としての役割が期待されている。BPO は、視聴者の意見や苦情を総合的に扱うため、放送と人権等権利に関する委員会、放送と青少年に関する委員会、検証委を運営している。これらの委員会は、委員が放送業界の外から選出される第三者委員会である。三つの委員会のうち検証委は、関西テレビの番組不祥事を契機として、2007 年 5 月、従来の放送番組委員会に代えて設けられた。検証委は、放送倫理の向上と虚偽放送の防止のため、他の二つの委員会よりも強い調査権限を持ち、問題のある番組に対する意見や勧告の表明により、放送事業者に自覚を促し、自律的な是正を図ることを目的としている。検証委と各放送事業者は、検証委の活動の実効性を担保するため個別に「合意書」を取り交わしており、検証委は他の二つの委員会と比べて強力な権限が与えられている。このため検証委については、「第二の総務省」になるとの懸念がある。検証委が、放送事業者と視聴者の間に立っていかなる活動をしていくか、今後も注視する必要がある。

4　NHK の公共性

（1）公共放送の存在意義

　放送法は、「公共の福祉のために、あまねく日本全国において受信できるように、豊かで、かつ、良い放送番組による」放送を行う NHK の設立とその組織等について規定している（15〜87条）。放送法の制定当初は、「公共の福祉のために、あまねく日本全国において受信できるように放送を行うこと」がNHK の目的だった（旧7条）。1988 年改正で、「豊かで、かつ、良い」番組に

第3章　メディアの公共性をめぐる制度と法　49

より放送を行うということが追加された。NHK は、こうした目的のために設立された特殊法人である。ちなみに、放送法は NHK について「公共放送」という言葉を用いてはいない。しかし、NHK は受信料を財源とする公共放送事業体であり、NHK 自身も、NHK は「公共放送」という仕事をしていると説明している。「あまねく」という言葉が NHK の目的規定の中心概念である。

　NHK 設立の目的を達成するため、NHK が行う業務は、放送法に具体的に規定されている（20 条）。NHK の業務には、①必須業務（1 項）、②任意業務（2 項）、③目的外法定業務（3 項）がある。これらの業務を行うにあたって営利を目的とすることは禁止されている（4 項）。NHK は、放送法に規定された業務以外の業務を行うことはできない。NHK は、現在、地上テレビ 2 波、衛星テレビ 2 波、ラジオ 3 波を保有し、7 波全体によって公共放送としての使命を果たしている。

　新聞や雑誌が市場における自由な競争を原則としているのに対し、民間放送から見ると NHK という強力なライバルが放送法によって特殊法人として設立されている。放送は、日本だけでなく、多くの国で公共放送と民間放送の二元体制となっている。なぜなら、民間放送では番組が広告主に売られるので、自由競争に委ねると視聴率を得るために番組が画一化する傾向があるのに対し、異なる財源によることで、公共放送によって番組の多様性を確保することができると考えられているからである（鈴木・山田〔宍戸常寿〕2011: 158）。また、公共放送には、私たちが必要としているさまざまな情報を、全国にあまねく公平に提供することや、ジャーナリズムにおける民間放送との競争を通じて、放送文化の向上にも寄与することが期待されている。電力会社を主要な広告主にしている民間放送が、番組で原発問題を批判的に取り上げることが難しいことを考えれば、NHK でなければできない番組があることは明らかだろう。ただし、公共放送と民間放送は、視聴率の面で競争関係にある。また、インターネットの登場によって、NHK は、ニュース報道の分野において、民間放送だけでなく、インターネットによっても報道している新聞や雑誌との直接的な競争関係に置かれることになった。NHK は、インターネットによる動画配信サービスも行っている。NHK の活動分野の拡大は、映像の有料配信をしているインターネット事業者にとっても「民業圧迫」になる可能性がある。

　NHK の財源は受信料である。NHK の放送の受信設備を設置した者に、NHK と受信契約を締結することが義務づけられている（放送法 64 条）。受信料の法

的性格は、放送サービスの対価ではなく、NHK を維持運営するための「負担金」と解されている。NHK を視聴するか否かとは無関係に、テレビを自宅に設置することによってこの義務は発生する。たとえパソコンでもチューナーによりテレビ番組の視聴が可能であれば、受信契約締結義務が生じる。この義務は、契約の自由に反するものではないと考えられている。なぜなら、自宅へのテレビ設置は、各人の判断に委ねられているからである。

　2004 年、NHK では音楽番組のプロデューサーによる制作費の不正支出が明らかになり、その後もさまざまな不祥事が続いた。2005 年 1 月には、朝日新聞の報道や内部告発により、NHK 教育テレビ「ETV2001 シリーズ戦争をどう裁くか」第 2 回「問われる戦時性暴力」の番組が、放送前に改編されたことが明らかになった（永田 2014）[6]。改編のきっかけは、自民党の政治家の圧力だったと報道され、世間の批判が高まり、受信料不払いの動きが広がった。NHK によると、同年 7 月末時点で、受信料の支払い拒否と保留の件数が合計で約 117 万件となっていた。このような状況の中、NHK は、民事手続による受信料支払督促をする方針を表明した。支払督促とは、債務者に対して債権者が行う支払申立てに基づいて簡易裁判所が行う略式手続のことである。2006 年 11 月末、受信料の支払いが滞っている視聴者に対して初めて督促が行われた。この支払督促をきっかけとする裁判において、東京地裁は、民間放送だけを視聴したいのに、そのためにテレビを設置すると、受信契約締結と受信料の支払いを強制され、思想良心の自由、知る自由を侵害されるという視聴者側の主張を認めなかった（東京地判平成 21 年 7 月 28 日判時 2053 号 57 頁）。東京高裁、最高裁でも NHK が勝訴した。

　この間、総務省では受信料未払者をなくすために受信料支払義務化が検討され、法案も準備されたが、2007 年 3 月、この部分の改正案の国会提出は見送られた。その後、2013 年 1 月、ドイツが、日本と類似の受信料制度から、受信機の有無にかかわらずすべての世帯と事業所から「放送負担金」を徴収する制度に移行した。その背景には、携帯電話、スマートフォン、タブレット端末などの普及により、受信機を持っているか否かの判断が困難になったという事情がある。同じ事情を抱える日本でも、ドイツの制度への注目が集まっている。ただし、受信料支払義務化や放送負担金制度の導入が具体的に検討されることになると、視聴者の NHK に対する要求はこれまで以上に厳しくなると予想される。視聴者の要求や意見を NHK の番組にどのように反映させるべきか、こ

第3章　メディアの公共性をめぐる制度と法　51

れまで以上の制度的工夫が必要になる。

（2）NHK の国家からの自由

　公権力を監視する報道の役割を、国営放送に任せることはできない。そこで、日本では、国家から干渉を受けることなく、公共放送としての使命を果たすために NHK が設立されている。問題は、現行制度がそのために十分機能しているか否かである。

　NHK の国家からの自由については、内閣総理大臣による経営委員の任命、経営委員会による会長の任命、NHK 予算の国会承認、国際放送への国費の支出などの問題点がある。2012 年 12 月の衆議院選挙で誕生した第二次安倍晋三政権は、2013 年 7 月の参議院選挙の後、同年 10 月に 4 人の経営委員の任命を通じて NHK に対する露骨な政治介入に着手した。2014 年 1 月、籾井勝人会長が誕生したことで安倍政権の政治支配は完結したという厳しい見方もある（飯室 2014: 12）。これまで、NHK に対する政治的影響力は、「法律の枠外で非公式かつ目立たずに行使されることが多く」、これが日本に特有なことだという分析がある（クラウス 2006: 296）。安倍政権の場合には、従来の目立たない圧力だけでなく、露骨で、遠慮のない圧力も加えているところに特徴があるといえるだろう。

　NHK の経営委員（12 人）は、NHK 外部から両議院の同意を得て内閣総理大臣によって任命される（放送法 31 条）。経営委員会は、NHK の最高意思決定機関であり、NHK の運営に関する最高方針を決定し、かつ、最終的責任を負う。経営委員会に期待されているのは、NHK の運営を国民の利益に沿ったものにすることであり、多元的な委員構成とその権限行使によって、言論市場の多様化にも貢献することである。任命の際、教育、文化、科学、産業その他の各分野と全国各地方が公平に代表されるように考慮する必要がある。また、5 人以上が同一政党に属することはできない。総務大臣ではなく、内閣総理大臣に任命権が与えられているのは、経営委員会に高い権威を付与するためである。経営委員の任命を通じて内閣総理大臣が NHK に干渉する可能性もある（松田 2014: 156-158）。但し、国民全体の意思を経営委員の選出に反映させるために国会同意が必要とされている。少なくとも、国会において候補者についての十分な審議が行われれば、この制度趣旨は生かされるはずである。ところが、2013 年 10 月、安倍政権が国会に示した経営委員の人事案は、政権の意向が非常に

強く反映された人選となっていた（砂川 2016: 125-128）。そのうえ、従来、経営委員の任命は運用上、与野党一致の国会同意が必要とされてきたのに、与党のみの賛成で同意人事が断行された（上村 2015: 27）。経営委員会の顔ぶれが問われるような状況を招いた一因として、国会における審議の形骸化がかなり深刻な程度に至っているという問題点が指摘されている（曽我部 2014: 31）。

　なお、経営委員は、法令で認められている権限を除いて、番組編集その他のNHKの業務を執行することはできないし、個別の番組編集に干渉することは許されない（放送法 32 条）。番組編集に直接関与せず、現在 1 名の常勤を除き、企業経営者、大学教員、作家などの本業を持つ経営委員が、個人として政治的言動をすることは許される。しかし、2014 年 2 月の東京都知事選挙の際、当時経営委員だった百田尚樹氏がある候補の応援演説で他の候補を「人間のくず」などと述べて批判を受けた。NHK の最高意思決定機関の構成員が、「公共放送の使命と責任を自覚し、一定の節度をもって行動」すべきことはいうまでもない。

　NHK の会長は、経営員会によって任命される。会長の任命には、経営委員の 9 人以上の多数による議決が必要である（放送法 52 条）。会長は NHK を代表し、経営委員会の定めるところに従い、その業務を総理する（放送法 51 条）。独立行政法人の理事長等が主務大臣により任命されることが多いのに対し、NHK 会長が経営委員会任命制になっているのは、NHK の経営の自主性、人事の独立性を保障する「要の仕組み」である（鈴木・山田・砂川〔山本博史〕2009: 254）。この仕組みが実際に要として機能するか否かは、経営委員の見識にかかっている。だからこそ、その人選が重要になる。経営委員によって任命された会長には、番組編集についての最終的決定権がある。ただし、実際の番組編集は放送総局長以下の現場の裁量に委ねられている。番組制作にとって重要なのは、プロとしての番組制作者が自らの良心に従って判断し、仕事を遂行することである。会長は、対外的にも、対内的にも、現場を萎縮させるような発言やふるまいを控えなければならない。

　前述の通り、NHK の財源は受信料である（放送法 64 条）。受信料の額は、国会が NHK の収支予算を承認することにより決定される（放送法 70 条 4 項）。経営委員会によって議決され、総務大臣に提出された予算について、総務大臣に調整権はなく、意見を付すことしかできない。また、その場合にも、総務大臣は電波監理審議会に諮問しなければならない（放送法 177 条 1 項 3 号）。国会も

NHK 収支予算を修正することはできず、一括承認または不承認の選択肢しかないとするのが通説である（片岡 2001: 102）。このようにすることで放送法は、NHK の財政面での自主性に配慮しつつ、NHK が国民の利益に沿うように運営されているか否かについて、国民の代表である国会に最終的判断を委ねている。総務大臣も、国会も、NHK が提出した収支予算に修正を加えることができないとはいえ、ここにも NHK への政治介入の糸口がある。しかし、現行の方式に代わる民主的正当性のある方式を見出すことは難しいと考えられている（鈴木・山田・砂川〔山本博史〕2009: 266）。なお、NHK 予算の承認も全会一致が望ましいが、籾井会長が 2014 年に就任してから衆議院の承認は 3 年連続で賛成多数で承認され、全会一致ではなかった。

　予算に対する国会承認を要することから、NHK は政治との接点が制度化されているという問題を抱えている。前述した番組改編事件について、2009 年 4 月、BPO の検証委が意見を公表した。検証委は、その中で、番組制作部門の幹部職員が政府高官や与党有力政治家に放送前の個別の番組のことで面談し、それに前後して改編を指示したことや、国会担当局長が制作現場責任者に改編を指示したことが、NHK の自主・自律を危うくし、視聴者に重大な疑念を抱かせる行為であり、放送倫理上の問題だったと指摘した。検証委は、NHK に放送・制作部門と国会対策部門を分離すること、視聴者に丁寧に説明すること、職員の内部的自由についても議論することを提案した（西土 2013: 214-220）。

　このほか、NHK は、放送法に基づいて国際放送も行っているが、ここでも国家との関係が、とくに放送法 65 条の要請放送（旧命令放送）をめぐって大きな問題になっている（大阪地判平成 21 年 3 月 31 日判時 2054 号 19 頁参照）。NHK が行う国際放送に要する費用の一部は国の負担とされており、そこに政治介入の余地がある（放送法 67 条）。国際放送の役割についても新たな検討が必要になっている（丸山 2015: 33-61 参照）。

　安倍政権の NHK 支配が進む中、上記のような問題点を解決するために NHK の改革を求める声もある。確かに、視聴者の声を NHK に反映させるための制度の導入、番組制作者の内部的自由の保障、人事や会議の透明性の向上など工夫の余地はあるだろう（稲葉 2014: 77）。しかし、日本の政治の現状を見る限り、制度改革の効果に大きな期待をかけることはできないのではないか。イギリスで BBC の独立性がそれなりに評価されている背景には、制度設計の工夫に加えて、二大政党制が続いている政治的緊張感もあると指摘されている（音

2014: 76)。また、ドイツのように二大政党制が定着していても、公共放送の内部監督機関を通じて政治が公共放送の人事に介入することもある。2009 年、第 2 ドイツ・テレビ（ZDF）の会長は報道局長の契約更新を希望したが、当時、経営委員だったヘッセン州コッホ首相が契約延長に強硬に反対し、必要とされる経営委員会の承認を得ることができなかった。この承認拒否は、報道への政治介入に屈しなかった報道局長に対する報復人事だとして憲法裁判に発展した。2014 年 3 月 25 日、連邦憲法裁判所は、ZDF の内部監督機関について、委員構成に占める政府や政党の関係者が多すぎるという理由で違憲判決（BVerfGE 136, 9）を下し、2015 年 6 月末という期限を設け、政府や政党の関係者の割合を委員全体の 3 分の 1 以下にするための法改正を義務づけた（鈴木 2015a: 15-30)。この期限までに法改正がなされた。

　日本の場合、二大政党制は定着しておらず、公共放送を政治介入から守ってくれる憲法裁判所もない。権力監視を任務とするメディアが、そして何よりも視聴者が、政治介入を厳しく批判し、権力者に反省を求めなければ、たとえ制度についての工夫をしても、権力者が NHK の独立性や自主性に、これまで以上に敬意を払うようにはならないだろう。視聴者の支持を得るために、NHK は、厳しく権力を監視し、放送ジャーナリズムの真の姿を示していく必要がある。

〔付記〕
　本稿は、日本学術振興会科学研究費助成金基盤研究（C）「次世代放送に向けた通信放送法制の憲法学的考察」(2015～2017 年度）の研究成果の一部である。

1）　放送については、2010 年改正（2011 年施行）まで、放送法、有線テレビジョン放送法（以下では、「有テレ法」）、有線ラジオ放送法、電気通信役務利用放送法という四つの法律があった。現在、これらの法律は放送法に一本化されている（鈴木 2012: 183-185)。

2）　2010 年改正前、放送法の「一般放送」は民間放送を指す言葉だったが、改正後はまったく別の意味を持つことになったので注意する必要がある。

3）　2011 年 7 月、ラジオ局「茨城放送」が、最初の例としてハードとソフトの事業分離を行った。

4）　行政指導は、行政機関がその任務・所掌事務の範囲内においてその行政目的を実現するために行っている指導、勧告、助言、注意、警告、斡旋などの行為の総称である。行政指導には法律上の強制力はない。

5）　番組基準の遵守は放送事業者の努力義務としての意味しか持たないとされてきたが、

行政指導の根拠とされることがあり、「放送局の自助努力を足踏みさせることになる可能性がある」として問題視されている。鈴木・山田・砂川〔山田健太〕2009: 148-149。

6） この番組の取材に協力した市民団体が、番組改編について NHK と制作会社に損害賠償を請求したが、最高裁は、「取材対象者が、取材担当者の言動等によって、当該取材で得られた素材が一定の内容、方法により放送に使用されるものと期待し、あるいは信頼したとしても、その期待や信頼は原則として法的保護の対象とはならない」として市民団体の請求を認めなかった（最判平 20・6・12 民集 62 巻 6 号 1656 頁）。

引用・参照文献

芦部信喜（2000）『憲法学Ⅲ［増補版］』有斐閣。

飯室勝彦（2014）『NHK と政治支配』現代書館。

稲葉一将（2014）「組織の単一化を開放し多様性を」『エコノミスト』2014 年 4 月 29 日号：77 頁。

上村達男（2015）『NHK はなぜ反知性主義に乗っ取られたのか』東洋経済新報社。

エマースン、トーマス・I（1972）『表現の自由』（小林直樹・横田耕一訳）東京大学出版会。

音好宏（2014）「メディアの相互批評で権力抑制を」『エコノミスト』2014 年 4 月 29 日号：76 頁。

片岡俊夫（2001）『新・放送概論』日本放送出版協会。

金澤薫（2012）『放送法逐条解説［改訂版］』情報通信振興会。

クラウス、エリス（2006）『NHK vs 日本政治』（村松岐夫監訳・後藤潤平訳）東洋経済新報社。

駒村圭吾（2001）『ジャーナリズムの法理』嵯峨野書院。

阪本昌成（1995）『憲法理論Ⅲ』成文堂。

宍戸常寿（2010）「憲法学から見た、地上民放テレビの可能性と将来像」日本民間放送連盟『放送の将来像と法制度研究会　報告書』日本民間放送連盟研究所：39-45 頁。

渋谷秀樹（2013）『憲法〔第 2 版〕』有斐閣。

鈴木秀美（2000）『放送の自由』信山社。

鈴木秀美（2012）「放送・通信の自由と規制」松井修視『レクチャー情報法』法律文化社：180-198 頁。

鈴木秀美（2014）「『政治的公平を厳密に守れ』ということは、『批判をするな』ということと同義だ」『Journalism』289 号：98-105 頁。

鈴木秀美（2015a）「公共放送の内部監督機関の委員構成と放送の自由―第 2 ドイツ・テレビ事件判決」『慶應義塾大学メディア・コミュニケーション研究所紀要』65 号：107-119 頁。

鈴木秀美（2015b）「放送法における表現の自由と知る権利」ドイツ憲法判例研究会編『憲法の規範力とメディア法』信山社：267-296 頁。

鈴木秀美（2015c）「放送法の『番組編集準則』と表現の自由―BPO 検証委『意見書』をめぐって」『世界』877 号：122-128 頁。

鈴木秀美(2016)「放送事業者の表現の自由と視聴者の知る権利―番組編集準則を読みとく」『法学セミナー』738 号：24-28 頁。

鈴木秀美・山田健太・砂川浩慶編著（2009）『放送法を読みとく』商事法務。

鈴木秀美・山田健太編（2011）『よくわかるメディア法』ミネルヴァ書房。

砂川浩慶（2016）『安倍官邸とテレビ』集英社。

曽我部真裕（2012）「放送番組規律の『日本モデル』の形成と展開」曽我部真裕ほか編『憲法改革の理念と展開（下巻）』信山社：371-403 頁。

曽我部真裕（2014）「NHK 経営委員・会長の政治的中立性問題」『世界』2014 年 3 月号：29-32 頁。

永田浩三（2014）『NHK と政治権力―番組改変事件当時者の証言』岩波書店。

西土彰一郎（2013）「『内部的メディアの自由』の可能性」花田達朗編『内部的メディアの自由―研究者・石川明の遺産とその継承』日本評論社：205-220 頁。

西土彰一郎（2016）「番組編集準則は何を要請しているか―「国家からの自由」と「国家による自由」のあいだで」『世界』882 号：72-77 頁。

長谷部恭男（1992）『テレビの憲法理論』弘文堂。

松井茂記（2013）『マス・メディア法入門〔第 5 版〕』日本評論社。

松田浩（2014）『NHK［新版］―危機に立つ公共放送』岩波書店。

丸山敦裕（2015）「NHK 国際放送の概要とその諸課題」ドイツ憲法判例研究会編『憲法の規範力とメディア法』信山社：33-61 頁。

三宅弘・小町谷育子（2016）『BPO と放送の自由』日本評論社。

山本博史（2007）「『あるある大事典』捏造と行政介入―『総務省対テレビ局』をめぐる制度的深層」『世界』763 号：57-63 頁。

第4章　　　　　　　　　　　　メディアと公共性

大石　裕

1　はじめに——メディアと民主主義

　メディアと公共性に関して主として規範的観点から論じ、かつその実践について批判的な検討を行うのが本章の主な目的である。ここでいう規範的観点とは、この問題に関して民主主義にまつわる諸理念を前提とすることにほかならない。

　民主主義の制度を備えた社会、すなわち民主主義社会においては、メディアは次のように捉えられるのが一般的である。それは、自由なコミュニケーションが行われる公的な空間であり、その空間に参入する機会は社会の構成員すべてに開かれているというものである。一定規模の国民国家（あるいは社会）においては、政治エリートと一般市民が直接に交流する機会は少なく、それゆえに自由なメディア空間の存在と、その中で形成される世論（あるいは民意、国民感情）の政治的機能の重要性に対する認識は広く共有されてきた。そのぶん、メディアにはさまざまな観点から論じられ、時には批判されてきたのである。

　それでは民主主義とはどのような形態をとる政治制度なのであろうか。以下の項目は、この問いに関してアメリカの民主主義論の立場から、比較的明確な回答を示したものである（ダール 1991 = 1999: 106-108）[1]。

　①　政府の政策決定についての決定権は、憲法上、選出された公職者に与えられる。
　②　選出された公職者は、ひんぱんに行われる公正で自由な選挙によって任命され、また平和的に排除される。
　③　実質的にすべての成人は、選挙での投票権をもつ。
　④　ほぼすべての成人はまた、選挙で公職に立候補する権利をもつ。

59

⑤　市民は表現の自由の権利をもつ。それは現職の指導者や政権党への批判や異議申立てをふくみ、司法・行政官僚によって実質的に擁護されていなければならない。

⑥　市民は情報へのアクセス権をもつ。情報は、政府その他の単一組織によって独占されてはならず、またそれへのアクセスは、実質的に擁護されていなければならない。

⑦　市民は政党や利益集団をはじめとする政治集団を設立し、またそれに加入する権利をもつ。

　民主主義社会ではこれらの要件は法制度的に保障され、また実践される必要がある。このうち、①から④の項目は主に選挙に関連するものであり、⑦は圧力団体や利益集団に関わるものである。このことから、ダールが権力多元論、あるいは多元主義論の観点から民主主義を論じていることがわかる。

　それとは別に、メディアあるいはジャーナリズムとの関連からあげられているのが、⑤表現の自由と、⑥情報へのアクセスという項目である。ここでの説明をはじめ民主主義論では、この種の権利を有するのは一般市民とされているが、近代社会においては実際にはジャーナリズムがこうした機能を担うのが一般的である。というのも、一般市民の代わりに、あるいは一般市民の代表として、さまざまな情報（源）にアクセスし、それに基づいて自らの主張や見解を自由に表現する機会を加えて、世論形成の重要な担い手がジャーナリズムであることは論をまたないからである。

　実際、メディアやジャーナリズムの活動は，法制度によって保障されている場合がほとんどである。例えば、日本国憲法19条では「思想及び良心の自由は、これを侵してはならない」ことが定められ、同21条では「集会、結社及び言論、出版その他一切の表現の自由は、これを保障する」、「検閲は、これをしてはならない」という項目があり、それらはジャーナリストのみならず国民の言論・表現の自由を保障する根拠となっている。また、アメリカの修正憲法1条では、「連邦議会は……言論若しくは出版の自由を制限し、または人民の平穏に集会する権利……を縮減する法律を制定してはならない」ことが定められている。

　こうした法的な保障のもとで、メディアやジャーナリズムはある種特権的な地位を得て日々活動している。この背景には、むろん人々を取り巻く情報環境が拡大し、公的な情報を入手する際の（マス・）メディアへの依存度の大きさが存在する。民主主義システムの運用に不可欠な世論形成や政治エリートに対

60　第Ⅰ部　メディアの公共性を問い直す

する批判は，現代社会では（マス・）メディアのジャーナリズム機能を抜きに
生じ得ないのが現実である。この点にこそ、メディアやジャーナリズムの活動
に高い公共性が認められる根拠が存在するのである[2]。

　ただし、それゆえにジャーナリズムの有する責任の大きさと、備えるべき倫
理の高さについては繰り返し論じられ、実際そうした視点から主にジャーナリ
ズム批判は成立してきた点は看過されるべきではない。すなわち、メディア、
特にマス・メディアに認められる重要かつ高度な公共性が、マス・メディアの
自由を保障することの、そしてマス・メディアの活動に対して責任と倫理を課
する根拠となっている。

2　公共圏としてのメディア

　メディアと公共性という問題に関する論議が行われる際、これまで頻繁に参
照されてきたのが公共圏（あるいは公共性、公的領域）という概念である。そこ
で以下では、この概念、あるいは問題に焦点を合わせて論じることにする。一
般的に公共圏とは、私的領域（その典型は家族）と対になる「自由な市民の領域」、
あるいは国家機構に代表される公権力の領域と私的領域との間に位置すると理
解され、把握されている。

　公共圏という用語を比較的早い段階で用い、精力的に論じたのが、政治思想
家のハンナ・アレントである。彼女は「公」、「公的」、あるいは「公共」、すな
わちパブリック（public）が、以下の二つの現象を意味していると指摘した。

　　　第一に……公に現れるものはすべて、万人によって見られ、聞かれ、可能な限
　　り最も広く公示されるということを意味する。私たちにとっては、現われ
　　（appearance）がリアリティを形成する。……リアリティにたいする私たちの感覚
　　は、完全に現われに依存しており、したがって、公的領域（public realm）の存在
　　に依存している。　　　　　　　　　　　　　　　（アレント 1958 = 1994: 75 - 77）
　　　第二に、『公的』という用語は、世界そのものを意味している。世界とは私た
　　ちすべての者に共通するものであり、私たちが私的に所有する場所とは異なるか
　　らである。……共通世界の条件のもとで、リアリティを保証するのは、……立場
　　の相違やそれに伴う多様な視点（perspective）の相違にもかかわらず、すべての
　　人が同一の対象にかかわっているという事実である。（同 : 78; 86: 一部訳を改変）

このようにアレントは、公的、そして公的領域に関して、リアリティ（現実）と関連させながら論じた。アレントの見解を繰り返すならば、現実に対する私たちの感覚は公共圏（公的領域）に依存しており、すべての、そして多種多様な人間が同一の事象に関わることによって現実が個人的のみならず、社会レベルで構成され、その存在が保証されるというわけである[3]。ただし、ここで確認すべきは、公共圏というのが重層的に構成されている点である。すなわち、公共圏の実体は単一ではなく、同じ広がりのなかでの競合性とローカルな公共圏から世界公共圏までの重層性をもつと考えられるのである（花田 1996: 77、参照）。

そして、アレントの本来の関心や主張とはやや異なるかもしれないが、社会において最も広く公示される「現れの空間」を提供する可能性、そしてすべての人が同一の事象にかかわる可能性を提供するもの、それをメディア、なかでもマス・メディアとみなすことは十分可能であろう。先に見たように、公共圏が重層的な構造を持つことから、メディアはマス・メディアとして国家レベルにおいて情報の共有という役割を果たし、グローバル・メディアとローカル・メディアも各々の公的領域、すなわち公共圏においてそうした役割を担うとみなすことができるのである。現代社会では、これらの機能をあわせもつインターネットも公共圏としての役割を果たしている。

また、公共圏の主要な論者の一人であるユルゲン・ハーバーマスは、アレントの見解を一部参照しながら、公共圏（あるいは公共性、公的領域）の概念について考察を加えるとともに、公共圏の変容について歴史的な観点から検討を行ったことで知られている。ハーバーマスは、以下に見るように（マス・）メディアに引き寄せて、近代化および資本主義の発達に伴う国家と社会の相互浸透により、公共圏あるいは公共性が変質、さらには衰退してきたと論じた。

　　公的領域と私的領域との統合同化に対応して、かつて国家と社会を媒介していた公共性は解体した。この媒介機能は公衆の手を離れ、たとえば団体のように私生活圏の中から形成され、あるいは政党のように公共性の中から形成されてきて、今や国家装置との協働の中で部内的に権力行使と権力均衡を運営する諸機関の手中に渡ってゆく。そのさいこれらの機関は、これまた自立化したマス・メディアを駆使して、従属化された公衆の同意を、あるいは少なくとも黙認を取りつけようとする。公共性（広報活動）はいわば、特定の立場に「信用」の体裁を調達するために、上から展開される。……批判的公開性は操作的公開性によって駆逐さ

れるのである。　　　　　　　　（ハーバーマス 1990 ＝ 1994: 233-234、傍点引用者）

　この指摘によるならば、近代社会の成立とともに、マス・メディアを中心とするジャーナリズムは、種々の国家機構の世論操作の手段としての性格を次第に強めてきたということになる。公共性・公共圏におけるメディア、そしてジャーナリズムの機能に関するこうした見方は、多くの研究者の間で受容され、それがジャーナリズム研究やジャーナリズム批判の有力な論点や根拠となっている。なお、公共性・公共圏が成立する条件については、ハーバーマスやアレントの公共圏論、それをめぐる論議を参照しながら、以下のように要約されたことがある。

　それは第一に、だれでもアクセスしうる空間であること、第二に人々の抱く価値が異質のものであるということ、第三に何らかのアイデンティティが制覇する空間ではなく、差異を条件とする言説の空間であること、第四に人々は複数の集団や組織に多元的にかかわるということである（斎藤 2000: 5-6）。

　この見解は公共圏について論じる場合、いくつかの有用な示唆を与えてくれる。なかでも「人々の抱く価値が異質のものである」、あるいは「差異を条件とする言説の空間である」という条件は強調されるべきであろう。というのも、確かに問題解決に向けて政治エリートはさまざまな政治的決定を行う必要があるにせよ、民主主義社会においては、それに至る過程においては多様な価値やアイデンティティに基づく意見表明が行われることが不可欠だからである。あるいは、そうした意見表明を通じて多様な価値やアイデンティティが再生産（時には変化）していく点に重大な関心を寄せなければならないからである。その際に、多種多様なメディア、そしてそれが作用する公共圏がきわめて重要な役割を担っているのはいうまでもない。

　ただし、これまで度々言及してきたように、ここでとくに問われるのは、種々のメディアの中心に位置し、世論形成においてきわめて大きな役割を果たしてきたと評価できるジャーナリズムの存在である。社会的出来事に関する報道、解説、論評（あるいは主張）という社会的機能を担ってきたのがジャーナリズムだからである。公共圏の構築や活性化にジャーナリズムがどのように貢献してきたかという問題については、規範的な観点から以下のように要約されている（McQuail 2013: 42）。

① 公的な議論が行われる空間の維持と管理。
② さまざまな意見やアイデアの社会的な流通。
③ 一般市民の自由と多様性の拡大。
④ 一般市民と統治機構との関係の構築。
⑤ 市民社会の組織（NGO）に対して発言を行えるような機会の提供。

　公共圏に関するこれまで概観してきたいくつかの見解、とくに民主主義論との関連を踏まえるならば、ジャーリズムが異質の価値をどの程度反映してきたかという問題が重視されることになる。また、実際に人々の差異を条件とする言説空間、すなわち公共圏の形成や再生産、そして変容にジャーナリズムはどのように寄与してきたのかという問いかけもきわめて重要になる。

　次いで、先に若干触れたように、現代社会ではインターネットの普及に伴うソーシャル・メディアの利用の日常化、およびその機能面での飛躍的な増大という状況が見られることを考慮する必要もある。すなわち、こうしたメディア環境、あるいは情報環境の中で、ジャーナリズムがどのように変容を促され、それが公共圏の再生産や変容にいかなる影響を及ぼしてきたかという問題も設定されることになる。

　この種の問題については、情報社会論は概して、情報化の進展が人々の生活の利便性を増大させるだけでなく、多様な意見の表出を促すといった点を強調してきた。他方、情報社会の負の側面を強調する情報社会批判も存在してきた。そこでは、管理社会や監視社会といった傾向の進展、あるいは「デジタル・ディバイド」（情報格差）による情報の集中化や一元化といった問題とともに、メディアと情報の一層の集中化と感情的世論の表出という問題も指摘されてきた。民主主義が感情的な世論、あるいは政治的無関心を基盤とする「大衆民主主義」を常態とするならば、それは当然厳しい批判の対象となる。情報社会は、まさにそうした視点から論じられることになるのである。

　ここで参照すべきは、公共圏とジャーナリズムを直接に結びつけた次の指摘であろう。それは、「たとえ『情報化』によってマスメディア・システムの拡充があっても、ジャーナリズム活動のポテンシャルが退行すれば、公共圏は収縮する」（花田 1996: 79）というものである。この指摘は、マス・メディアというシステムに限定されることはなく、メディア・システム全体とジャーナリズム機能の問題に拡張して考えることの必要性を示唆している。情報化の進展に

伴うソーシャル・メディアの発達や普及が、必ずしもジャーナリズムの機能の向上に直結するわけではないのである。

　そこで次に、メディアと公共性という問題を考えるうえで、まずメディアが有する公共性、すなわち「メディアの公共性」という問題について検討してみる。

3　メディアの公共性

（1）社会的責任理論

　メディアの公共性を論じる際に参照される機会が多いのが、アメリカの「プレスの自由調査委員会」の報告書「自由で責任あるプレス」（米国プレスの自由調査委員会 1947 = 2008）と「プレスの自由に関する四理論」（シーバートほか、1956 = 1959）である。

　このうち「自由で責任あるプレス」では、プレスのアカウンタビリティとして「公衆のニーズに応じること」、そして「市民の権利や、意見がありながらプレスをもたないためにほとんど忘れ去られている論者の権利の維持に努めること」（米国プレスの自由調査委員会 1947 = 2008: 20）があげられている。こうしたアカウンタビリティを果たすことで、以下に示す「プレスの自由」が保障されるというわけである（同：144-145）。

① 　自由なプレスは、政府と一般社会あるいは外部・内部からを問わず、どこからも強制されない（圧力がないというわけではない）。これは「〜からの自由」と言われている。
② 　自由なプレスとは、どのような局面においても意見表明の自由があることを指す。これは「〜のための自由」と言われている。
　　それ以外にも、第三点として先に示したアカウンタビリティと同じ趣旨の自由も保障されることが求められている。
③ 　自由なプレスであれば、他の人たちに何らかの価値のあることを伝えたい時、それらの人たちに例外なく開かれた存在であるべきだということ。

　こうしたプレスの責務や責任といった問題に関して、理論的により深い考察を試みたのが「プレスの自由に関する四理論」（シーバートほか、1956 = 1959）だといえる。それは、「権威主義理論」、「ソビエト共産主義理論」、「自由主義理論」、「社会的責任理論」によって構成されている（ただし、ソビエト共産主義

理論は冷戦終結以降はほとんど存在意義を失った）。そのなかで社会的責任理論は、プレスの公共性を強く意識した理論である。この理論は、知られるようにプレスの自由主義理論に修正を加える形で提示された。

　自由主義理論では、プレスに対する国家による監督制度のかわりに、市場における情報・意見・娯楽の「自由競争」や「自働調整作用」といった非公式な統制方式が採用される。したがって政府の役割は、そうした相互作用が順調に行われる枠組みを維持することに限定されている。ただし自由主義理論は、名誉毀損や猥褻などの反社会的な情報も含め、悪質な情報を表現する自由を認めるか否か、それを認めず規制する場合にはどのような手法で行われるのが望ましいのかという問題を抱えている。さらには、オーディエンスのニーズに迎合した情報、例えば娯楽情報があまりに優先されると、いわゆるニュースなど社会で広く共有されるべき情報の比重が軽くなるという問題も存在する。こうした点こそが、自由主義理論の有するメディアの公共性に関する問題点だといえる。

　社会的責任理論について見るならば、それは政治制度への奉仕や公衆の啓発、そして個人の自由の擁護といった役割をプレスに認めている点では自由主義理論と共通する。ただし、近代社会ではプレスは必ずしもこうした役割を十分に果たしてこなかったと考える。この理論は、情報を「商品」と捉える見方を極力抑制しようとし、自由主義理論では対処することができないさまざまな問題に対して解答を与えようとした。とくに、一部のメディア企業の巨大化、集中化、商業化ゆえの影響力の巨大化、それに付随して生じる情報の質の低下に対して、強い危機感を抱いたのである。その上で社会的責任理論は、プレスに対し、次のような行動をとることを要請した（シーバートほか 1956 = 1959: 159-169）。

① 　その日の出来事についての、真実で、総合的で、理知的な記事を、それらの出来事の意味がわかるような文脈のなかで報道すること。これには、事実と意見を分離すること、そして事実についての真実を報道することという要請が含まれる。
② 　説明と批判の交流の場として奉仕すること。すなわち、自らの意見と反対の意見も伝達すべきということ。
③ 　社会を構成している各集団の代表像を映し出すこと。これには、たとえばステレオタイプにもとづくエスニック集団の描写を避けるという意味も含まれる。

④　社会の目標や価値を提出し、かつ明らかにする責任を負うべき。
⑤　現在の情報に接近する十分な機会を提供すること。

　社会的責任理論が展開してきた背景には、当時の放送メディアの急速な開発と普及、すなわちラジオ放送の影響力の増大、あるいはテレビ放送の開始といった状況が存在していたことはいうまでもない。こうしてメディアの公共性に関する認識が高まり、その社会的責任と高い倫理を備えることの必要性が主張されるようになったのである[4]。

(2) メディアの公共性に対する要請

　これまで見てきたようにマス・メディア（プレス）に対しては、相応の社会的責任を果たすべきという使命が課せられてきた。マス・メディアの側もそれに応じてさまざまに対応してきた。日本のマス・メディアもその例外ではない。以下では、日本の新聞と放送を例にとりながら、メディアの公共性について考えてみたい。

　例えば、1946 年に制定された新聞倫理綱領（旧）においては、「指導・責任・誇り」（第6項）という項目がある。そこでは、「新聞が他の企業と区別されるゆえんは、その報道、評論が公衆に多大な影響を与えるからである。公衆はもっぱら新聞紙によって事件および問題の真相を知り、これを判断の基礎とする。ここに新聞事業の公共性が認められ、同時に新聞人独特の社会的立場が生まれる」（傍点引用者）と述べられている。ここでは新聞の報道と評論の社会的影響力の大きさが、公共性の根拠として掲げられている（もちろん、当時のメディア環境がその前提にあるのはいうまでもない）。

　その後、2000 年に新たに制定された新聞倫理綱領では、放送メディアやインターネットの普及を踏まえ、以下のような一文が掲げられている。それは、「おびただしい量の情報が飛びかう社会では、なにが真実か、どれを選ぶべきか、的確で迅速な判断が強く求められている。新聞の責務は、正確で公正な記事と責任ある論評によってこうした要望にこたえ、公共的、文化的使命を果たすことである」（傍点引用者）というものである。情報化の進展に伴う情報量の急速な増大という環境変化に対応した、高度情報社会における新聞の公共的（・文化的）使命の重要性が、ここでも改めてうたわれている。

　次に、放送の公共性の法的位置づけについて見てみる。放送法（総則）、1条

第4章　メディアと公共性　67

（目的）には次のような条文がある。

　　　この法律は、次に掲げる原則に従って、放送を公共の福祉に適合するように規
　　律し、その健全な発達を図ることを目的とする。
　　1．放送が国民に最大限に普及されて、その効用をもたらすことを保障すること。
　　2．放送の不偏不党、真実及び自律を保障することによって、放送による表現の
　　　自由を確保すること。
　　3．放送に携わる者の職責を明らかにすることによって、放送が健全な民主主義
　　　の発達に資するようにすること。

　この法律では、放送が公共の福祉、健全な民主主義の発達に資することがあ
げられ、放送の公共性のあり方が示されている。その実現のために、「放送番
組編集の自由」、すなわち「放送番組は、法律に定める権限に基づく場合でな
ければ、何人からも干渉され、又は規律されることがない」（放送法3条）こと
が定められている。そうした自由を有する一方、放送番組の編集にあたっては
次のような規律が設けられている（放送法4条）。

　　1．公安及び善良な風俗を害しないこと。
　　2．政治的に公平であること。
　　3．報道は事実をまげないですること。
　　4．意見が対立している問題については、できるだけ多くの角度から論点を明ら
　　　かにすること。

　放送事業者は放送番組を自由に編集するにあたり、こうした規律を順守する
ことで一定の倫理や責任を果たすことが課せられており、それが「公共の福祉」、
「健全な民主主義」に資するというわけである[5]。

4　公共サービス放送

　前述したように、社会的責任理論は資本主義システムに基づく自由な情報の
生産や流通に警戒感、さらには危機感を抱いていた。自由主義理論に対する懐
疑がその出発点にあった。商業主義が優位に立つ資本主義システムが、例えば

民主主義社会に世論政治おいてさまざまな問題を生み出してきたことに強い懸念を示したのである。とくに放送メディアが聴取者や視聴者に多大な影響を及ぼす時代が到来することで、この種の問題は一層明確になったといえる。

そこで、とくに放送メディアの領域において公共サービス放送という概念、そしてそれを実現するメディア制度が提示されるようになった。それは、「主として公共に利益に資するために活動する、あるいは活動することを意図している放送システム」（Casey et al. 2002: 185）と定義されている。公共サービス放送の中で具体化されている社会的責任と要件は以下のように要約されている（McQuail 2013: 44）。

1. ユニバーサル・サービスと多様な情報の提供。
2. 一般市民に対して民主的なアカウンタビリティを果たすこと。
3. 社会全般のニーズ、そして社会の特殊なニーズを満たす責任。
4. 市場によって決定されない、番組の質の確保への関与。
5. 既定の国民のニーズに従う可能性。
6. ある一定の規範や文化的価値を保護することへの関与。
7. 政治的中立性というジャーナリズムとしての立場。
8. 非営利的な財政構造。

むろん放送が行う公共サービスは、実際にはさまざまな放送メディアが担ってきた。多メディア、多チャンネル化の進展は、多種多様な公共サービス放送を可能にしてきた。ただし国営放送という形態は、前掲の「プレスの自由に関する四理論」の中の権威主義理論によって説明可能なことから除外される。また商業放送にしても、「市場によって決定されない、番組の質の確保への関与」、「非営利的な財政構造」という点では、公共サービス放送に分類することは難しい[6]。

そこで、制度面から見て、公共サービスの提供を行うのにもっとも適した放送メディアと考えられてきたのが公共放送である。日本の公共放送であるNHK は、「放送法三章　日本放送協会」の「目的（15条）」において、次のように公共サービスを行うことが定められている。それは、「協会は、公共の福祉のために、あまねく日本全国において受信できるように豊かで、かつ、良い放送番組による国内基幹放送を行うとともに、放送及びその受信の進歩発達に必要な業務を行い、あわせて国際放送及び協会国際衛星放送を行うことを目的

とする」というものである。

また公共放送の代表格ともいえるイギリスのBBCは、ほぼ10年ごとに更新される特許状（Royal Charter Agreement）に基づき、おおよそ以下の目的が定められている（現在の特許状は2016年12月まで有効）。

1．一般市民の諸権利と市民社会の維持——BBCは利用者が重要な現代の政治問題に関与できるような良質なニュース、報道番組を提供する。
2．教育や学習の促進——学校や大学での公教育、そして日常の知識や高度な技術の習得を支援する。
3．創造性や優れた文化の活性化——文化、創造、スポーツといった活動に対する関心、関与、参加を促進する。
4．イギリス国家、そこに属するさまざまな民族、地域、コミュニティに関する情報提供——BBCの利用者は、国内の多種多様なコミュニティを描くBBCに信頼を寄せる。
5．イギリスの情報を世界に、世界の情報をイギリスに伝達する——BBCは国際的な問題に関するグローバルな理解を作り上げ、オーディエンスが多様な文化を経験できるようにする。
6．一般市民に対する新たなコミュニケーション技術やサービスの利点の提供——現在、そして未来において、国民が新たなメディア技術の中から最も優れたものを利用できるように支援する。

公共放送、あるいは公共サービス放送としてのNHKとBBCの「目的」は多くの点で共通している。ただし、社会的責任理論で掲げられた「社会を構成している各集団の代表像を映し出すこと」という項目が、BBCの特許状では「イギリス国家、そこに属するさまざまな民族、地域、コミュニティに関する情報提供」というように明示されている点は留意すべきであろう。

5　公共サービスメディア

次に検討したいのは、公共サービスメディアという概念である。ここで強調すべきは、イギリスを除く西欧諸国の多くでは、1980年代半ばまでは公共放送が中心であったという歴史である。したがって、西欧では公共サービスという概念に関する検討もさまざまな場で行われてきた。例えば、EUB（ヨーロッパ放送連合）は、主に公共サービス放送を念頭に置きながらも、公共サービス

メディアという用語を用いて、その中核となる価値を以下のように要約している（EUB ホームページ）。

① ユニバーサル・サービス——すべての人と場所への情報伝達。
② 独立性——市民から信用される番組制作者であること。
③ 卓越性——高潔でプロフェッショナリズムに基づく活動。
④ 多様性——多様な価値に基づくアプローチ。
⑤ アカウンタビリティ——オーディエンスの声に耳を傾け、意義のある討論に関与すること。
⑥ イノベーション——イノベーションや創造性の推進力となる。

　ここで掲げられた項目は、公共サービス放送とほとんど変わらない。ただし公共サービスメディアの場合、まさにメディア全体にまでこの概念を拡張できる可能性がある点は強調されるべきである。
　その例としては、パブリック・ジャーナリズム（あるいはシビック・ジャーナリズム）に代表されるジャーナリズムの側の「運動」があげられる。この運動については、アメリカ社会の実践例を検討しつつ、「『ジャーナリズム』の定義をマスメディアの周縁部分の立場から問い直す運動」（林 2002: 329）と定義されたことがある[7]。また、「パブリック・ジャーナリズムのモデルは、一般市民、専門家、公職者、そしてジャーナリズムが問題解決過程において果たすべき役割を説明するもの」（Hass 2007: 47）という見解も示されている。さまざまな実践を通じて、こうした各アクターが協働して社会の問題解決にあたること、そしてその中で積極的な役割を担うジャーナリズムの役割に関して提示されたのがパブリック・ジャーナリズムの概念である。ここではジャーナリストは、客観的、公平、公正、中立的な報道といった既存のプロフェッショナリズムの規範から離れ、意識的、主体的、かつ能動的に社会の問題解決に関わることになる。なお、この概念や運動が公共圏の再構築の問題に強い関心を寄せている点は特記されるべきであろう[8]。

6　結び——公共性と共同性

　メディアと公共性について論じる際には、公共圏あるいは公共性という概念、

そしてその制度化と実践に関する考察が必要である。マス・コミュニケーション論やジャーナリズム論は、この問題についていくつかの観点から取り組み、一定の成果をあげてきた。しかし、その際に常に問題となってきたのは、公共圏や公共性と密接に関わる民主主義が、近代社会においては国民国家の枠内にある「国家民主主義（ナショナル・デモクラシー）」という形態をとることが一般的という点であった。国民国家という「コミュニティ」、すなわち国家を基盤とする「共同性」を想定し、その上で公共圏や公共性の問題を論じることの困難さにいつも直面してきたのである。

　共同性を超えた公共性・公共圏を打ち立てる試みは、ジャーナリズム論においても行われてきたが、それが実際のジャーナリズムの活動に大きな影響を与えたという評価はとてもできない。メディアの公共性という問題は、公共性と共同性との相克に関して正面から取り組む必要がある。この問題に一定の解答を与えたとみなしうるジャーナリストの仕事を再検証すること、その作業が求められているのである。

1）　本文でも触れているように、ダールの民主主義論は、権力多元論、あるいは多元主義（pluralism）に立脚したものである。それゆえ、これまで多くの批判を浴びてきた（大石 1998、参照）。また以下の指摘はダールの民主主義論を考えるうえできわめて有用である。「ダールは国民国家という単位に最も信頼を寄せるが、その信頼は、アメリカ合州国やカナダのような連邦国家が、内部の多元性を圧殺することなく、しかもそれなりにデモクラティックにやってきたという認識に支えられているように見える。そこでは、国民というデモスが過剰なアイデンティティを持つことによって、他の可能なアイデンティティを抑圧する危険性は不当に軽視されている。」（杉田 1998: 156）

2）　ただし、こうした（マス・）メディアに関しては以下のような批判があるのもまた事実である（浜田 1993: 21-25）。①表現の自由にかかわる素朴な平等主義からくる批判。これは、報道機関の言論・表現の自由を一般市民と同等に扱うべきという観点からの批判である。②プレスに特別の法的地位を認めることは、プレスを一般市民から遊離した存在にしてしまうのではないかという批判。これは、こうした特権がプレスを傲慢にし、かえって一般市民の信頼と支持を失わせるのではないかという危惧から生じた批判。③特権が与えられるのと引き換えに、プレスに義務あるいは特別の責任が課せられるのではないかという危惧から生じた批判。④特権が与えられることになるプレスの定義の困難さから生じる批判。

3）　知られるように、「現実」とは個人が直接に経験することだけで構築・構成されるわけではない。それは、社会の他の構成員と共有する既存の知識や情報と連動しながら構築・構成されるものである。

4） ただし、この社会的責任理論をも含む、「プレスの自由の四理論」に関しては、当時（第二次世界大戦後）のアメリカの政治思想・理論、ないしは政治社会状況が強く反映されたものであり、単純な一般化は慎むべきとの批判も行われるようになった（Nerone 1995、参照）。

5） ここでいう「公共の福祉」、「健全な民主主義」という言葉や概念がきわめて曖昧であり、その時々の政治社会情勢に左右される可能性があることは当然である。ただし、新聞や放送などのマス・メディアが、アジェンダ設定を行い、世論を喚起し、政策過程に影響を及ぼすといった一連の流れは、典型的な民主主義の形態（世論政治）であることは間違いない。この場合、マス・メディアの報道、解説、論評は、一般市民の意見の集合体としての世論の代弁者としての機能を担うものだといえる。

6） 参考までに公共サービス放送に関する UNESCO の説明を以下に掲げる（UNESCO ホームページ）。「公共サービス放送とは、市民のために、市民によって作られ、財政が賄われ、統制される放送である。それは商業放送でも国営放送でもなく、政治的な干渉や営利面で圧力を受けることもない。公共サービス放送を通じて、市民は情報を入手し、教育されそして娯楽も享受することができる。 多元主義に基づくこと、番組の多様性、編集の独立、適切な財政、アカウンタビリティと透明性が確保され保証されるならば、公共サービス放送は民主主義の基盤を提供できるはずである」。

7） アメリカでパブリック・ジャーナリズムが注目された要因としては、①市民と政治との間の断絶、②市民社会内部における断絶、③マスメディアとオーディエンスの間の断絶、④ジャーナリズムとアカデミズムとの間の断絶、があげられている（林 2002: 330-339）。

8） この点に関しては、ハーバーマスがパブリック・ジャーナリズムに直接言及しているわけではないものの、以下のような主張を展開していることは留意すべきと思われる。「……意見をめぐる論争、つまり意見の影響力をめぐる闘争の間、公共圏の構造の再構築と保全という共通の営為に自分が巻き込まれていることを自覚している行為者は、既存のフォーラムを利用するだけの行為者とは、その政策の特徴である二重の方向づけという点で区別される。つまり前者の行為者は、そのプログラム形成によって政治システムに単刀直入に影響力を行使するが、同時に彼らにとっては、市民社会と公共圏の安定化と拡大、そして自己のアイデンティティと行為能力の確認も反省的に問題となるのである。」（ハーバーマス 1992 = 2003: 101 傍点は原文）。

引用・参照文献

アレント、ハンナ（1958 = 1994）『人間の条件』（志水速雄訳）筑摩書房。

大石裕（1998）『政治コミュニケーション』勁草書店。

斎藤純一（2000）『公共性』岩波書店。

シーバート、フレッドほか（1956 = 1959）『マス・コミの自由に関する四理論』（内川芳美訳）東京創元社。

杉田敦（1998）『権力の系譜学』岩波書房。

ダール、ロバート（1991 = 1999）『現代民主主義分析』（高畠通敏訳）岩波書店。

ハーバーマス、ユルゲン（1990 = 1994）『公共性の構造転換（第2版）』（細谷貞雄・山田正行訳）未來社。

ハーバーマス、ユルゲン（1992 = 2003）『事実性と妥当性―法と民主的法治国家の討議理論』（河上倫逸・耳野健二訳）未來社。

花田達朗（1996）『公共圏という名の社会空間』木鐸社。

浜田純一（1993）『情報法』有斐閣。

林香里（2002）『メスメディアの周縁、ジャーナリズムの核心』新曜社。

米国プレスの自由調査委員会（1947 = 2008）『自由で責任あるメディア』（渡辺武達訳）論創社。

Hass, Tanni (2007) *The Pursuit of Public Journalism: Theory, Practice and Criticism.* Oxford: Routledge.

McQuail, Dennis (2013) *Journalism and Society.* London: Sage.

Nerone, John (ed.)(1995) *Last Rights: Revisiting Four Theories of the Press.* Champaign, IL: University of Illinois Press.

第Ⅱ部

公共サービスメディア論の視点

第5章　　ヨーロッパの公共放送の現状と課題

中村美子

1　公共放送から公共サービスメディアへ

"スマホでネット"は、いまや日常生活の一部となっている。NHK は 1985年から5年ごとに「日本人とテレビ」という世論調査を行っているが、2015年の調査で初めてパソコンや携帯端末のタブレット端末やスマートフォンの所有についての質問を加えた。それによると、パソコン 53％に対しタブレット端末は 17％、スマートフォンの利用は 46％だった。そして 16 歳から 29 歳の若い人々の間でスマートフォンの利用は 87％にのぼる。また、2010 年と 2015年調査を比較すると、16 歳から 30 歳代までの層では、インターネットがテレビを抜いて最も欠かせないメディアとなっている（木村ほか 2015）。通信技術の急速な発達によって、インターネット上で情報から娯楽まで、高精細度の静止画から動画まで配信することができるようになり、テレビ番組を放送と同じ品質で視聴できるようになった。そして、放送波を使わずに、Hulu や Netflixなどインターネット上で映画やテレビ番組を定額有料で提供する "SVOD サービス"（Subscription Video On Demand サービス）が 2011 年あたりから登場し、まさに国境・国籍を越えたテレビ番組が時間と空間を問わず視聴できるようになった。

こうしたメディアの発達と視聴者のテレビ番組の視聴方法の変化は、日本のみならず世界規模で起きている。ヨーロッパの公共放送[1] は、アナログ放送からデジタル放送への移行を遂げ、さらにテレビ番組のプラットフォームとしての放送と通信（インターネット）の融合に対応し、そのサービスを広げてきた。そうしたサービスの代表例が、インターネットを利用し、いつでもどこでもオンデマンドで見たいテレビ番組を視聴できるサービスである。例えば、イギリスの BBC は 2007 年末に BBC iPlayer という "見逃しサービス" を始め、ドイ

77

ツの公共放送 ARD と ZDF はそれぞれ 2006 年に、フランスの公共放送フランステレビジョンは 2005 年に同様のサービスを始めた。見逃しサービス開始からほぼ 10 年が経過し、公共放送のテレビ番組はすべて、放送と同時にインターネットでも送信され、国によって違いはあるが放送後 1 週間から 1 カ月の間、見たいテレビ番組にアクセスすることができる。その展開に合わせ、欧州連合（EU）および関連組織において公式的に公共放送を "公共サービスメディア（以下 PSM：Public Service Media）" と呼ぶようになっている。

　デジタル化、メディアの商業化、グローバル化は、利用者にさまざまな新サービスを提供し、メディア事業者間の競争を促進する。こうした状況では、利益追求の民間事業者の立場からすると、受信料や税金など公的資金を運営財源とする公共放送に対し、特権的地位を利用した "民業圧迫" という批判が生じる。また、政府の側から見ると "官から民へ" という規制緩和政策のもとで、公共放送サービスのうち市場で競争力があると見込める部門を民営化するといった事態も容易に想像できる。それにもかかわらず、ヨーロッパの公共放送が大きく形態を変えずに、PSM へと展開することができたのは、なぜだろうか。

　その理由は第一に、ヨーロッパの地域では、公共放送は、それぞれの国の言語・文化を守ると同時に、ヨーロッパの統合の基盤を維持する役割を果たしているという共通の認識があるからである。第二に、ヨーロッパではデジタル化を推進する役割を公共放送が担ったためである。デジタル技術は、国の固有の資源である周波数帯を 4K・8K といった放送の高度化や、無線ブロードバンドへの転用を可能にする。ヨーロッパ主要国では、2012 年までに地上デジタル放送への移行が完了したが、デジタルネットワークの建設、デジタル新サービスの提供、全国民のデジタル受信支援などデジタル移行に必要なさまざまな事業を公共放送が中心となって行った。そして、デジタル移行完了後は、民間事業者が乗り出すにはリスクの高いインターネットの新サービスを先駆けて開始する一方、放送と同様にブロードバンドをすべての人が利用できるようにするためのリテラシーを高める活動等も行ってきた[2]。

　第二次世界大戦後の 1949 年に、ヨーロッパ諸国の国民の和解と統合を目指して設立された欧州評議会（Council of Europe）[3] は、人権・民主主義・法の支配に基づく平和の推進を目的に活動している。この目的に沿って、欧州評議会は、公共放送は国によって異なるということを前提に、情報社会における公共サービス任務を再確認し、公共放送が新しいコミュニケーションプラット

フォームに適切なコンテンツを提供することを承認した（Council of Europe 2007）。勧告に明記された任務とは、①それぞれの国のすべての市民（国民）が利用できること、②すべての視聴者の関心にこたえるコンテンツを提供するというユニバーサリティーを保障すること、③個人・集団・社会の社会的統合を促進すること、④高い倫理を備えた不偏不党・独立性に基づく情報を提供すること、⑤公共的議論のフォーラムを提供し、個人の民主的参画を促進すること、⑥視聴覚作品と制作に貢献し、国民文化および欧州の文化遺産の多元性の普及に貢献することである。

また、ヨーロッパ拡大政策をとる EU（欧州連合）も、新たに加盟する条件として、公共放送システムの確立をあげている。それは、欧州評議会が規定した任務を果たす公共放送の存在こそ、EU の設立理念の一つであり、民主主義に不可欠な「表現の自由」を保障する装置であると確信しているからである。欧州委員会（European Commission）は、2014 年に「メディアの自由とメディアの統合性を支援するための EU ガイドライン　2014-2020」を発表し、次のように述べている（EC 2014）。

　　表現の自由が基本的人権である一方、メディアはしばしば、その他の権利と自由を遂行するための前提条件である。自由なメディアを剥奪されたならば、市民は均衡のとれた事実に基づく信頼に足る情報に対する権利を否定される。民主主義と組織の効率性を台無しにするような偏向したプロパガンダに身をさらすことになる。メディア環境における多元的なコンテンツは、社会の多面的な特徴を明らかにし、対話と寛容を促進するという役目を果たす。メディアによる政治過程の重要な検証は、その透明性を保障し、政府が、限られた一部の圧力集団から自由となって、予想通りの政策を着実に実行することを保障する。こうしたことがすべて、加盟予定の国におけるガバナンスを向上させ、自信を創造するのである。

上述の「自由なメディア」の有力な担い手として公共放送が位置づけられていることは言うまでもないだろう。そして EU は、加盟の意思を表明し、その候補となる国々に対し、公共放送システムの創造あるいは既存の公共放送の改良に向けた支援を行っている。例えば、言語と宗教の異なる三つの民族で構成されるボスニア・ヘルツェコビナは、1992 年に勃発した民族紛争を乗り越え、EU 加盟を共通目標に 2015 年に新政権を誕生させた。EU は同国に対し、メディアの分野において既存の公共放送の政治からの独立性、デジタル完全移行への

継続的努力、公共放送システムの長期的な財政安定、各種メディアコミュニティおよび市民社会の参画を求め、具体的なアドバイスを行っている（EU 2015）。

　このように公共放送は、ヨーロッパ社会の統合と発展に欠かせない存在である。しかし、ブロードバンドの時代を迎え、公共放送の成熟度の高低にかかわらず、新たな課題が生じている。この章では、ヨーロッパのEBU（ヨーロッパ放送連合）が取り組んだVision 2020プロジェクトの報告を中心に、公共放送が置かれた環境とその課題について焦点を当てる。

2　圧力にさらされる公共放送

　PSMへの転換が進むヨーロッパの公共放送がいま、政治的・経済的圧力にさらされ、財源やサービスの縮小という危機に直面している。いくつかの事例を見てみよう。

　2009年秋から経済危機が表面化し、巨額債務を抱えたギリシャ政府は2013年6月に、公共放送ERTの閉鎖を発表し、すべての放送を中止した。ERTは、国営放送として1938年にラジオ放送を、1966年にテレビ放送を開始し、1975年に現在の公共放送に改組された。ERTは、テレビ3チャンネル、ラジオ4チャンネルを全国放送し、国内初のHDTV（日本ではハイビジョンと呼称）サービスを先駆けるなど、新サービスにおいて先導的な役割を果たしてきた。政府が緊縮政策の一環として一方的にERTを閉鎖したことに対し、内外から強い反発が起こり、ギリシャ国内の最高行政裁判所にあたる国家評議会は、公共放送を再開するべきであるという裁定を下した。ERTは紆余曲折を経て、2015年6月に放送を再開した（新田 2015）。

　ギリシャのケースは極端すぎるとはいえ、2008年のリーマンショック以後の景気後退と経済を最優先課題とする政治環境の変化は、公共放送の財源規模の実質的な縮小につながっている。フランスでは、2007年に就任したサルコジ大統領が公共放送改革に取り組み、公共放送フランステレビジョン（FT）の構造改革、FTの経営トップの大統領任命へと放送法を改正した。その改革はFTの財源にも及んだ。FTは、テレビ受信機の所有に基づき支払い義務が生じる公共放送負担税が収入の85％を占めているが、残りの15％は広告収入と政府交付金である。サルコジ大統領は、地上デジタル放送に移行途中の商業テレビを支援するため、FTの広告放送時間を制限した。この措置による減収分は、

政府資金で補てんするという条件だったが、その計画はとん挫した。さらに2012年の政権交代後、中道左派のオランド大統領も、FTの事業運営費を抑制する政策を継続し、FTは厳しい効率化を求められている（新田 2015）。また、公共放送として世界最大のサービス規模を誇るイギリスのBBCも、その例外ではない。（2010年、それに続く）2015年の総選挙で勝利した保守党政権は、国の歳出見直しにあわせ、老齢福祉政策の一環に位置づけられた75歳以上の受信許可料全額免除を国費からではなく受信許可料収入で負担するなど、BBCが使用できる財源を大幅に縮小することを決めた[4]。またオランダでも、2010年に誕生した中道右派政権は、公共放送NPOの財源である政府交付金を2013年から2017年にかけて段階的に減らし、番組制作に競争原理を導入するなど公共放送改革に着手している（杉内 2015）。

3 PSM の六つの価値

こうした中、ヨーロッパのEBUは2012年に、PSMの価値や原則を明確にした。EBUは、PSMが社会で不可欠な存在であるという前提からその存続を目的とし、PSM事業者の支援と強化のために活動している。EBUの活動の幅は広く、ヨーロッパで人気が高い音楽祭「ユーロビジョン・ソング・コンテスト」（音楽祭）を毎年開催し、また、加盟局の間でPSMの経営上の知識を共有する活動を行うとともに、PSMをめぐる国際的な議論に対しては、その存続を提唱する発言を活発に行っている[5]。

EBUは、ヨーロッパを中心に56カ国73の放送事業者が加盟する機関である。イギリスやフランスといった西ヨーロッパ諸国はもとより、スカンジナビア地域や地中海に面した北アフリカ諸国、さらにはウクライナなど東ヨーロッパ諸国やロシア連邦の放送機関も加盟している。ヨーロッパのPSMは、制度の枠組みや財源方法は多様である。例えば、ヨーロッパ大陸のほとんどの国は"放送法"で運営されているが、公共放送のモデルといわれるイギリスのBBCは国王が下賜する特許状に基づいて設置されている。また、BBCや北欧の公共放送は、"受信料"を単一財源としているが、フランスやイタリア、ドイツの公共放送は、受信料に加え広告放送も行っている。また、スペインやポルトガルのように、受信料制度はなく政府交付金で運営されるなど、運営財源も多様である。使用言語についても、地理的に四つの言語圏に分かれるスイスでは、

第5章　ヨーロッパの公共放送の現状と課題　81

PSM の中核的価値

(1) ユニバーサリティー（universality）

社会のあらゆる層に PSM のコンテンツを提供することを目指す。すべての市民が自らの意見や考えを形成できる公共圏を作り上げるべく努め、また、包摂と社会的統合を目標とする。

(2) 独立性（independence）

視聴者の利益にかなうことを PSM が下す選択の中心に置き、政治的・商業的、その他の外部からの影響やイデオロギーから完全に不偏不党で独立性を保つことに努める。また、番組制作、職員の配置や編集上の決定など経営上のあらゆる分野において自律的であることを求める。独立性は法律で保障されなければならず、PSM のジャーナリストを守るという責任をすべての行動において示さねばならない。

(3) 卓越性（excellence）

高潔さ、プロフェッショナリズム、高水準の番組制作といった点においてメディア産業界の手本となる。また、才能ある人材を育て、知識や技能を修得させる。また、オーディエンスに権力、能力、文化的な豊かさを付与することを目指す。

(4) 多様性（diversity）

放送上、表現上の多様性や複数性を確保し、また、PSM と共に働く人々の多様性・複数性を保つように努力する。多様性の共存から生まれる創造的な豊かさの重要性を自覚し、社会の断片化を防ぎ、より包摂的な社会の建設の手助けをする。

(5) 説明責任（accountability）

PSM は開かれた制度でありたい。視聴者の声に耳を傾け、持続的かつ有意義な議論に参画する。編集ガイドラインを公開する。そして、説明し、間違いを正す。透明性を保ち、公開審査に従う。望ましい統治原則に沿って運営し、効率的であるよう努力する。

(6) 革新性（innovation）

革新性と創造性の原動力になるよう努力する。新しいフォーマット、新しい技術、視聴者とつながる新しい方法の開発・導入を心がける。PSM の職員が市民に奉仕する形でデジタルの未来を作り上げるよう教育を行う。

一つの国の中でそれぞれの言語別に公共放送が設置される一方、フィンランドのように、歴史的経緯から、公用語のスウェーデン語の放送サービスも行う公共放送もある。そして EBU 加盟機関の中心は PSM であるが、首相府や内閣の管轄下に置かれた国営放送も数多く加盟し、放送に使用されている言語数も

123 にのぼるなど、EBU は多様な放送事業者の連合体である。

　EBU はこのように国情が異なり、多様な文化を背景とした放送事業者の集まりであるが、その相違を越えて加盟機関の間で PSM がヨーロッパの民主主義的・文化的・社会的ニーズにこたえるために存在するものであるという合意をもとに、PSM が持つべき中核的な価値を宣言した（EBU 2012）。これらは、PSM が守るべき行動規範ともいえる。

　EBU の加盟機関はそれぞれ、これら六つの価値を実現するために PSM の経営にあたるのだが、PSM を取り巻く環境は刻々と変化し、厳しい状況に置かれつつある。したがって、これら六つの普遍的な価値をより戦略的に具体化するための方法論が求められたのである。

4　EBU Vision 2020 の提言

　EBU の Vision 2020 は、こうした背景で取り組まれたプロジェクトである。EBU は、加盟機関がそれぞれの将来に向けた戦略立案のために、情報の共有化と課題の洗い出しを共同で行い、新たな行動指針を提言した。それが、2014 年春に発表された「ネットワーク社会との接続——信頼の継続的な構築と社会への利益還元」という報告書である（EBU 2014）。これは、EBU の加盟機関が「コンテンツと視聴者」「配信、テクノロジーと視聴者」「ガバナンス、役割、任務と財源」の三つの専門家グループに分かれまとめたものである。報告書は、PSM を取り巻く変化を捉え、将来の戦略を立案するうえで指針となる 10 の提言を行っている。以下では、報告書の内容を要約・概観する（EBU 2014）。

（1）PSM を取り巻く変化

　プロジェクトはまず、PSM の将来に影響を与える主要な変化とその傾向を次のように捉えた。

社会の構造的変化

　ヨーロッパの人口の 4 分の 3 が都市部に集中するという状況（都市化）が進む。そして、人口のほぼ 20％が、移民の両親を持つと予想され、社会における文化的多様化が進展する。その一方でヨーロッパ社会の多くで、家族、宗教的価値観、民主主義、従来の労使関係といった伝統的な制度によって編成された社

会的紐帯が、固定的・持続的なものでなくなってきている。さらに、2025年までに、全世帯の約40％が単身世帯になると見られ、これらの傾向が、個人化に拍車をかけるだろう。

経済的な変化

　ヨーロッパは、世界の中でも豊かな国の集まりである。GDPは平均で1－2％の伸びを示している。しかし、ヨーロッパ諸国の間には大きな格差がある。2008年の世界不況からドイツやベルギーは回復したが、ギリシャやスペイン、ポルトガルといった国々は、厳しい失業、大規模な国費の減少に見舞われ、今後成長の見込みはほとんどない。新興国と比較して、ヨーロッパの国々は経済的先進性という意味で敗者となりつつある。

　ヨーロッパの経済に大きな影響をあたえているのは、高齢化の進行である。2020年には、ヨーロッパに居住する9億3000万人のうち、その16.5％が65歳以上の高齢者となる。この数字は、2020年以後も増えるだろう。これと同時に、34歳以下の若者の比率も低下する。この傾向は、労働市場と年金や健康保険といった社会保障制度にとって根本的な問題を引き起こすことが予想される。

　経済的危機と、世界のさまざまな地域やヨーロッパの諸国の間で増大する格差は、多くの人々の間で不満を生じさせる。多くの人々が、伝統的な社会的・政治的機関との取り決めは、社会が直面している諸問題を解決することはできない、と思うようになる。そして、議会や裁判所への信頼は低下し、社会の各所で疎外感が深まっていく。

　多くの諸国で、伝統的な組織の権威が危機にさらされている。労働組合と政党は構成員を失い、福祉国家システムへの支持と連帯は損なわれつつある。財政的・経済的危機にある国々では、家族のつながりへの依存に回帰しても、それは一時的な安心しか提供しないかもしれない。家族すべてが経済的な危機に見舞われた場合は、必要とするセイフティーネットは提供されないからである。

　相互支援のネットワークをボトムアップの形で組織化しようとするオルタナティブも存在する。それは、共通の利害や価値観に基づく身近な社会関係のレベルで展開されるものである。しかし、これらは未発達で、しばしば非常に壊れやすい。こうした方法が国家によって組織化された連帯のシステムの代替となりうるかを予測することは難しい。

84　第Ⅱ部　公共サービスメディア論の視点

技術革新による変化

　技術革新による変化のベクトルは、四つある。デジタル化、融合、オンライン（インターネット）、モビリティである。

　2020年にデジタルテレビはヨーロッパ全域でほぼすべての人が利用し、55％世帯がブロードバンドにアクセスしているだろう。西ヨーロッパ諸国では、ブロードバンドのアクセスは73％になるが、東西で大きなばらつきが生じる。モバイル・デバイスとセカンドスクリーンは爆発的に増加する。2020年には、ネットワークにつながれたデバイスは200億台となり、スマートフォンが9億4800万、PCが4億1900万と予測される（図1）。

　スマートフォンの所有の増加はとくに著しく、スウェーデンでは、2010年には16歳の7％しかスマートフォンを使っていなかったが、2013年には93％に増加した。イギリスでは、2017年までに12歳から44歳までの携帯電話の利用者のうち94％から98％がスマートフォンを利用するようになると予測されている。

市場の変化

　ヨーロッパでは、多チャンネル化が進んでいる。ヨーロッパ35カ国において、2002年には4,600チャンネルが提供されていたが、2012年には11,000チャンネルに増加した。増加したチャンネルの大多数は地域やローカルのチャンネル

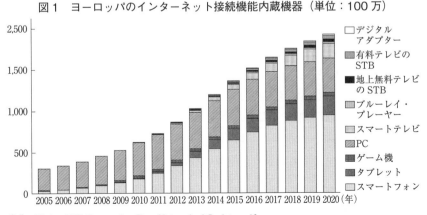

図1　ヨーロッパのインターネット接続機能内蔵機器（単位：100万）

出典：Vision 2020 Connecting To a Networked Society p.46

であるが、全国放送のチャンネルと海外のチャンネルの数も、1,180 から 5,299 に増えた。また、ブロードバンドを利用して、視聴者にコンテンツを提供する OTT サービス（Over the Top サービス）も始まり、欧州視聴覚研究所（European Audiovisual Observatory）の調査によると、2008 年には 644 しかなかったオンデマンドサービスが、2013 年 4 月現在で EU 加盟の 28 カ国において少なくとも 2,472 に増加した。こうしたサービスの増加によって、PSM は優良コンテンツ（プレミアム・コンテンツ）をめぐる競争に直面することになる。グローバルなメディア企業がヨーロッパのテレビ市場の支配を強めている。Liberty Global、Sky、RTL、Disney、Time Warner、Hulu、Yahoo、HBO、Amazon、Apple、Google である。ドイツの RTL を除きすべてアメリカの企業である。もともと放送事業や番組制作に携わってこなかったメディア企業が、オリジナルなコンテンツ制作に投資しはじめている。

しかし、国際的なコンテンツの流通がますます増加する傾向の中で、ヨーロッパの視聴者は、自国や身近な地域のコンテンツを求めている。例えば、英語圏のイギリスでは、テレビドラマシリーズの 27％はアメリカ作品だが、残りはすべて国内制作作品である。スペインでは、放送されるテレビドラマシリーズの 45％がアメリカ産だが、視聴される作品となると、64％が国内制作の番組である。また、2013 年のトップ 10 のテレビ番組の 79％が国内制作だった。

視聴行動の変化

放送事業者はインターネットを利用してテレビ番組の放送と同時に送信するサイマルキャストとオンデマンドサービスを提供しているが、スマートフォンやタブレットといったモバイル・デバイスを利用することで、視聴者は時間や場所を選ばずにテレビ番組の視聴を含めさまざまな情報行動をとるようになっている。テレビ視聴は、ヨーロッパの 5 大国（イギリス、ドイツ、フランス、スペイン、イタリア）の間では、2012 年までリニア（リアルタイム視聴）とオンデマンドの両方の視聴が増加したが、その後テレビ視聴時間の合計は増加するものの、2020 年にはオンデマンド視聴がリニア視聴を上回り、リニア視聴は 2010 年レベルに戻ると予測されている。通常のリニアの視聴に未来がないと言い切ることはできないが、確実に減少する。

モバイルだけでなく、固定テレビにインターネットをつなぐ "コネクティッドテレビ" の利用が増加するにつれ、視聴行動の変化は急速に進むと見込まれ

ている。視聴者は、質が高く人気の高い国内・海外制作のコンテンツを楽しむ機会が増える。その典型例が、デンマークで始まったアメリカ発のSVODサービスNetflixである。Netflixのサービスが始まって以来デンマークのオンライン上のストリーミングサービスの利用が増え、ユーザーの間では2012年から2013年にかけて、通常のテレビ視聴が8％減少した。

（2）ネットワーク社会とPSM——EBU Vision 2020 プロジェクトからの 10 の提言

　EBU Vision 2020 プロジェクトは、ヨーロッパ社会が直面するさまざまな社会変動と文化変容の中で起きた最も根本的な変化をネットワーク社会の台頭であるととらえている。その変化を引き起こしているのが、断片化とデジタル化である。上述のように人々をつなげていた既存の社会制度が弱体しつつある。一部の国では、PSM は既存の政治システムの一部と考えられているために、こうした社会制度や公的機関に対する信頼の揺らぎが、PSM にも波及し、その存在意義が損なわれる可能性がある。その一方で、人々は依然として結束や帰属を求めているため、新たなデジタル技術が人々の接触やコミュニケーションを可能とし、利害関心を共有するためのゆるやかなネットワークを形成するために用いられることになる。

　EBU はこうした環境をチャンスと捉えようとしている。メディア組織であり、文化制度であるPSM が、分散し、複雑化し、二極化した社会において、人々をつなげる能力を持った数少ない制度的な力であると認識するからである。そして、PSM 自身が、ネットワーク社会という文脈において、「情報、教育、娯楽を提供する」という伝統的な PSM の役割を再解釈していくべきだとしている。そして再解釈する上で重要な概念として「接続、信頼、社会への利益還元」の三つを特定している。とりわけ、社会への利益還元は、PSM の存在理由の根本にかかわる概念であると EBU は言明している。これは、PSM が社会にもたらすさまざまな効用を指し、PSM の社会的存在価値を主張するための概念として確立していくべきだと考えているからである。

　プロジェクトが明らかにした変化の速度と影響の規模は、EBU 加盟機関によってそれぞれ異なる。加盟機関が同じ時期に同じ課題に直面しているとは限らない。そこで EBU Vision 2020 のプロジェクトは、それぞれの PSM が戦略の立案と活動の参考とすべき 10 の提言を行った。その要旨の一部は次の通り

である。

提言1　視聴者をさらに理解すべきである。

　　　視聴者と双方向の関係を築き、従来の一方向的なマス・メディアとは異なるパーソナル化したメディアを開発する必要がある。

提言2　多様化した視聴者がPSMにより一層関与するよう対応するべきである。

　　　PSMへの視聴者の関心を喚起したいのならば、視聴者に積極的にかかわっていく必要がある。そのためには、多様性に対応する戦略を練り、これまでとは異なるコミュニケーションを模索すべきである。多様性については、年齢・社会階層、文化・民族、ジェンダー、ライフスタイル、宗教、地域など、広い視野で捉える必要がある。

提言3　遂行すべき計画の一覧に優先順位をつけるべきである。

　　　予算ひっ迫に対処しつつ、任務、番組、サービスに対し、「より少なく、より大きく、より良く (fewer, bigger, better)」の概念[6]を適用し、質の追求、アジェンダの設定、文化的イノベーションの達成、多様性の確保、才能の発掘といった分野で集中的に役割を果たすべきである。

提言4　最も身近で信頼される情報源になるべきである。

　　　最優先事項は、ニュース番組、時事番組、ドキュメンタリー番組、情報番組におけるアジェンダ設定型の報道である。また、PSMが視聴者にとっての最初のニュースの情報源であり続けるために「インターネット第一主義」を戦略として採用する。

提言5　若者に対して存在意義を高めるべきである。

　　　視聴者に占める若者層の割合は比較的少ないが、特別な戦略的アプローチが必要な視聴者層である。第一に、若者層へのサービスは、PSMの付託任務に定められている。第二に、若者は非常にネットワーク化された層である。彼らに向けた番組を編成することで、PSMのネットワーク化を加速させることができる。第三に、若者たちは、PSMの将来の担い手である。

提言6　人々に力を与え、コンテンツを維持管理し、共有を進めるべきである。

　　　PSMにとって、ネットワーク社会は視聴者のための新たな付加価値と「社会への利益還元」の方法を生み出す機会である。「実験」を繰り

返しながら、PSM にとって「公共サービス」とは何かを新たに定義するべきである。

提言 7　イノベーション、開発を加速するべきである。

　　　　PSM の既存インフラを新しいメディア環境に適応させ、新たな価値を創り出す革新者になるべきである。

提言 8　存在を際立たせるべきである。

　　　　PSM が提供するリアルタイム視聴型チャンネルは全国民に向けたサービスであり、受信の時点では無料である。これまで通り、全国放送網を維持しつつ、視聴者の進む先に PSM も向かうべきである。関連するメディアプラットフォームの全領域で存在感を示し、あらゆるサービスが提供できる組織になるべきである。

提言 9　組織文化とリーダーシップを刷新するべきである。

　　　　ネットワーク化した組織へ変化を遂げるということは、PSM がその組織構造と組織文化を、徐々にではあるが根本的に変えていくことを意味する。

提言 10　PSM の存在意義を主張するべきである。

　　　　政府、市場、社会という三者の関係をめぐる考え方は、時代によって変化する。他の公共機関がそうであるように、PSM もまた考え方の変化に影響を受ける。PSM の経営は、変化する時代の脈略に合わせてその正当性を変化させるべきである。

図 2　EBU Vision 2020 プロジェクトによる提言

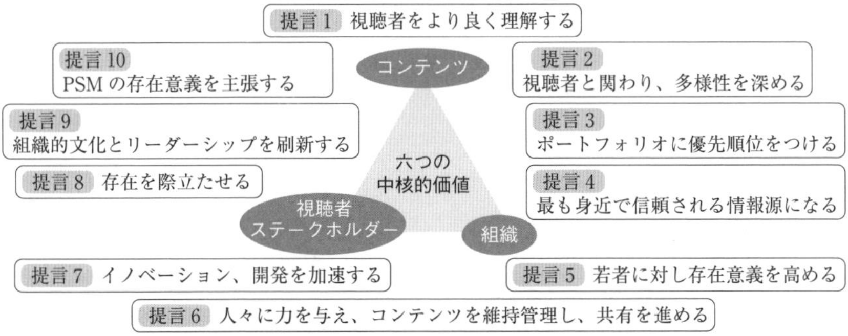

提言 1　視聴者をより良く理解する

提言 10　PSM の存在意義を主張する

提言 2　視聴者と関わり、多様性を深める

コンテンツ

提言 9　組織的文化とリーダーシップを刷新する

提言 3　ポートフォリオに優先順位をつける

六つの中核的価値

提言 8　存在を際立たせる

提言 4　最も身近で信頼される情報源になる

視聴者ステークホルダー

組織

提言 7　イノベーション、開発を加速する

提言 5　若者に対し存在意義を高める

提言 6　人々に力を与え、コンテンツを維持管理し、共有を進める

出典：Suarez Candel（2014）世界公共放送会議 RIPE@2014 東京大会における発表

EBU Vision 2020 プロジェクトは、PSM が視聴者やステークホルダー（商業放送、通信事業者、政府など）にとって不可欠な存在であり続けるためには、どうすべきか、それを見極めるという目標を掲げ、スタートした。提言は各国のPSM に問題を対処するための具体的な処方箋ではない。それぞれの PSM は、直面する状況に応じて、提言の中から自由に選び、実践の参考に取り込むという性質のものである。Vision 2020 が発表されてから、例えばイギリスの BBC は、受信許可料収入の減少という状況の中で、2002 年にデジタル新チャンネルとして開始した若者向け専門チャンネル BBC3 について、放送チャンネルとしてのサービスを廃止し、インターネット・サービスの BBC iPlayer 上で、若者向け番組コンテンツを提供するという戦略的転換を発表した [7]。

5　ヨーロッパ PSM の課題

　EBU Vision 2020 プロジェクトは、今日の政治的、社会的、経済的、文化的な変化に潜む PSM の存在意義を提示しようとしている。断片化社会の紐帯となる、グローバル化の中で独自のコンテンツを制作し、人々の要望にこたえる、など具体策の手がかりを提供している。しかし、PSM が自律的に社会への貢献を行う意思を持っても、直近の実際上の課題は、自律的な活動を保障する財源調達である。PSM にとって重要な原則は、政治的影響や商業主義的な諸勢力からの独立性であり、独立性を保障するためには安定かつ適正な財源を確保しなければならない。また、報告書でも取り上げていたように、グローバルなメディア企業によるヨーロッパメディア市場への進出も懸念材料である。かつて、1990 年代に衛星放送の登場によって、米国の映画やテレビ番組が国境を越えて提供されることを文化侵略として捉えた時期もあった。21 世紀のブロードバンド時代に入った現在、産業的側面で、ヨーロッパのとりわけ PSM の競争力の低下を問題視する声があがっている。PSM が、新興のグローバルメディアよりも番組やコンテンツの制作力では優れているとしても、制作に必要な資金を確保できるのか、という懸念が生じているのである。

　すでに述べたように、ヨーロッパの PSM は、受信料あるいは政府交付金を主要な財源とし、一部広告放送や商業活動収入で補完している。政府交付金の割り当ては、時の政府の方針や国の財政状況に左右され、広告放送収入も企業の意向や経済状況に左右される。この点で、受信料は最も独立した安定財源だ

と考えられてきた。

　受信料は、基本的にテレビ番組を受信できる装置の所有を根拠にすべての人から徴収される。ヨーロッパではインターネットの普及に対応し、受信方法が放送であろうと通信であろうと、また受信機がテレビであろうとその他のデジタルデバイスであろうと、支払い義務が生じるように制度改正が行われた[8]。しかし、どの時代であっても支払根拠となる受信器の所有の確認は難しく、不払いという問題は依然として課題として残されている。そこで、受信料制度の支払いの公平性を確保するため、さまざまな取り組みも行われている。フランスでは、公共放送負担税として税務当局が住居税と併せて年に1回徴収し、ドイツでは、受信料の性格を社会的負担金であると再確認し、受信機の所有ではなく世帯（住居）ごとに一律料金を支払うことに変更した（杉内 2013）。これに続き、フィンランドでは個人の年間所得に応じて料金が異なる累進性を導入した公共放送税の徴収に変更した。

　こうした受信料制度の改革は、PSM の独立した財源確保にとって前向きな効果がある。しかし、一部の国を除き、家庭の財政を圧迫する不況によって、受信料額は毎年据え置かれる傾向にある。EBU の調査によると、ヨーロッパの PSM の財源規模は 2008 年の金融危機を乗り越えて、2012 年には名目上 1.3%増加した。しかし、インフレ上昇率を考慮すると、5 年間で 10%縮小している。ヨーロッパの PSM は、独立した経営を行うために受信料制度を維持したとしても、財源規模の拡大を期待することは難しく、まさに「より少なく、より大きく、より良く」を念頭に、事業経営の見直しが迫られている。

　ヨーロッパでは、EU、欧州委員会、欧州評議会、EBU の各機関で、PSM の重要性と必要性が確認されてきた。放送事業者の連合体である EBU による Vision 2020 プロジェクトは、加盟機関の間で PSM が直面する課題とその背景を理解することに貢献する一方、問題を解決するためには PSM 自身が大胆に変わっていかなくてはならない、という強いメッセージを発信しているといってよいだろう。

　　1）　ヨーロッパでは、公共放送と呼ばず、公共サービス放送と呼ぶ。イギリスと同様に、放送における公共サービスとみなされているからだ。本章では、便宜的に公共放送を使用する。
　　2）　EU の競争を所管する欧州委員会は 2007 年、公共放送が受信料や政府交付金など公

的資金で運営されることを認めている。しかし、このシステムを維持するためには、公共放送の任務の明確化、任務を条文化し、適切な監督を行うこと、そして公共サービスと商業サービスの会計分離をすること、という指針を出した。この指針の順守は、各国に委任されている。イギリスのBBCは「公共的価値の審査」、やドイツ ARD や ZDF は「3層審査」と呼ばれる方法を導入し、公共放送がネットを利用した新サービスや4K・8K といった新技術の利用について、市場への影響など、"民業圧迫"ではなく、公共の利益にかなうサービスであることを保障している。

3）　欧州評議会（http://www.coe.int/en/）の意思決定機関は、加盟国の外務相で構成される閣僚委員会である。2016年現在、加盟国は47。日本やアメリカ、カナダ、バチカン、メキシコはオブザーバーとして参加している。

4）　2010年5月の総選挙で政権は労働党から保守・自民の連立政権に移行し、その直後から財政赤字の解消に向け、すべての省における20％減の歳出見直しが行われた。政府と BBC との交渉の結果、BBC の運営財源である受信許可料の料額が2016年まで据え置かれることが決まり、さらに外務省予算で行われていた国際放送の運営も受信許可料収入で賄うことが決定した。さらに2015年の総選挙に勝利した保守党政権は、受信許可料のインフレ連動の値上げを条件付きで認める一方、国費負担の75歳以上の受信許可料全額免除という社会保障政策の継続について、受信許可料収入で賄うことを決定した。しかし、2016年5月政府は、この方針を撤回した。

5）　EBU の活動については、http://www3.ebu.ch/home を参照。

6）　"Fewer, Bigger, Better" は、「公共放送が、少ない資金で、より多くの視聴者／ユーザーに、質の高いものを提供しなくてはならない」ことを意味している。

7）　BBC 執行部は2013年12月、監督機関であるBBCトラストに正式に若者向け専門チャンネルの BBC3 の廃止を提案した。ブロードバンド時代をみすえた将来ビジョンと位置づけられる一方、事業運営費が増大を見込めない中、大規模な経費圧縮の方策という側面もある。BBC トラストは、2015年に6月にこれを承認した。

8）　イギリスでも、2004年に同様の改革が行われた。しかし当時は、インターネットを利用したオンデマンドサービスは想定外で、放送と同時のサイマルストリーミング・サービスがテレビ番組の受信に該当するとされた。2015年現在、イギリス政府は、受信料支払対象にオンデマンド視聴も含める方向で改正する予定である。

引用・参照文献

木村義子・関根智江・行木麻衣　（2015）「テレビ視聴とメディア利用の現在―「日本人とテレビ・2015」調査から」『放送研究と調査』　2015年8月号：18-30頁。

杉内有介（2013）「始まったドイツの新受信料制度―全世帯徴収の「放送負担金」導入までの経緯と論点」『放送研究と調査』　2013年3月号：18-33頁。

杉内有介（2015）「オランダ政府、公共放送改革法案を議会に提出」『放送研究と調査』2015年11月号：72頁。

新田哲郎　（2014）「ギリシャ、新公共放送　大幅縮小で放送開始」『放送研究と調査』

2014 年 7 月号：106 頁。

新田哲郎　（2015）「経済低迷下のフランス公共放送—経費節減と合理化に揺らぐ経営の自立」『放送研究と調査』2015 年 8 月号：84-97 頁。

Council of Europe (2007) "Recommendation CM/Rec(2007)3 of the Committee of Ministers to Member States on The Remit of Public Service Media in The Infotmation Society."

European Commission(2014) "DG Enlargement Guidelines for EU support to Media Freedom and Media Integrity in Enlargement Countries, 2014-2020."

Euro Delegation of the European Union to Bosnia and Herzegovina and European Union Special Representative (2015) "Functioning and Sustainability of BiH Public Broadcasting System Discussed at EU Conference in Sarajevo," http://europa.ba/?page-id=462（2016 年 7 月 20 日閲欄）.

EBU (2012) "Empowering Society A Declaration on the Core values of Public Service Media," https://www3.ebu.ch/files/live/sites/ebu/files/Publications/EBU-Empowering-Society_EN.pdf（2015 年 11 月 5 日閲覧）.

EBU (2014) "Connecting to a Networked Society," https://www3.ebu.ch/files/live/sites/ebu/files/Publications/EBU-Vision2020-Full_report_EN.pdf（2015 年 11 月 4 日閲覧）.

第 5 章　ヨーロッパの公共放送の現状と課題　93

第6章　　　　　　　　デジタル化と今後の公共放送

タイスト・フヤネン

1　はじめに

　放送は、特定の技術と、それに関連した社会的・文化的制度が結びつくことによって成立してきた。本章はこうした歴史的成り立ちを背景として、「公共放送（Public Service Broadcast）」が、「公共サービスメディア（Public Service Media: 以下 PSM）」へと発展する中での放送メディアとネットワーク型メディアとの重要な関係性について論じる。また、放送を社会的・文化的制度と位置づけることで、放送メディア（ラジオとテレビ）とそれを支える放送局など諸機関が、社会的、文化的諸ネットワークや慣行、さらには特定の規範や価値と密接に結びついているという関係性を浮かび上がらせたい。

　歴史を振り返ると、レイモンド・ウィリアムズ（Raymond H. Williams）は、人々の日常生活に放送が組み込まれていく過程を「移動する私有空間（mobile privatization）」と特徴づけた（Williams 1974: 26）。この概念が示すように、現代社会の発展の過程で仕事と家庭が明確に分離され、日々の生活行動がますます移動を伴うようになる中で、家庭という私的領域にいながら放送を媒介して外部社会と接触する傾向が進んだ。後年、カルチュラル・スタディーズにおける放送メディアの視聴者に関する研究は、とくに家庭という文脈でのテレビ視聴習慣の重要性を提示した（Morley 1992 を参照）。1980 年代以降は、競争の激化や配信コンテンツの増加に伴い、メディア利用のモバイル化、個人化の傾向がさらに進行することになった。

　放送技術とは歴史的には、一対多型のマス・コミュニケーション用に電磁スペクトルを使用することを基にしている。社会的・文化的な放送制度としては、1920 年代にまずラジオ放送として発展し、第二次世界大戦後にテレビが登場した。ウィリアムズが指摘するように、初期の放送メディアの特徴として重要

95

であり興味深くもあるのは、このメディアが、劇場、コンサート、講演会、文学、新聞など他の文化領域からコンテンツを借用した配信技術として始まったことである（Williams 1974: 25）。およそ10年のうちに、ラジオとテレビは独自のコンテンツ制作機能を担うようになり、コンテンツの立案・制作の過程は特定の技能を持つ専門家によって運営されるようになった。こうした過程を経た結果、全国民向けの放送機関として、欧州型の公共放送に発展したのである。

　ラジオとテレビ信号の地上波配信としての放送は、後年、無料放送（FTA）と呼ばれるようになった。無料放送はユニバーサル・アクセスの理念に基づいている。必要な受信器があれば、誰でも放送サービスへのアクセスが可能である。また、放送サービスの普遍性を目指して、放送局は、あらゆる人々を対象としたコンテンツやフォーマットの開発を促進した。このようにして、放送は視聴者の間での社会的な共有をもたらし、絆を形成した。そして社会文化的な背景の異なる人々の間に共通点を作り、相互理解を促進した。後年、放送史研究者によって指摘されるが（Scannell 1989; Tracey 1998）、この多元主義の理念は、国民国家の発展と公共放送組織の家父長主義的精神に基づくものである。

　PSMが公共放送の新たなアイデンティティであり、公共放送の未来を語る際の議論の中心となっているが、この章では、PSMへの発展の過程において、「放送」が依然としてPSMと密接に連関していることを主張する。メディア環境は双方向化が著しく、参加型ネットワーク通信が台頭し、メディア利用における個人化傾向はさらに進行している。このような環境で放送に未来はあるのだろうかという疑問の声もある。近代社会における国民国家を基盤とした過去の状況と比べて、放送の社会的・文化的状況はすべてが劇的に変化した。個人化に加えてグローバル化がメディアの構造や所有に影響を与えており、コンテンツやユーザーの志向性が変化する可能性、とくにかつては密接に結びついていた国民国家との関連性が薄まる可能性がある。

　この章では、放送について論じるにあたって、新しいメディアに関する技術面のみならずコンテンツ、組織、視聴者の志向に注目し、それらが社会構造や人々の行動とどのように結びつくのかに焦点を当てる。ここでの議論は、新しいメディアと古いメディアの間の接合や連続性に注目しながら、メディアの進化を解釈するものである。また補完的に、技術の制度論的理解を採用する。この考え方は、技術の利用や応用は、社会的・文化的に実践され、制度化されるというものである。つまり、技術がどのように運用されるかは、利用のための

知識や能力のほか、社会的、文化的な規範や価値観にも条件づけられる。当然のことだが、技術に組み込まれたアフォーダンスも重要な意味を持っている。

本章の問題意識は、放送メディアの技術や社会的・文化的制度と、通信ネットワークを使ったコミュニケーションの技術、社会的・文化的制度の双方にある境界をどのように越境できるかという点にある。インターネットの発展によって、ネットワーク型コミュニケーションの新たな形態が次々に生み出されている。この状況は我々に異なるメディアの生態系の経験を与えてくれるが、その中で放送はメディア政策の隅に追いやられ、一般的な議論や調査研究における関心を失いつつある。ネットワーク型コミュニケーションの価値は、伝統的な放送とは根本的に異なっている。対立軸を示して比較してみよう。

・国内 vs. グローバル
・集合的、国民的アイデンティティ vs. 個人主義
・視聴者 vs. 公衆、ユーザー
・自律的なプロフェッショナリズム vs. 参加と双方向性

本章で提起する問題は、現在登場しつつあるメディアの生態系の中で、対立関係にある両者の間に社会的に有益なバランスをとることは可能かどうかということである。これは重要な問いである。なぜなら、平和で繁栄する社会を形成する上で、これまで放送が担ってきた知識や価値の社会的共有や多様性を認める多元主義は、依然として必要とされているからである。むしろ不確実性と混乱が増す現代において、その重要性はおそらく増大している。放送メディアの特徴である多くの聴衆に広く語りかけることは、民主主義の実践や国民経済の健全な発展と依然として密接に結びついている。

この章では、タンペレ大学（フィンランド）で進行中の研究プロジェクトから得た着想や分析を利用している。筆者によって編成された研究チームがこのプロジェクトに従事しており、ネットワーク型コミュニケーションの新たな時代において、放送を技術面および文化形式面から記述し、そして批判的に分析している。新たなメディア状況をここでは「ポスト放送時代」と定義する [1]。研究の背景にはデジタル化をめぐる政策論議があり、デジタルテレビが「情報社会」をめぐる中心的議題に据えられた。デジタル化は恩恵をもたらすと考えられた。それによって新たな機会が生まれ、電磁スペクトル使用の新たな参入

者が登場するはずだった。今日明らかになったのは次の点である。すなわち、デジタル化の恩恵として展望されているのは、商業的利益を伴うオンラインの視聴覚サービス開発とブロードバンド戦略にますます集中していることである。欧州メディア政策においては、この関心の変化は、1989年の「国境なきテレビジョン指令」（TwF）から2009年の「視聴覚メディアサービス指令」という名称への修正に象徴されている（Jakubowicz 2013: 447）。

　モバイルブロードバンドの急激な発展は、電磁スペクトルの獲得合戦を激化させた。無料地上放送が使用してきた周波数帯域をめぐって、モバイルブロードバンドのために周波数再配分を要求する政治的・経済的圧力が増している。これこそ、「ポスト放送時代」の証拠である。欧州では、2020年にITUリージョン1において（ITUリージョン1には中東とアフリカも含まれる）700MHz帯がテレビから取り上げられる重大な事態になるかもしれない。欧州で地上デジタルテレビが使う周波数の30％が700MHz帯であることを考えると、これは問題である。周波数の再配分は、その規模に関係なく地上放送の運営にマイナスの影響を及ぼすであろう（Ala-Fossi and Bonet 2015）。

2　公共放送から公共サービスメディアへ——批判的考察の必要性

　ユニバーサル・サービスとそれに伴う義務こそが、無料放送を歴史的に正当化してきた原理である。この原理は、1970年代に始まったケーブル放送と1980年代に開始された衛星放送によって揺らぎだした。今日、欧州の都市部ではケーブル放送がテレビ配信の中心になり、衛星配信も各地で大きな存在感を持っている。この流れの中で、本来の「放送」を意味する「広く配信する（ブロードキャスト）」が「狭く配信する（ナロウキャスト）」に変化していった。大勢の幅広い層に向けたサービスから、視聴者の一部に的を絞った配信となった。換言すると、少数の総合チャンネルからニッチ向けの多チャンネルに変化したということである。しかしそれで放送の時代が終わったわけではない。ラジオとテレビは相変わらず多くの視聴者を持ち、広い層にアピールしてきた。制作から配信まで行う手法も時代の変化に対応すべく進化した。実際、その対応ぶりは見事であった。つまり、この段階での変化は、放送の社会的・文化的な基盤を脅かすまでには至らなかった。

　しかし、現在起こっている変化は本物の脅威にほかならず、「ポスト放送時代」

へと導くものとなりうる。インターネットによるコミュニケーションは、社会の中でのテレビ、そして放送全般の位置づけを書き換えるだけではなく（Turner and Tay 2009; Goggin 2012: 79-80 も参照）、テレビとラジオを再定義し、どの程度かは今のところ分からないが、それらにとって代わりうるものである。こうした時代において、放送にいかなる変化が生じ、それが何を含意するのかを理解する必要がある。どの程度、そして、どのような意味で、社会制度としての放送は特定の技術プラットフォームに依存しているのであろうか。今や起こりうる事態となったが、仮にデジタルテレビの地上波放送が終わる場合、何が放送文化の遺産として残されるのだろうか。放送の制度的側面、とくに、専門家によるコンテンツ制作の組織や実践をそのままの形でオンライン環境やモバイルブロードバンド環境に移行させることが可能なのだろうか。運営戦略としても、サービスの概念としても、「放送」はオンラインネットワークやモバイルブロードバンドに適用可能なのだろうか。従来の放送番組のようなコンテンツが将来も存在する余地はあるのか。それはどのように役立てることができるのか。放送、そして放送業界は個人化志向の強いモバイルメディアによって促進される私生活中心主義の動向に対応できるのか。そして双方向で市民参加型のメディア利用に対応できるのか。これらすべてがユニバーサル・サービスやすべての人へ開かれたアクセスという概念にいかなる影響を持つのか。

　この章ですべての問いに答えることは不可能だが、以上が我々の研究プロジェクトの根幹にある重要な関心事であり、PSM をめぐる議論の背景にある懸念事項である。PSM のビジョンを論じる場合、ラジオ・テレビ放送による伝統的な公共放送制度が、双方向・参加型のインターネット通信とどのような関連性を持ち、結びつくのかを注意深く検討すべきである。本章の最後で、ナロウキャスティングと電子メディアという視点からラジオとテレビの存在を改めて明確化する上で有用と思われる知見を提示する。そしてこれをメディア技術の社会的形成の問題と関連づける。多様なメディアを活用するメディア横断型の利用が放送に最終的にいかなる結果をもたらすかにもコメントし、この文脈の中で、特定のメディアに関する、あるいは特定のメディア制度に関する視聴者という存在について考察する。まず、テレビ・ラジオ放送に基づく公共放送が、インターネットも活用した PSM に変化する中での技術と制度の関係について詳説したい。とくに、この変遷における「技術中立性」について疑問を提起したいと思う。

公共放送の未来を語る時、PSM への変遷が議論の出発点であることは広く意見が一致している。アムステルダムで開催された 2006 年の RIPE 会議がこの問題に焦点を当てている。翌年に出版された RIPE 叢書のまえがきにおいて、バルドエルとロウ（Bardoel and Lowe）は、PSM への変遷は「公共放送に対する重大な挑戦」だと述べている。その中で戦略と実践の両面で生じる主要な変化がどのように論じられていたのかを再検討してみたい。

　バルドエルとロウによると、放送は伝統的に一方向的な伝達が基礎となっているが、そこに視聴者に関する特定のアプローチを組み込むことで、より適切なコミュニケーション様式へと変化する可能性を持っている（Bardoel and Lowe 2007: 17-19, 21-22）。彼らはそのコミュニケーション様式を「パートナーシップ」と呼んでいる。その一方で、コンテンツに関しては、新たな多メディア環境はいわゆるメディア横断型、ジャンル横断型への志向を必要とする（ibid.: 19-20）。この RIPE 叢書第 3 巻では、21 世紀の諸条件の中で、公共サービス精神を刷新し公共サービスの使命を蘇生するという RIPE 本来のアジェンダと結びつけてこれらの問題が検討されている。公共放送が PSM に変遷する過程で余儀なくされた理論的、戦略的、実践的変化に対して批判的思考を発揮するよう促すのが目的である（ibid.: 9）。

　いわゆるニューメディア時代の公共放送、あるいは放送メディア全体に対する課題については数々の議論が交わされてきた。それらを振り返ると、将来到来する大きな変化を RIPE 叢書第 3 巻が明敏に捉えていたことが分かる。出版から今日まで、その変化はますます顕著になっている。実際のところ、「放送と融合―公共サービス付託事項の再確認」と題された RIPE 叢書第 1 巻の出版時点で、徹底した再考が必要とされていた（Lowe and Hujanen 2003）。この初期の議論は融合の進展という広い文脈におけるニューメディア技術と公共放送の役割に関するものであった。融合については三つのメディア技術が結合されたものとして把握されていた。コンピュータと放送とテレコミュニケーションである。こうして振り返ると、本章で取り上げる懸念事項が、先見性のある研究や現場体験の中にほぼ 15 年前から存在していたことが分かる。

　融合をめぐる中心概念はデジタル化である。1990 年代後半から 2000 年代初頭にかけて、テレビのデジタル化をめぐる楽観的なビジョンが語られていた。このビジョンでは、デジタルテレビが各家庭におけるマルチメディアセンターとしての役割を持つと語られた。すなわち、放送メディアとインターネット、

そして双方向性の特徴を持った参加型の新たなオンラインサービスとを結びつける中心的なメディアと位置づけられていたのである。結局、こうしたデジタルテレビの夢物語は実現しなかった。その一方で、IP テレビ（Internet Protocol Television: IPTV）が登場し、テレビとさまざまなオンラインサービスを結びつけて併用する実例を提示した。しかしゴッギン（Goggin 2012）が論じるように、テレビは第一のスクリーンとしての地位を失いつつある。その地位を脅かすのがコンピュータのスクリーンであり、携帯スマートフォンのスクリーンである。

　ホルムズは、メディア、技術、社会の関係を分析し、「第二のメディア時代」をめぐる議論の中で、この新しいメディア環境の特徴を明らかにしている（Holmes 2005: 10）。ホルムズによると、ニューメディアに関する言説の特徴である放送と通信の融合をめぐる議論は、メディアの変化を次の二分法によって描き出すという。すなわち、第一のメディア時代は、マス・コミュニケーションや放送メディアが支配的な地位を占め、第二のメディア時代は、双方向性と参加、そして個人の選択を特徴とする。こうした議論において、新たなデジタル時代は、マス・メディアが支配する「暗黒時代」とは対照的に語られると論じている。

　メディアの変化に関するホルムズの議論は、PSM に関する最近の議論とも密接に関連している。とくに結論で到達した融合をめぐる言説における「標準」に関する議論は重要である。すなわち、インターネットは、ネットワークを現代社会の標準的な「メディア」とする考え方を「制度化」してきた（ibid.: 14）。ネットワーク型コミュニケーションの文脈において、放送や放送メディアが揶揄の対象となり、過去の遺物として扱われることがその証拠である。ゴッギンが指摘するように、従来型の放送局が PSM という新たなアイデンティティを積極的に追求するのも無理からぬことである（Goggin 2012: 109-113）。暗黒時代の象徴たるマス・メディアを代表したくないという動機は理解できる。しかし浅慮による変わり身の速さにはリスクも伴う。従来のメディアサービス理念を過小評価すべきではないし、その重要性と意義は再確認に値する。従来型メディアの伝統が将来も正当である理由を明確に訴えるべきである。

　ホルムズの著作は、メディアの変化とその未来を、過去と未来の二項対立として理解すべきではないという重要なポイントを再確認させてくれる。過去と未来の連続性を念頭に、新しいメディアと伝統的メディアの相互関係を研究すべきである。これはホルムズだけの見解ではなく、類似のテーマはこれまでも

融合モデルをめぐる修正や批判の中で提示されてきた（Bolter and Grusin 1999; Jenkins and Thorburn 2004; Jenkins 2006; Storsul and Stuedahl 2007; Neuman 2010）。また、1997 年にロウとアルム（Lowe and Alm）は、フィンランドでのロウの 1991 年の学位論文を基にして、変化と連続性のバランスをテーマに論文を書いている（Lowe and Alm 1997）。

　フィンランドのメディア研究者たちは、間メディア性（intermediality）の観点からメディアの変化に関する同様の分析を行ってきた。そこでは、最近「プラットフォーム」という言葉がよく使われるが、異なるメディア間の接点や相互関係に分析の焦点が当てられている（Herkman et al. 2012）。中でも融合概念に対する批判とそれに続くメディアの変化に関するホルムズの議論は、「放送」メディアと「ネットワーク」メディアの相互関係について論じているがゆえに、公共メディアを語る上で示唆に富んでいる。ホルムズの考えでは、放送と通信は、構造的にも組織としても運用面でもそれぞれ大きく異なるが、相互作用と統合はあらゆるコミュニケーションの共通の特徴であるという（Holmes 2005: 149）。

　PSM という新たなアイデンティティは確かに重要である。メディアにおける公共サービスの未来にとって不可欠かもしれない。しかし、ニューメディア論における、「何がメディアの標準なのか」をめぐる議論の罠を避けようとするならば、この新たなアイデンティティがかつての放送の伝統とどのように関連するのかをより厳密に分析する必要がある。放送技術に裏打ちされた公共放送の歴史的起源とは対照的に、PSM の概念の中には固有の独自技術は一切含まれていない。いかなるメディアであれ、伝わる内容には影響を与えない、あるいはプラットフォームにはとらわれない。PSM をめぐるこうした議論が本当に意味するところは何であろうか。かつての制度としての公共放送のアイデンティティとは、ラジオ・テレビでの制作・配信を通して、すべての人々にサービスを提供する任務を持つ、というものである。このアイデンティティは、現在はもう通じないのだろうか。欧州の法律を見る限り、少なくとも答えは「現在も通じる」である。将来的な公共メディアのアイデンティティの形成に関連する存在意義を公共放送は提供できるのだろうか。PSM を語る時、（特に）ラジオとテレビの未来にほとんど関心が向かないとは驚くべきことである。現在優勢な研究分野が議論を支配しているせいなのか。あるいは、地上波デジタルテレビの隆盛を夢見てその計算違いに意気消沈したせいなのか。それとも、公共放送の組織が商業的な利害関心に基づく批判に対抗して自らの正当性を模索

している一方で、そこで語られる目的そのものが修辞の羅列に過ぎないのか。おそらく答えは上記のいずれかの組み合わせと、他の何かなのだろう。

　デジタル化の初期段階において、競争の激化への対応とその帰結としての公共放送の正当性をめぐる諸問題が浮上した。デジタル時代に向けて、この問題に取り組む上での突破口としてコンテンツをテレビ、ラジオ、インターネットなど異なるメディアに多面的に展開する「ポリメディア」アプローチが提示された（Alm and Lowe 2001）。フィンランドのPSB（YLE）がよい例である。「ポリメディア」アプローチは、コンテンツ制作のコスト削減に有効であった。YLEはテレビコンテンツを再編集してラジオのトーク番組に再利用している。ラジオ・テレビ初期の歴史が物語るように、あらゆるメディア領域からコンテンツを借用し、その様式を変えて流通させること自体、新しくはない。デジタル化がその技術的作業を著しく容易にし、質的にも豊富な選択肢が次第に可能になったのである。

3　放送と電子メディアとしてのラジオとテレビ

　「技術中立性」という概念は、メディアの変化をめぐる政策や規制の議論において頻繁に用いられる。つまりは「市場の決定に従うべき」という主張である。しかし市場に決定をまかせれば、技術に対して厳密な中立性を発揮するのだろうか。無論のこと、否である。マス・メディアの歴史的成り立ちを見れば分かる。公共放送からPSMへの転換過程も明らかに技術的に中立ではない。中立性からはほど遠い。放送と通信の融合に合わせて公共放送が変化するためには、パートナーシップや新しいメディア横断型コンテンツ、ジャンル横断型コンテンツのための新たな規範作りが必要になる。これを実現するには具体的な決断が必要となる。コンテンツの生産、配信のためにどのような組織を作り、制度化を行うのか。いかなる技術を採用し、その技術を駆使する能力をどのように保障するか。絶え間ない交渉と意思決定プロセスが必要になる。放送局にとって重要な問題は、新たな技術プラットフォームが放送メディア用に形成できるのかということである。

　このように実際のところ、公共放送からPSMへの変遷の過程でも技術は中立ではない。メディアにおける公共サービスの制度、そして技術としてのラジオやテレビの未来を全般的に議論する際に、この結論はきわめて重要である。

PSM へ移行する際に、それはいかなる「メディア」なのかという問いが生まれる。それはラジオ・テレビ放送にインターネットのような新しい何かを加えるということだろうか。それともインターネットを活用した視聴覚サービスなどオンラインに特化した戦略で、放送は排除されるのだろうか。あるいは、従来型の放送メディアを双方向参加型のインターネットと結合させるのだろうか。または、すべてのコンテンツやサービスをインターネット用に変換することを意味しているのだろうか。

　前述したように、ケーブル放送と衛星放送が登場し、テレビ放送そのものがナロウキャストとして再定義されることとなった。かつて、規制緩和とその結果としての商業主義化によって同様の変化がラジオでも起こった。これによって生じた放送メディアをめぐるアイデンティティの変化は主要学術誌にも反映され、1985 年に誌名が「放送ジャーナル」から「放送・電子メディアジャーナル」に変更された。誌名変更に際して編集者が挙げた理由は、放送という言葉だけではケーブル放送や衛星放送の新技術をカバーするのに不十分だというものである。従来型の放送メディアからケーブル・衛星放送のニューメディアまでをカバーするために「電子メディア」という言葉が選ばれたということである。この雑誌は最近、「オールドメディア対ニューメディア、あるいは、新時代の到来か―電子メディア時代の放送」というタイトルで特別号を出版した（2014 年秋）。これこそまさに、我々の研究プロジェクトが注目してきた問題関心である。同様に、グロスによる最新の教科書（Gross 2010）では、電子メディアという言葉がいまではラジオ、テレビに加えて、オンラインメディアとモバイルブロードバンドまでカバーしている。

　ネットワーク型コミュニケーションの生態系を論じる際に、かつてのマス・メディアを電子メディアとして一括りにすることが多くなったようである。歴史的に放送固有の特徴であった「電子」という技術基盤は、もはや他のメディアと放送とを区別する特徴ではなくなったことが示唆されている。しかしいまだに残る問題は、ラジオやテレビに依然として独自の役割や特徴が存在しているのか、という点である。ラジオやテレビは、コンテンツを大まかに区分けするための括りに過ぎないのか。公共サービスの固有の価値を示すものなのか。ニュースや娯楽といったジャンルと連関した機能を示すものになるのか。これらの論点は、ジャーナリズムの未来に関する印刷メディアをめぐる議論と同種のものである。

メディアの変遷において技術に中立性はないことはすでに指摘した。しかし、技術のみがメディアの変遷の決定要因ではない。カッツェンバッハ（Katzenbach 2013）は、メディア政策とガバナンスの領域における技術の解釈のされ方を分析するために、技術の社会的構築に関する議論をレビューしている。カッツェンバッハは技術をまるでブラックボックスを鳥瞰図的に調査するように分析するべきではないと論じる。こうした視点から分析しようとすると、技術の諸要素は固定物のように見える。そのため技術は統制の道具となるか、（ほとんどの場合、事後的に）規制の対象になる（ibid.: 405-406）。科学技術社会論（STS）とアクター・ネットワーク理論（ANT）に依拠しつつ、カッツェンバッハは、技術とは社会行動と社会構造の制度化された形式であり、そうした制度化された形式によって社会的相互作用やさまざまな社会構造が影響を受けると論じる（ibid.: 409）[2]。そして以下のように結論づける。

　　　研究の結果明らかになったのは、技術なるものが政治や社会の外に存在するものではないということである。技術は独りでに生み出されるものでも発展するものでもない。また、法規制によってのみ変化するものでもない。技術とは複雑な交渉の数々と政治に影響を受け、公的組織と文化、双方の要因から形成されるものである（Katzenbach 2013: 408）。

　ポスト放送時代、換言するとネットワーク型コミュニケーションがメディア環境の中で優先的立場を占める時代において、放送の未来を論じる際にこうした制度論的な技術観は何を意味しうるのだろうか。その時優勢となる技術、すなわち最初はインターネット、現在はモバイルブロードバンドがもたらすアフォーダンスについて考察すると、答えの一端が見える。ヤコボヴィッチ（Jakubowicz 2012: 450）によると、新たな情報通信技術がインターネットやその他のデジタルプラットフォーム上でのネットワーク型コミュニケーションを可能にし、それまで別々のツールや配信プラットフォームを必要とした多種多様なコミュニケーション様式を結合した。古典的な一対多型のマス・コミュニケーションもこれら多数の選択肢の中に含まれる。それに関連して、ヤコボヴィッチは「上意下達」式のトップダウン型コミュニケーションはますます双方向の「会話」型コミュニケーションの補完物となりつつあるが、それに完全にとって代わられたわけではないと指摘している（ibid.）。

第6章　デジタル化と今後の公共放送　105

メディアが社会的に形成される過程は、技術がもたらす数々のアフォーダンスによって阻まれることはないと結論づけることができよう。新しい情報通信技術は、放送の場合と同様に、多種多様な社会的影響を受けて形成されるのである。ヤコボヴィッチとイェンセン（Jakubowicz 2013; Jensen 2010）はコミュニケーションの3段階を提案しているが（ネットワーク型コミュニケーション、マス・コミュニケーション、パーソナル・コミュニケーション）、マス・コミュニケーションやパーソナル・コミュニケーションを組み込みつつネットワーク型のコミュニケーション形式が構築されてきたことは明白である。ヤコボヴィッチはこの知見を出発点として、特定の配信技術に基づかない形でマス・メディアの定義を検討した（Jakubowicz 2013: 446-448）。そして文献を猟歩したのちに、次のように結論づけている。

　文献を検討すると、一般論として、マス・コミュニケーションを担うメディアを決定づける要因は、コンテンツの性質だといえるかもしれない。その結果、「マス・メディア」という言葉の技術的、制度的に中立な定義が求められることになる。この場合「マス・メディア」とは、編集過程を通してメディアコンテンツの生産に従事し、それを一般公衆に向けて定期的に配信するメディア組織、と定義されることになる。この定義によると、コンテンツを生産し、配信するために用いられる制度的・組織的形態、法的地位、技術の違いは問われることがなくなる（Jakubowicz 2013: 448）。

PSMを放送との連続的な関連性から考えるべきであるという本章の議論を踏まえると、上記の議論はどのように解釈されるべきだろうか。コンテンツの性質を強調するヤコボヴィッチの主張は、デジタル時代への対応としてヨーロッパ放送連合（EBU）などが提唱する「コンテンツこそ王者である」というアプローチと合致している（Hujanen 2004）。本章では、PSMの発展の過程で技術は中立的要素ではないと主張する根拠として制度論的観点を提示したが、それは、ヤコボヴィッチの定義する「マス・メディア」とどのように関係してくるのだろうか。

PSMへの変遷を批判的に考察すると、この変化が技術決定論的に語られることがあまりに多いことが分かる。放送の伝統とネットワーク型コミュニケーションの新たな実践との間に存在する関連性や連続性に対してほとんど関心が向けられてこなかった理由はここにある。標準化をめぐる二項対立図式の中で、

106　第Ⅱ部　公共サービスメディア論の視点

ネットワークが優れていると解釈される。この図式では、そのほかの論理で説明することは認められないのである。ヤコボヴィッチによるマス・メディアの再定義は、メディアの変化に関する技術決定論的解釈への反論であり、かつメディアの変化を二項対立的に解釈することへの反論とみなすことができる。こうした技術決定論や二項対立図式の代わりに、いかなる技術的プラットフォームでも、新たな情報通信技術はマス・メディア、あるいはマス・コミュニケーションと特徴づけられる諸実践を通じて形成されると考えることができよう。

　さらに、将来においてもメディア政策およびメディア実践が社会的に形成される際に、ラジオとテレビは依然として妥当な選択肢であろう。コンテンツの伝達や配信を媒介する物理的なインフラがマス・メディアの定義ともはや関係性が失われたという原理を受け入れるとすると（Jakubowicz 2013: 446）、ラジオやテレビは将来、どこに独自性を見出すのだろうか。おそらく、ある特定の美的感覚の継承であり、視覚および視聴覚コンテンツの生産と利用に関連する一連のメディア諸実践であろう。ヤコボヴィッチ（ibid.: 451）がほかに挙げるような他のメディアに関連する諸活動の特徴との関連はどうであろうか。すなわち、特定の目的、編集方針と編集過程、関係者、倫理的基準、定期配信、コミュニケーションの公共的性質、といったものである。ポスト放送時代における放送が、具体的に何をする必要があるのかを考える上で、上記の特徴は重要な関連性を持っている。何より、ラジオ、テレビが変わる中で、放送と通信ネットワーク型コミュニケーションの連続性を理解することが重要である。

4　メディア横断志向のユーザーと放送メディア

　情報通信技術の社会的形成における重要な要素として、メディア技術のユーザーが挙げられる。そしてこの場合のユーザーとは個人だけでなく、コミュニティ、メディアに特徴的な諸カテゴリー（聴取者、閲覧者、視聴者、ユーザーなど）を指している。クドリー（Couldry 2004; また、2009、2010 も参照）はメディアの変化をより適切に理解する上で、視聴者の諸実践に関する具体的分析が必要であると論じている。このアジェンダを引き継ぐ形で、カンガスプンタ（Kangaspunta 2008 and 2013; Kangaspunta and Hujanen 2012）は、フィンランドの人々がテレビのデジタル化にどのように対応し、デジタル化が彼らのメディア習慣にどのように影響したのかに関するデータを収集した。この調査は、メディアの変化に関

する分析の中で、間メディア性を研究テーマとする大きなプロジェクトの一環として行われた（Herkman et al. 2012）。とくに近年は、以下の問いに焦点が当てられている（Hujanen and Kangaspunta 2014）。

・メディア横断型の環境において、テレビなど特定メディアのみを志向する視聴者は将来も存在するのか。
・一般大衆や特定の層をターゲットとするマス・コミュニケーションと、メディア横断型の利用をどう結びつけることができるのか。メディア利用の個人化が進展し、ソーシャルで参加型のネットワーキング。コミュニケーションが登場する中で、そうした新しいコミュニケーションの利用者とマス・コミュニケーションの受け手をどのように結びつけることができるのか。

　最初の問いに対しては、可能性としては残っていると答えられる。しかし現実には、視聴者を定義することも難しくなり、テレビなど特定のメディアに視聴者を接触させ続けることも困難になっている。地上放送のデジタル化に対する反応から、次の点が明らかになった。すなわち、制度化されたメディアの受け手や特定のメディアの受け手をめぐる議論は、メディア横断型ユーザーの実態、そしてユーザーとメディアの関係の変化に着目することの重要性が増していることを無視することができないのである（Napoli 2011）。メディアユーザーの自律性が増す一方で、従来の放送制度下での視聴形態や視聴者像は揺らいでいる。利用者は、既存の放送メディアとの関わり方を変え、独自の優先順位に沿ったメディア選択をするようになっている。しかしながら、視聴者の変化の程度を過大評価して、重要なのは個々人のメディアユーザーのみであると考えるべきではない。メディア利用の個人化は進行してもなお、より広範な文化や社会が持つ価値観や規範がある。社会のつながりや慣習は依然として重要である。放送局やメディア関連企業が、現在のサービスを維持するためにいかに巨額の投資を行っているかということ自体が、現行の放送制度が将来にわたって重要な存在であり続けることを保証している。
　テレビを含む伝統的メディア諸制度こそが、公衆の大多数によって、信頼できる確かな情報源とみなされていることを示す証拠は数多く存在する。インターネットが、信用、信頼できる情報源になるためにはさまざまな課題がある中で、これは非常に大きな長所である。テレビが、社会で共有すべき経験や共

通の関心事を提供するメディアとして、現在も変わらず重要な役割を持つことが確認できる。若年層にとってテレビはそこまで大きな存在ではないかもしれないが、自己を形成する上で、自分の嗜好を決め人生観を育む上で、テレビ番組やテレビコンテンツが参照され、文化として消費されている。若者層は熱心にテレビを観ることはなくても、テレビで何が放送されているかは知っている。制度としてのテレビに課せられた課題は、新たなメディア環境の中で、複雑化したメディア消費の過程や方法をいかに取り込んで事業計画を立てるかということであり、とくに視聴者という概念を再考することである。ナポリが接触モデル（exposure model）と呼ぶ、視聴者の頭数を勘定する従来型の計算法は、メディア横断型の環境において有効なモデルではない（Napoli 2011: 89-91）。新たな視聴者調査の手法と実践が是非とも必要となる。すなわちそれは、視聴者がテレビコンテンツをいかに探し、いかに利用するか、人々がどのようにコンテンツに接し、自身でコンテンツを生み出し配信するのか、その複数の形態を複数のプラットフォームにわたって識別し追跡できるような調査である。

　二番目の問いは、放送のように、一般大衆あるいは、ある視聴者層をターゲットにしたメディアの将来についてである。これについては、メディア横断型利用の増加と自律性の進行という現象はあったとしても、マス・コミュニケーションやターゲットとされる視聴者への情報発信は排除されるわけではないと考える。タンペレ大学のジャーリズム研究者たちが、ソーシャル・ネットワーク活動におけるジャーナリズムの意義を分析したが、同様の結果が得られた（Heikkilä et al. 2012）。その研究によると、ユーザーの自律性とは、大衆の一人としての受動的視聴から公衆の一員としての能動的な視聴まで、多様な視聴形態を選択できることと解釈される。この場合、公衆は「視聴者／ audience」と「公衆／ public」に分けられる。多メディアをより頻繁に利用し、合わせて双方向コミュニケーションの機会が増加することによって、人々は公衆として行動するようになる。それにオンラインデジタルメディアのソーシャルネットワーク機能が加わり、公衆としての行動がさらにサポートされる。メディアユーザーは様々なアイデンティティを選択でき、その中には大衆やマス・メディア制度と結びついた視聴者としてのアイデンティティも含まれている。このすべてが、メディア技術の社会的形成の中で生まれた具体的なメディア実践であり、コンテンツの価値と意味に対する解釈である。

　テレビについては、「選択的な視聴」が非常に重要である。今日の豊穣なテ

レビ世界では商業化が進行し、個人の選択が文化消費を説明するための支配的イデオロギーになった。テレビを制度として捉えることで、こうした議論とは別の見方が可能になる。すなわち、豊富な選択肢を提供することにより、個々人の関心に確実に答え個人的な満足を提供し、そして人々を視聴者の一員として取り込んでいく。自ら選択し視聴者の一員になることによって、多くの他者と同様の志向を有していることに気づくようになる。これがテレビという制度が志向するターゲット視聴の本質であり、マス・メディアがメッセージを発信し視聴者がそれに接触するというかつての単純なモデルとは質的に異なるところである。

メディアユーザーは公衆として行動するようになる。メディアを選択することから、社会ネットワークへの参加を通して他者と関与し、共通の利益を支持するために構築された新たなネットワークを拡張することに関与することも求められる。こうした実践は、放送およびマス・メディア時代の特徴である制度化された視聴者のアイデンティティと明白に結びつくものである。同時に、ソーシャルメディアの新たな潜在力とアフォーダンスに基づく社会的共有や諸実践を表象するものでもある。実際のところ、新旧交代ではなく、メディアシステムとその実践が、社会的形成を基盤として発展しているということなのである。メディア利用習慣の次元から見た場合、一般公衆の中に参加することは、メディアコンテンツの一方的な受け手となるにとどまらない。自らも一定のコンテンツの共有、配信、あるいはコンテンツ制作への参加が求められるのである。

5　おわりに

本章は二つの理論的仮定に基づいて議論を進めてきた。第一は、放送メディアと通信を基盤とするネットワーク型コミュニケーションとの間の境界について論じる際に、メディア変化の連続性を強調することである。第二は、メディア技術は制度とみなしうることである。それは社会的形成、すなわち、政治、経済、公的規制、言説、日常生活における数多くの影響を受けて形作られるものなのである。よって、現在進行中の公共サービスをめぐる議論を参照するにあたって、従来の公共放送と新たな PSM の間にあるのは断絶ではなく、むしろ連続性なのだと再認識すべきである。同様に、制度としての技術については、

110　第Ⅱ部　公共サービスメディア論の視点

問題は放送とネットワーク型のコミュニケーションとを統合させることは可能なのか、可能であるとするならば、それはいかなる形式において可能なのか、という点である。換言すると、ネットワーク型コミュニケーションの新たなプラットフォームを放送という観点から形成することがどの程度可能なのか、ということである。

　社会制度としての放送の歴史は、電磁スペクトル空間を一対多型のマス・コミュニケーションに利用することによって始まった。この伝統は無料放送（FTA）として知られる。しかし本章の結論は、社会的・文化的制度である放送をある特定の配信技術を基点に理解すべきではないというものである。すでに述べたが、放送はケーブルテレビや衛星放送、その結果生じたナロウキャスティングの傾向といった潮流の中で生き残ってきた。放送とは、ただ不特定の大衆にメッセージを送ることではない。そもそも放送事業者は視聴者を明敏に意識する立場にあった。公共放送は姿を変えたが、放送事業者はこの変化を視聴者重視の重要性が増したのだと認識したのである。

　さらなる双方向性と視聴者参加が現代のメディアに求められている中、放送はそれに対応できないと決めつけるのはなぜなのか。多メディア時代を迎え、視聴者に向き合う新たな局面が生まれただけだとは思わないのか。前述したように、メディア横断型の環境の中でもテレビ・ラジオは人々の選択肢として存在しているのである。インターネットを重視するメディア理論においても、一対多型のマス・コミュニケーションは選択肢の一つとして残ると指摘されているのである。

　ケーブル配信が主流になりナロウキャスティングへの変遷が起きた際、欧米の主要国では地上波番組へのアクセス問題が浮上したが、交渉の末、地上放送局のチャンネルをケーブルで再送信する義務を課す「マスト・キャリー」原則が採用された。本章で指摘したように、現在、電磁スペクトル使用における放送の位置をめぐって苛烈な交渉が進行中だ。結果次第では、放送コンテンツへのアクセス状況が劇的に変わるだろう。通信ネットワークとの融合だけで、放送の将来が自動的に保証されるわけではない。交渉を続けなければならない。新たなネットワーク型コミュニケーションのプラットフォームでユニバーサルに開かれたアクセスを保証し続けるために。

第6章　デジタル化と今後の公共放送　111

1） このプロジェクトはフィンランド・アカデミー（Academy of Finland）の研究資金を得て2013年から2017年の期間で行われている。研究では、メディア政策とメディアガバナンスの詳細な分析（プロジェクトのフォーカスA）を、公共サービスとして提供される主要コンテンツのジャンルである「ジャーナリズム、ドキュメンタリー、ドラマ」（フォーカスB）に強く焦点を当てて行っている。

2） 同様に、ラックス（Stephen Lax）はメディア通信技術論のはじめに、自身のアプローチを説明し「技術は社会的産物とみなす」と述べている（Lax 2009: 3）。ウィンストン（Brian Winston）は自身の論文で（『How Are Media Born』1990年）、技術変革に対するアプローチは2種類あるといい、それらを技術決定論と文化決定論と呼んでいる。ウィンストンはメディア変革における文化決定論を重要視し、新たなメディアは社会に数多の要因に応じて誕生すると結論づけている。要因の中には政府、政治、金融、企業、文化も含まれる。

引用・参照文献

Ala-Fossi, Marko and Bonet, Montse (2015) "Clearing the Skies? The Sudden Rise of New European Spectrum Policy and Future Challenges for DTT in Finland and Spain," A paper for the conference *European Media Policy 2015: New Contexts, New Approaches,* Helsinki, Finland, April 9–10.

Alm, Ari and Lowe, Femall G. (2001) "Managing Transformation in the Public Polynedin Enterprise: Amalga Mation and Synergy in Finnish Public Broadcasting," *Journal of Broadcasting and Electronic Media* 45(3): 367–390.

Bardoel, Jo and Lowe, Gregory F. (2007) "From Public Service Broadcasting to Public Service Media: The Core Challenge," in G.F. Lowe and J. Bardoel (eds.) *From Public Service Broadcasting to Public Service Media.* Göteborg: Nordicom: 9–26.

Bolter, Jay D. and Grusin, Richard (1999) *Remediation: Understanding New Media.* Cambridge and London: The MIT Press.

Bruhn Jensen, Klaus (2010) *Media Convergence: The Three Degrees of Network, Mass, and Interpersonal Communication.* London and New York: Routledge.

Couldry, Nick (2004) "Theorising Media as Practice," *Social Semiotics,* 14(2): 115–132.

Couldry, Nick (2009) "Does 'The Media' Have a Future?" *European Journal of Communication* 24(4): 437–450.

Couldry, Nick (2010) "The Necessary Future of Audience, and How to Research it," in V. Nightingale (ed.) *Handbook of Media Audience.* Malden: Blackwell.

Goggin, Gerard (2012) *New Technologies & the Media.* Chippenham and Eastbourne: Palgrave Macmillan.

Heikkilä, Heikki, Ahva, Laura, Siljamäki, Jouni, and Valtonen, Sanna (eds.)(2012) Kelluva *kiinnostavuus: Journalismin merkitys ihmisten sosiaalisissa verkostoissa.* Tampere: Vastapaino.

Herkman, Juha, Hujanen, Taisto, and Oinonen, Paavo (eds.) (2012) *Intermediality and Media*

Change. Tampere: Tampere University Press.

Holmes, David (2005) *Communication Theory: Media, Technology and Society*. London: Sage Publications.

Hujanen, Taisto (2004) "Public Service Strategy in Digital Television: From Schedule to Content," *Journal of Media Practice* 4(3): 133–153.

Hujanen, Taisto and Kangaspunta, Seppo (2014) "The Intermediality of Cross-Media Audiences: The Case of Digital Television," in Brian O'Neill, Cristina Ponte and Frauke Zeller (eds.) *Revitalising Audience Research: Innovations in European Audience Research*: 215–235. London and New York: Routledge.

Jakubowicz, Karol (2012) "Do We Know a Medium When We See One? New Media Ecology," in Monroe E. Price, Stefaan G. Verhulst and Libby Morgan (eds.) *Routledge Handbook of Media Law*. London and New York: Routledge: 441–465.

Jenkins, Henry (2006) *Convergence Culture. Where Old and New Media Collide*. New York and London: New York University Press.

Jenkins, Henry and Thorburn, David (eds.)(2004) *Rethinking Media Change: The Aesthetics of Transition*. Cambridge, Massachusetts and London: The MIT Press.

Jensen, Klaus Bruhn (2010) *Media Convergence: The Three Degrees of Network, Mass, and Interpersonal Commnication*. London and New York: Routledge.

Kangaspunta, Seppo (2008) *Keskeneräistä pakolla: Tutkimus digi-tv:n ja mediateknologian kotouttamisesta*. Tiedotusopin laitoksen julkaisuja, C 42. Tampere: Tampereen yliopisto, Journalismin tutkimusyksikkö.

Kangaspunta, Seppo (2013) *Sekakäyttöä ja salarakkautta: Digi-tv ja monimediaisuuden murros Suomessa*. Tampere: Tampere University Press.

Kangaspunta, Seppo and Hujanen, Taisto (2012) "Intermediality in Users' Discourses about Digital Television," in J. Herkman, T. Hujanen and P. Oinonen (eds.) *Intermediality and Media Change* Tampere: Tampere University Press: 145–170.

Katzenbach, Christian (2012) "Technologies as Institutions: Rethinking the Role of Technology in Media Governance Constellations," in N. Just and M. Puppis (eds.) *Trends in Communication Policy Research: New Theories, Methods and Subjects*. Bristol & Chicago: Intellect: 117–137.

Katzenbach, Christian (2013) "Media Governance and Technology: From 'Code is Law' to Governance Constellations," in Monroe E. Price, Stefaan G. Verhulst, and Libby Morgan (eds.) *Routledge Handbook of Media Law*: 399–418.

Lax, Stephen (2009) *Media and Communication Technologies: A Critical Introduction*. New York: Palgrave Macmillan: Basingstoke.

Lowe, Gregory F. and Alm, Ari (1997) "Public Service Broadcasting as Culture Industry: Value Transformation in the Finnish Market-place," *European Journal of Communication* 12(2): 169–191.

Lowe, Gregory F. and Hujanen, Taisto (eds.)(2003) *Broadcasting & Convergence: New Articulations of the Public Service Remit*. Göteborg: Nordicom.

Morley, David (1992) *Television, Audiences and Cultural Studies.* London and New York: Routledge.

Napoli, Philip M. (2011) *Audience Evolution: New Technologies and the Transformation of Media Audiences.* New York: Columbia University Press.

Neuman, W.R. (ed.)(2010) *Media, Technology and Society: Theories of Media Evolution.* Ann Arbor: University of Michigan Press.

Raboy, Marc (ed.)(1996) *Public Broadcasting for the21st Century.* Luton: John Libbey.

Scannell, Paddy (1989) "Public Service Broadcasting and Modern Public Life," *Media, Culture and Society* 11(2): 135–166.

Schafer Gross, Lynne (2010) *Electronic Media: An Introduction.* Boston: McGraw-Hill International Edition.

Storsul, Tanja and Stuedahl, Dagny (eds.)(2007) *Ambivalence towards Convergence: Digitalization and Media Change.* Göteborg: Nordicom.

Tracey, Michael (1998) *The Decline and Fall of Public Broadcasting.* New York and London: Oxford University Press.

Turner, Graeme and Tay, Jinna (eds.)(2009) *Television Studies after TV. Understanding Television in the Post-Broadcast Era.* London and New York: Routledge.

Williams, Raymond (1974) *Television: Technology and Cultural Form.* Bungay, Suffolk: Fontana / Collins.

Winston, Brian (1990) "How Are Media Born," in John Downing, Ali Mohammadi, and Annabelle Sreberny-Mohammadi (eds.) *Questioning the Media: A Critical Introduction,* London: Sage. ch. 3.

第7章　グローバル市場における公共メディアの役割とその価値

タニヤ・マイヤーホーファー

1　はじめに

　現在、公共サービスメディア（PSM）は過渡期にある。国内のメディア事情はそれぞれ異なるにせよ、メディア環境はグローバルなレベルでますます相互に結びつきつつある。こうした状況は、PSM にとって、チャンスと同時に困難でもある。デジタル技術のイノベーションの進行は、メディア環境それ自体をさまざまなレベルにおいて作り変えつつある。多数のプラットフォームを通じたコンテンツ配信が可能になった結果、従来のメディア間、そして国家間の境界線があいまいになりつつある。こうしたメディア環境の変化は、民主主義社会における「市民参加」をその存在意義とする PSM にとっては前例のない好機でもある。伝統的な一方向型から双方向型まで広範囲な公共メディアの在り方が可能になり、PSM は視聴者に対して国内外のさまざまなコミュニティへの参加、ないし公衆との結びつきの機会を提供しうる。同時に、一連のメディア環境の変化は、市場における視聴者やユーザーの獲得をめぐるメディア間の競争を激化させ、将来的に PSM の存在意義を危うくし、前例のない困難として立ちはだかっているとの認識もある。

　「過渡期」の PSM が「危機的状況にある」といわれるのも驚くべきことではない。ロウとスティーマーズ（G. F. Lowe and J. Steemers）は「ヨーロッパの PSM は『破壊的な嵐』の渦中にある。この嵐は PSM にとって存亡の危機となる可能性を秘めている」と指摘している（Lowe and Steemers 2012: 10）。経済成長が停滞する中、各国政府は PSM に関する政策を矛盾した枠組みでデザインしている。一方において、国内市場を「歪める」として公共メディアへの支出を削減する方向に動いている。それは事実上、PSM のデジタル配信拡大の抑制で

ありイノベーションの抑制である（Donders et al. 2012; d'Haenens et al. 2008）。しかし他方において、PSM に市場参加を奨励するという事態になっているのである。

本章は、PSM のデジタル環境への参入、そして市場原理主義が PSM にもたらす深刻な事態について異議を唱えるものではない。PSM の「市場主義化」の進行は深刻に受け止めるべき問題である。公的財源が先細る中で PSM は全国均質のサービスを期待されるというジレンマの中にいる。しかしながら、PSM の「市場主義化」をめぐる研究において、一方的な見解が優勢であることについては異議を唱えたい。それらの研究では、新自由主義、市場自由化、民営化、規制緩和、商業化——マクウェール（McQuail 1986: 633）によると「すべて異音同義語」——といった言葉が強調され、メディアにおける公共サービスにとっての根本理念である文化・社会・民主主義の価値体系を侵食していると論じられる。「市場主義化」が国民の信任に基づく公共性を衰退させる概念とみなされるようになっているのである（例えば McChesney 2008; Murdock and Golding 1999、Tracey 1998; Dahlgren 1995）。

デジタル技術によって、PSM は「市場主義化」を余儀なくされている。複数のプラットフォームを通じて視聴者やコミュニティが結びつくグローバル化されたメディア環境に参入する必要があるためである。PSM の「市場主義化」には競合他社との競争も影響を及ぼしているが、それだけに着目していては重要なことを見逃す。重要なのは、多国籍のメディア企業の統合、そしてそれらと PSM との相互作用である。競争によって生じるマイナス面が論じられる場合、商業的な目的と公共的な目的とが相互に作用し共存する領域について過剰なほどに単純な規範的前提に基づいて語られる傾向がある。デジタル通信技術が発達・浸透し、ネットワーク化されたメディアが密接に繋がることにより、メディア間の区分や国境、あるいは公的／私的といった領域的区分が揺らいでいる。それによって出版、放送、通信、コンピュータそれぞれの産業が一体化するようになった。PSM の「市場主義化」の背景にあるのは競争力学だけではない。協力関係の力学も存在している。この競争（competition）と協力（co-operation）のハイブリッドを「co-opetition ／競争的協力関係」と呼ぶ。（Küng et al. 2008）[1]。

まず、PSM の「市場主義化」に関する既存の解釈を概観する。そして、PSM が引き続き市民社会と繋がり続けるためにどのような関係の再構築が必要かを検証する。PSM と市民社会との結びつきが変化しつつある今日、対処

法として、例えば、「顧客中心主義的」なPSMを構築すべきとの意見もある（Lowe 2010）。このような議論は新しいPSMの姿を模索する上で非常に重要である。共同制作、市場調査、能率的な経営技術の追求などを組み込んだPSMの「市場主義化」モデルも提起されている。メディア環境のグローバル化が進む中で、PSMが従来の公共的役割を果たしていくためには、こうした議論を、PSMを運営する現場レベルの文脈で考えることが重要である。本章では、グローバルな市場環境の中で国内において公共的な目標を追求していかねばならないPSMの現状を捉えるため、筆者が上級管理職レベルの14人の関係者に行ったインタビューから得た知見を参照する。インタビューに応じたのはそれぞれドイツやオーストラリアのPSM組織やその子会社で働く関係者で、販売、番組購入・配信、番組開発、共同制作、広報宣伝およびマーケティング、戦略・企画といった領域に携わっている[2]。現場で働く人々がPSMの「市場主義化」を実際にどのように経験しているかを知ることが目的である。PSMの「市場主義化」戦略が、「競争的協力関係」という複雑な環境でPSMの競争力を維持するのに役立っているだけではなく（Küng et al. 2008）、市民社会に関与し続ける上でも、公共サービス組織としての目的を果たしていく上でも、重要であることを示していきたい。

2 国内における公共サービスメディアの「市場主義化」

PSMの「市場主義化」は新しい現象ではない。それは政治経済学の文献でしばしば言及されてきた。すなわち、一方における新自由主義的な政治というイデオロギー的な転換によって、そして他方における家庭向けの衛星放送、ケーブルテレビの商業活用によって生じたマクロ構造的な変動である。イギリス政治においてますます優勢になりつつある新自由主義のイデオロギーがBBCにどのような影響を与えたかについて論じる中で、マードックとゴールディングは、「市場主義化」を「民間企業の行動の自由を増やすための一連の政策介入であり、民間企業的な視点に立った目標設定や組織的手続きの手法を、あらゆる形態の文化的取り組みのパフォーマンスを判断する際の基準とすること」と定義している（Murdock and Golding 1999: 118）。

1990年代から2000年代にかけて新自由主義的な政策の台頭は国政にも反映し、公共部門の民営化の熱狂的な潮流として現れた。その影響は放送業界にも

及び、公共的な理念と結びついた従来型の業務手続は官僚主義的で非効率的なものとみなされ、その代わりに視聴者シェアに基づく番組の質の評価といった民間企業的な経営手法の導入が奨励された。自由市場経済の拡大を支援するため、西側諸国の政府はメディア政策を自由化し、国内メディア市場の規制緩和に動いた。この流れの中、PSMにとって国内競争が増し、そしてグローバルなメディア市場の成長が促されたこともあり、国内の同業他社だけではなく、あらゆるタイプの国際的メディア業者、他国のPSMとの競争を余儀なくされる状況になった。

　競争の激化に対応すべく、PSMのほとんどが番組編成の大衆受けを意識するようになり、番組内容の娯楽性を高め、子供番組など競争力の低い番組を減らしつつある。子供番組制作はコストがかかり、公的財源だけでは制作費をカバーし切れなくなり、PSMの中でも、BBC（Steemers 2009）、オーストラリア放送協会（ABC）（Inglis 2006）、南アフリカ放送協会（SABC）（Teer-Tomaselli 2008）などは、収入源を補強するために国際的、商業的な番組販売に関する戦略的提携を強化している。BBCの商業化が子供番組に及ぼす影響についてスティーマーズは、「商業的収入に頼ることによって、商業的で国際市場にアピールしやすいコンテンツ制作に集中し、国内の子供たちへの配慮が疎かになり、PSM本来の使命を果たす能力が削がれる可能性がある」と分析している（Steemers 2009: 55）。商業路線によるマイナス面はドイチェ・ヴェレ局内の商業的販売部門であるDW Transtelを見てもうかがえる。ドイチェ・ヴェレは「ドイツ最良のテレビ」を目標に、自らが制作した子供番組を各国語に翻訳してきた。しかし、制作にビジネス的視点が入ることによりDW Transtelは利益になる市場に向けたパッケージ戦略を展開せねばならなくなった。結果として、アフリカ、ラテンアメリカ、アジアといった低収益国は無視され、これらの地域に対する翻訳版が提供されなくなった。

　PSMの「市場主義化」は外部要因と内部要因の両方によって生じている。外部要因としては、新自由主義的な政策の広がりとメディアビジネスのグローバル化であり、内部要因としては、それに伴い商業的業務がいくつかの分野で拡大し、ほぼ全面的にビジネスとしての戦略が適用されたことである。

　市場主義が伸長する環境においてPSMモデルを正当化するために、政治経済学理論はモダニズムの概念である「公共圏」をしばしば参照する（Harbermas 1989）。「公共圏」は、文化的に、また、言論上多様な公共サービスのコンテン

ツが提供されることによって、民主主義の機能と社会的結束が強化される点を強調する。公共圏は「経済や国家とは区分された理性的で普遍的な議論が展開される政治的空間」として規範的に構築されるものである（Garnham 1990）。こうした概念からは、市場原理主義的な政治、市場主義に基づく諸実践、商業収入の拡大などに象徴されるPSMの「市場主義化」は従来の公共的価値観からの逸脱であるとみなされる。

　デジタル時代における公共の利益の実現という目標の再解釈について、例えばデブレット（Debrett 2009）が行った調査は次の点を明らかにしている。すなわち、調査対象になった六つのPSM組織（オーストラリア、イギリス、ニュージーランド、米国）において、ラジオとテレビの多チャンネル化という量的拡大の要請と、インターネット、モバイルといった複数のプラットフォームへの対応が非常に大きな「財政的負担」となっているという（ibid.: 823）。PSMの商業活動に関する議論は、Debrettの知見を裏づけている。公的財源が横這い、場合によっては急減する中でPSMの財政悪化が進行しており、こうした厳しい予算状況にあって、「商業活動以外で公共サービステレビを経営するための資金はどこから調達できるのか」という問いが生じているのである（ZDFエンタープライズ：インタビュー3）。

　財政的困難が継続する中、PSMにできる唯一明白な方法は、商業活動に参与し、経費削減に努めるなどして経営の効率を上げることである。例えば、オーストラリアにおける多文化社会の進展に対して重要な貢献を果たしているSBS（Special Broadcasting Service）は、ハイブリッド式の資金調達を行っており、収入の8割を政府に頼るものの、残りは広告放送やスポンサーシップといった商業活動による収入で補っている。オーストラリア政府からの支援の少なさに関しては、関係者は「苦難である」と述べている（SBS：インタビュー1）。財政逼迫に対処する唯一の方法は、上記のように商業活動を通して直接的なキャッシュフローを強化することであり（同上）、そのために自社制作の番組の販売活動に力を入れ、番組の前後にコマーシャルをまとめて放送するのではなく、番組の途中に放送して広告主との結びつきを深め、販売計画やスポンサー契約に積極的にかかわることなのである。

　SBS関係者は資金不足を補うために「商業活動収入は欠かせない」と語るが（SBS：インタビュー2）、戦略転換が視聴者の認識や支持に及ぼすマイナス面に懸念を表明している。「市民が所有する公共放送という強い意識を持ち」「ステー

クホルダーとして声をあげるタイプ」の人々が異議を表明し、公共の利益とい
う組織理念をめぐって議論が展開された（SBS: インタビュー 1）。デブレット
（Debrett 2009）はその研究で、「商業サービスによって資金不足が補われる場合、
妥協が生じ、将来的にマイナスの影響が出る場合がある」と述べている。

BBC、イタリアの Rai、スペインの RTVE（Brevini 2010; Debrett 2009）、南アフ
リカの SABC（Teer-Tomaselli 2008）、オーストラリアの SBS、ニュージーランド
の NZTV（Debrett 2009; Jacka 2005）に関する調査を参照すると、「国民国家」と
いう公的なコミュニティに関する民主主義的、文化的かつ社会的な要請に根差
して発展してきた PSM 組織が、商業収入を目的にメディア消費者に対するサー
ビスに集中する場合、自身固有のアイデンティティを喪失するリスクがあるこ
とが分かる。

3　国境を越えた空間における公共サービスメディアの「市場主義化」

PSM の大幅予算削減の影響は国内市場だけではなく国境を越えて影響を及
ぼしている。ドイチェ・ヴェレからの回答を見ると、PSM に対し十分な財源
を付与しないというオーストラリア政府による政治的決定は、国内 PSM の市
場主義を加速させるだけでなく、国外での PSM 連携構造にも影響を与えてい
ることが分かる。オーストラリアの PSM である SBS とドイツの PSM である
ドイチェ・ヴェレは協力体制を持っており、SBS はドイチェ・ヴェレからコン
テンツを無料提供され、自社チャンネルの時間帯に放映している。「国外のコ
ンテンツを探し出すキュレーター」（SBS: インタビュー 2）である SBS は、国
外にコンテンツを頼り、国際的 PSM であるドイチェ・ヴェレは SBS に依拠す
る形で衛星放送受信アンテナが広く普及していないオーストラリアで自社コン
テンツを放送できるという仕組みである。「パートナープラットフォーム」と
関係者は呼んでいる（ドイチェ・ヴェレ: インタビュー 4）。

ドイチェ・ヴェレは第二次世界大戦後にドイツの政治的、文化的視点をでき
る限り多くの人々へ発信するためのパブリック・ディプロマシーの一環として
開始されたため、国際放送サービスを商業的財源で運営する可能性についてド
イツ政府は「常に懐疑的だった」という（ドイチェ・ヴェレ: インタビュー 1）。
しかし、国際向けの公共放送サービスがドイツの国家イメージに寄与する点を
重視し、ドイツ政府は税金による「公的資金」が国際社会におけるドイツの公

120　第Ⅱ部　公共サービスメディア論の視点

共の利益を達成することになると認識を変えた。ドイチェ・ヴェレの側には、SBS の商業活動強化に対する懸念がある。番組を短縮してその前後か途中にコマーシャルを入れるか、大衆にアピールする番組を制作するか、さもなければ魅力のない時間帯に移動させられるか、選択肢は限られている。「ある程度は商業主義の前に膝まづかなければならない」ということである（ドイチェ・ヴェレ：インタビュー3)。

　健全な資金手当て、PSM としての編集方針の遵守、公共の利益の実現という目標の達成——これら三者は密接に関連しているとの意見がインタビューで繰り返し聞かれた。共同制作の場合、資金力が編集上の発言力に結びつくのはパートナーが商業メディアの場合もイギリス BBC や ZDF（第2ドイツテレビ)といった PSM の場合も変わらないという。市場主義の影響力の増大を分析していくと、公共の利益の追求という目標の「劣化」は、PSM が市場原理を適用することによって好調に運営される場合でも起こりうることが分かる。

　国際市場で売れるコンテンツ作りを意識することによって起こる妥協の可能性は、ZDF エンタープライズ関係者からの回答からうかがえる[3]。ZDF の子会社である ZDF エンタープライズは、公的な財源の不安定さゆえに独自の商業活動を強化することになった。ZDF 用に番組を開発、共同制作する場合は、ドイツ社会にとって重要な文化的価値を伝達することが使命であり戦略理念であるという。そうした公的な使命を達成するために、コンテンツの「3分の2」がドイツ語圏内でのみ流通されているという事実は許容される（ZDF エンタープライズ：インタビュー1)。しかし、ZDF 本体とは離れて動く場合、つまり、市場原理の中で活動する場合は、その目標は最大限の利益の追求である。コンテンツを商品として各国にアピールするために ZDF エンタープライズは商品を「国際化」する戦略をとっている。そのために「ドイツ文化的な側面を薄くする」方針をとっている。つまり、「よりグローバルにアピールする」コンテンツを制作することを目指しているとのことである（ZDF エンタープライズ：インタビュー3)。

　共同制作の場合、その制作過程に「影響を与える」権力は参加者の投資額に左右される。換言すると、編集制作において「1.50 ユーロの視聴料を払うだけの視聴者にはステークホルダーとしての決定権がない」という懸念がある（ZDF エンタープライズ：インタビュー1)。公共的価値のパートナーシップに関する研究でも同様の状況が報告されている（Raats et al. 2014)。すなわち、共同制作に

おいて公共サービスの負託と市場原理を合致させるには、すべてのステークホルダーの利益を考慮に入れた上で数々の妥協が必要だという。ステークホルダー主義は理念上では素晴らしい概念であるものの、実際には公共サービスの使命が直面する難問なのである。PSM にとっては、妥協の問題は商業上のパートナーに「譲歩」しないというより、公共サービスとして譲れない重要な諸価値については決して譲らない姿勢を「一貫して」堅持することの方が重要なのである（ZDF エンタープライズ：インタビュー 1）。

4　越境ネットワークの「市場主義化」

『PSM のイニシアティヴを取り戻す』においてロウとスティーマーズは、今日の PSM の「危機」は「研究者」の支持が衰えたことも一因ではないかと指摘している（Lowe and Steemers 2012: 10）。論文によると、1930 年代に BBC のジョン・リースが理想として描いた公共放送の姿から遠く離れた現在の PSM に対して従来の支持を表明することをためらう研究者の姿がよく伝わる。しかしながら、PSM の劣化を単純に市場主義の責任にすることによって、研究者たちは今日的な困難に直面する PSM に対して非協力的な見解しか提供していないといっても差し支えない。「メディアの性質そのものが流動的」になっている現在、メディア関係者は「世界がどこへ向かうのか」も見えないままで困惑している（SBS：インタビュー 2）。デジタル化の進行によって公共放送のあらゆる側面が前例のない形で変化を遂げている今日、市場主義を公共性の劣化の原因とのみ解釈するだけでは足りないと指摘したい。視野を広げた構造的分析が必要となる。市場主義とは、複数のメディア空間が融合する複雑なネットワークにおける複数の力学の一つに過ぎないと見るべきなのである。

　市場主義は統合的な空間を作り出す性質を持っている。その空間の中で国内の公共の利益の実現という目標とグローバル市場の力が融合する。その過程において、公共圏の劣化という現象は、必然的なものとは限らず、唯一の現象でもない。PSM が「公共と民間の諸力の境界領域にある国民国家の制度」（Born 2003: 64）と認識されてきたために、市場主義の空間統合の機能が看過されてきたのである。「方法論的なナショナリズム」（Beck 2002: 51-54）の観点からは、市民参加を促す「公共圏」としての PSM は「国民国家という入れ物」の中に存在しており（Beck and Grande 2007: 31）、国内の公的領域を越境的なコンテン

ツのフロー（流れ）、政策の枠組み、市場原理の力といった外部の影響から保護する文化制度だと捉えられている[4]。PSM を「閉ざされた」そして純粋に「国民国家の」空間に「封じ込められた」ものとして理解することは、認識を誤らせることになる。すなわち、「市場主義化」という越境的な力学が、国民国家とは異なる位層で並行的に展開するものであり、公共サービスという理念に対して副次的なものに過ぎないと考えられてしまうのである（Born 2003: 77）。

　国民国家という枠組みの中に囲い込まれ、外部に存在するグローバルな市場力学に対抗する制度としての PSM——この概念自体を疑ってみる必要がある。デジタル時代に高度にネットワーク化されたコミュニケーションの世界の中で活動する PSM の姿を捉える上で、それはもはや現実的な定義ではない。SBS、ドイチェ・ヴェレ、BBC ワールドワイド、ZDF エンタープライズの例が物語るように、今日の PSM の活動は国民国家の境界線を越えているのである。これは公共放送と越境化する社会に焦点を当てた RIPE@2014 東京大会での主要テーマでもあった。「市場主義化」する公共サービスのネットワークの中で、国内的力学と越境的力学が相互に作用している。その相互作用を捉える上でサッセン（S. Sassen）の提示するグローバリゼーション概念が非常に有用である（Sassen 2006; 2007a; 2007b; 2009; 2010）。なぜならばそれは「市場主義化」が「越境的」過程と類似しているという考え方を発展させるからである。これはデジタル時代における PSM の可能性を示すものである。多様なグローバル市場力学は、再帰的に統合され、歴史的に形成されてきた国民国家内での公共の利益の実現に影響を及ぼすが、同時に、それらの力学はほかならぬ公共の利益の実現という目標の中から生じたものでもある。サッセンの見方では、今日、国内の空間とグローバルな空間を明確に分ける「境界線」は存在しない（Sassen 2006: 379; 2009: 520）。国民国家の力学とグローバル世界の力学は互いに衝突し、対立し、重なり合い、交接するのである（Beck 2002; 2007 も参照のこと）。今日的な視点では、PSM の「市場主義化」とは、「ナショナル」な公共の利益の実現という目標と「グローバルな」市場力学が「融合」する空間の存在を意味している。

　モダニズム的理念において、公共放送は国家や市場から独立した「公共圏」として理想化されてきたが（Garnham 1990; Tracey 1998 など）、「融合テーゼ」の提唱者は現実に即したアプローチをとっており、競争原理は PSM の運営にプラスにも働くとの認識を示している。すなわち、PSM 組織は競争原理に後押しされ、差別化戦略を模索するようになり、例えば、ニュースや情報番組の提

供など本来の強みを押し出していくようになった。メイアー（Meier 2003）は
デジタル時代における ZDF の差別化戦略を分析し、「融合」現象は組織構造の
全般にわたって起こるわけではなく、番組編成や経営技術の面で影響を及ぼす
が、組織戦略には影響を及ぼさないと指摘している。広告収入の圧力を受けな
い PSM 組織は、「消費者」ではなく「メディアユーザー」をめぐって民間企業
と競合しているのであり、情報番組の強化による差別化にしても、「市場圧力
に左右されない崇高な使命感」に基づくものではなく、公衆と政治からの支持
を維持するための PSM の「組織としての利益」の追求であり、戦略的決定に
基づくものであるとしている（ibid.: 341）。

　デジタル通信技術のイノベーションが進行し、メディア利用のあり方が様変
わりしている。スマートフォン、スマートテレビ、携帯タブレットといった多
目的通信端末の登場により、メディアユーザーは文字と視聴覚の双方であらゆ
るコンテンツにオンデマンドで移動中でもアクセスが可能になった。デジタル
化、グローバル化が顕著なメディア環境において、現在の民間のコンテンツ提
供事業者は大衆にアピールするコンテンツも提供し、従来的な（情報）ニッチ
型の公共サービス志向コンテンツも提供するようになった。PSM 組織はそう
した企業との競争を余儀なくされているのである。ドイチェ・ヴェレ関係者に
よると、国際放送の領域では、かつてドイツの競合者は BBC と VOA（ボイス・
オブ・アメリカ）くらいしか存在しなかったという。競争が少ない国際ニュー
ス分野でドイチェ・ヴェレは「独占的立場」を享受することができた（ドイチェ・
ヴェレ: インタビュー 4）。現在、インターネットには多種多様な情報源が溢れ
ており、数社による「独立系ニュース」の事実上の独占構造は崩壊し、「国際
ニュースチャンネルの意義」も低下してしまった（同上）。

　回答によると、関係者が経験している競争の激しさは多元的な競争力学から
発生していることが分かる。現在のメディア業界には多種多様な業者が混在し、
さまざまなアプローチが存在している。PSM、国営メディア、コミュニティ・
メディア、民間企業が競合し、ローカルな空間、ナショナルな空間、リージョ
ナルな空間、グローバルな空間とあらゆる空間がカバーされている。リージョ
ナルなレベルに特化する戦略によって「過当な」競争圧力が生じ、ドイチェ・
ヴェレは、リージョンごとに断片化したオーディエンスを惹きつけるという難
しさに直面している（ドイチェ・ヴェレ: インタビュー 4）。結果として、ドイツ
の国際メディアサービスは「地域別のアピール」を重視した情報コンテンツ制

124　第Ⅱ部　公共サービスメディア論の視点

作に努めるようになり、編集戦略にも変化が起きた（同上）。リージョナルなメディア市場の動向に即した番組作りをするために放送事業者は市場調査に依拠するようになった。回答者たちは、公共的価値の実現の負託という観点から、こうした商業的実践もまた公共の利益の実現という目標達成の一助だとみなしている。それゆえ市場調査は「公共サービス組織としての負託範囲」を逸脱するものではなく、むしろ目標達成に寄与するものだと考えている（同上）。ここから見えてくるのは、市場力学はプラスとしても働くということである。この場合、利益追求というより質をめぐる競争であり、競争圧力によってPSM組織が中核的な公共の利益の実現という目標により力を入れることになるからである。

5 越境型のPSMの制度化

PSM関連の学術研究において、市場調査、顧客管理、ブランド管理といった顧客中心主義の経営概念が最近になって受け入れられるようになった点は興味深い。これらの傾向については、公共的な価値の追求という目標をないがしろにするものとして、これまであまり正面から論じられておらず、昨今のメディア利用のパターンにおける断片化、多様化、個人化、グローバル化への対応の一環に過ぎないとみなされてきた（Lowe 2010; Bardoel and d'Haenens 2008; Picard 2005）。トレイシー（Tracy 1998）は、市場主義的な環境で活動するPSMがメディア利用者を市民ではなくもっぱら消費者として扱っていると批判した。顧客中心主義的な公共サービスのあり方の支持者は、こうした考え方が消費者主義の利害関心を正当化するとはいえ、市民を単なる消費者ではなく「顧客」と認識することによりPSMは引き続き市民社会のニーズに焦点を合わせていると繰り返し指摘している。ロウ（Lowe 2010）はこの点に注目し、今日のメディア利用者は実際のところ市民であると同時に顧客でもあると述べている。直接的であれ間接的であれ、人々のメディア関連出費が上昇しているからである。

> 社会的、文化的、民主主義的なニーズに応えるサービスを提供する主体としてのPSMの存在意義を過小評価するつもりはない。また、市民としての視聴者の重要性を軽んじるつもりもない。しかし、シティズンシップの重要性を認識することと顧客としての人々の利益の重要性を認めることは矛盾するものではない

（Lowe 2010: 25）。

「顧客中心主義」的な政策を採用したとしても、PSM は従来通り「あらゆる面で市民社会の公共の利益に奉仕し、社会的、文化的、民主主義的なニーズに対応」していくことに変りはない（Bardoel and Lowe 2007: 22）。何よりそれが「公共サービス」組織としての第一義なのである。この観点からも、顧客の利益を重視することは正当化されうるし、それに付随する、メディア利用の多様化に合わせた公共メディアサービスのカスタム化も正当化される。こうした対応が「市民」という立場であれ、「顧客」という立場であれ、メディアユーザーに公共の利益をめぐる対話への参加を促すことになるからである。それに加えて視聴者が支払う料金に見合ったサービス提供という点でも正当な対応である（Picard 2005 も参照のこと）。

　そもそも「市民としての視聴者」という従来の概念には欠点がある。Morley（2000）が論じているように、メディア利用者は一枚岩的に「国民国家の」市民社会の構成員として認識されるか、スキャネル（Scannell 1989: 137）のいうように漠然と「一般公衆」と把握されている。ハーバーマス的な視座によると、国民国家の市民社会の構成員があたかも「理想化された単一の公衆」のように考えられているのである（Morely 2000: 114）。この場合、市民社会を多様な文化が集積する領域、すなわちローカル、ナショナル、リージョナル、グローバルなメディアコンテンツを通じてさまざまな利害が行きかう領域とみなす視座は後景に退く。同時に、ハーバーマス的な公共圏概念は、デジタル通信技術によって加速した国境を越えた情報の影響力を過小評価している。それは「国民文化」の周辺に歴史的に構築された境界線を「脱構築」しているのである。「グローバル規模のネットワークのロジックの中で、『コンテンツ』が再生産され、配信され、加速され、拡大される」世界で（Volkmer 2014: 12）、国民国家内の市民社会における諸個人がナショナルな空間という閉じた領域を超越し、グローバルな公共圏に参加しているのである。

　ボーン（Born 2006: 112）が指摘するように、今日の国民文化は「流動的で多様化しており、個々の文化間の交流を通じて活性化し、多様なハイブリッドを生み出している」。したがって、市民参加の活性化をめぐる議論の中心に来るべきは、「複数化」した市民社会に対する PSM 自身の文化的適応の必要性なのである。公共の利益が国民国家で流通するメディアコンテンツにとどまらない

射程を有する点を考えると、市民参加を促進していく上で PSM が抱える課題は、個々のメディアユーザーの国内コンテンツへの関心と越境的な公共圏への参加をいかに結びつけるのか、という点にある。両者の領域における経験が共有されるような契機を創造することができれば、これは可能である。

6　PSM 間の連携のダイナミクス

今日、デジタル化された公共圏は私的なコンテンツ空間と同様に、「ボーダレス」な特徴を持っている。そのようなメディア環境において、組織としてのアイデンティティを確立するために市場原理を利用していくことが重要となる。これは BBC とオーストラリアの ABC の連携関係を検証しても明らかである。両者とも公共放送として、1950 年代にオーストラリア初のテレビ放送局が設立されて以来、番組交換の枠組みを形成し連携体制を築いてきた。初期の頃は、米国から娯楽番組を輸入するのは民間放送局だけだった。米国のコンテンツ提供業者は「商業主義原理に基づいて経費削減に努め、規模の経済を追求し、視聴者層拡大に努力」していたが（Cunningham 1997: 96）、ABC はそれらの番組を低品質だとみなし、オーストラリアの市民社会に対する教育的価値に乏しいと判断した。

ABC は、米国のコンテンツに頼る代わりに、イギリス連邦放送連盟（Commonwealth Broadcasting Association: CBA）の他のメンバー諸国、特にイギリス公共放送 BBC から購入するか共同で制作した番組を放送することによって国内制作番組の不足分を補うことにした。Inglis（2006: 197）によると、ABC は「テレビ・ラジオ双方で、米国の民間企業に先んじていかなる BBC 番組でも購入することができるし、拒否することもできる」[5] という 合意を BBC と交わしていたという。BBC にとっては、CBA 諸国内で番組交換あるいは共同制作の連携体制を形成することによって、イギリス系移民に母国との絆を再確認させ、イギリス的価値観をイギリス連邦の住民に伝達するという目的を果すことができた。それによって世界規模で「イギリス人」としての社会的結束を形成することができる、という考え方である。このように、ABC と BBC との間に発生した初期の「市場主義化」は、「イギリス連邦」的ネットワーク内でのコンテンツ交換であり、番組の品質を重視するという双方の合意に基づくものだった。

今日の BBC はデジタル市場で自らのビジネスチャンスを守る手段として、ABC に対しては「再放送か再々放送コンテンツ」のみを提供している（SBS: インタビュー 2）。自社のコンテンツの品ぞろえを最大限に活用し、BBC ワールドワイドはオーストラリアの公共メディアのコンテンツ市場に積極的に売り込みをかけている。昔日の連携関係はすっかり変わった。iPlayer のようなデジタル通信技術の登場により、BBC は「視聴者に直接アクセスすることができる」ようになり（同上）、ABC に頼らなくとも BBC コンテンツを配信することができるのである。かつて国内の公共サービスのコンテンツは技術的な壁に守られたニッチ市場であったが、「外部」の PSM 組織が参入可能になった現在、PSM 組織同士の競争が激しくなっている。SBS の戦略担当者によると、BBC がオンラインテレビサービスを開始したことにより、BBC のコンテンツに依拠して番組編成をしてきた ABC のような PSM 組織が打撃を受けているという。独自のローカルアイデンティティを形成するには資金が足りない状態で、ABC 型モデルの将来的展望は「暗い」との意見がある（同上）。

　調査から明らかになった興味深い点は、公共サービスの「市場主義化」における多元性の原因が、競争激化だけではなく、PSM 自身が新たな「結節点」となるメディア組織を模索することでも生じていることである（Heinrich 2011）。文字および視聴覚のコンテンツを伝達する多目的通信端末が社会に浸透するにつれて、出版、放送、通信、コンピュータが融合するようになった。断片化したメディア利用者を取り込むために、民間メディア業者と PSM はともに複数のプラットフォームを通してコンテンツサービスの多様化に努めるようになった。コンテンツサービスの多様化には多額の投資と新たなスキル、能力、知識が必要である。そのため、大規模なメディア組織は必要な人材や技術の獲得を目的に他のコンテンツ配信業者やプロバイダーとパートナーシップ関係を築き、世界的に連携ネットワークを拡大している。新たな結節点となるメディア組織と結びつくことによって、PSM は公的財源の不足にもかかわらず、公共の利益の実現という目標を達成することができる。ドイチェ・ヴェレの番組編成担当者の言葉が現在の状況をよくまとめている。「ここで重要な二点はパートナーシップとデジタル化である。他社との間に半ば商業主義的なパートナーシップを持つことで、我々は収益を出し経費を削減することができる。デジタル化のおかげで制作費も安くなった」（インタビュー 2）。

　民間企業とパートナーシップを結ぶ利点は経費削減や収入源の開発といった

金銭面だけにとどまらない。デジタル技術の最大の利点は「新たな視聴者を獲得する道筋が拓けたことである。しかし独力でそのためのインフラを構築する財政的余裕は我々にはない」とのことである（SBS: インタビュー 2）。放送サービスとして設立された SBS のような組織には、YouTube を買収した Google や Play Station を開発した Sony に匹敵するデジタルインフラの構築力はない。資金力もなく、社内にイノベーション能力も蓄えられていない(同上)。パートナー関係を築くことで、PSM 組織はこういった他社が構築したインフラにアクセスできるようになり、多国籍の配信プラットフォームを利用することが可能になる。新たな「公共サービス」向けのインフラを構築する必要もないのである。

　当然のことだが、グローバルに活動する民間企業は、商業用ビジネスモデルに基づいて経営されているため、民間企業との連携で PSM 組織にも必然的に「ビジネスチャンス」が訪れる。いや、ビジネスチャンスがなければおかしい(同上)。しかしながら、公共サービスの負託があるため、民間企業と連携する場合に基本となる判断基準は「コンテンツの視聴者を増やせるか」であり、「儲かるか」ではないという（同上）。確かに、PSM と民間とのパートナーシップに関する回答を見ると、公共と民間のコンテンツのハイブリッド化が起こる場合、その背景には収益の追求よりむしろ「品質への配慮」があることが分かった（ZDF エンタープライズ: インタビュー 2）。例えば、新聞社や出版社はある程度の品質が保証された商品を提供するために ZDF エンタープライズのような PSM 組織から視聴覚コンテンツを購入する傾向がある。「商業チャンネルが制作しない番組を制作している」ことがその理由である（同上）。

7　おわりに

　PSM と民間企業との間のネットワークの拡大は、以前にも増して断片化したメディア利用者にコンテンツを届けるための多様化の試みであり、同時に、資源の不足を補う経営努力でもある。つまり、企業運営の効率改善であり能率改善である。その努力の過程でセクターの境界線が溶解し、国境を越えた活動が展開され、結果、国内コンテンツの領域を再形成することになった。今日現れているメディア環境の構造は、協力（co-operation）と競合（competition）のハイブリッド形である。これをキュン（Küng et al. 2008）は「co-opetition ／競争的協力関係」と呼んでいる。この戦略をとることにより投資リスクは軽減し、知

識共有が可能になり、多種多様な技術の融合の恩恵に与かることができるのである。

　競争的協力戦略は顧客、サプライヤー、競合者といったステークホルダーから広く資源を集める形態であるため、本来的にプラットフォーム横断型になり、複数メディア横断型になるのである。国境を越えた構造の中でのPSMも活動を広い視野で捉える場合は、こういったネットワークの拡大にも注目していく必要がある。PSMの「市場主義化」というと競争戦略のことと表面的に解釈されがちだが、より深いレベルを見ると、公共性の目標と価値を保護し強化する手段でもある。公共の利益の実現という目標を最大限に利用することこそPSMの市場価値でもあり、競争的協力関係が形成する複雑なネットワークの中でPSMが有するブランド価値としての強みでもある。

　マクウェールの言葉を引用すると、「PSM制度に対して我々はもっと現実的な視点を持つべきであり、公共の非営利放送が規範的制度だという思い込みを再考すべき」である（McQuail 1998: 126）。公共の利益という観点からいうと、PSMに関する学術研究は、互いに矛盾するかに見える複数のアイデアを融合させる思考実験を行う「境界領域」であるべきなのだ（Sassen 2006）。PSMが助言を求める場合、研究者ではなくコンサルタントを雇用する現状を考えると、研究を行う上でプラグマティックなアプローチをとることは重要である。学術研究は、「ますますニッチ化していて研究者同士が学術誌で内輪話に興じているだけである。現場の人間は研究者の語る理論は理解できないし、耳を傾けるのさえやめてしまった」と指摘されているからである（Riesenbeck and Perry 2007: viii）。

　本章で筆者はPSMの「市場主義化」に対する一方的で否定的な見解に異議を唱えた。まず、システム規模の力学と今日のメディアの状況を考えて「市場主義化」が不可避であることを示した。次に、市場主義化を受容することによって得られる恩恵や新たに獲得できる価値があることを指摘した。今日、我々はメディア制作、配信、消費とあらゆる面で国境を越えたメディア現象に対処することを迫られている。グローバル市場力学と現代の生活空間における多様な領域の中で活動するにあたって最も重要なことは、PSMの公共の利益の実現という目標の維持と発展なのである。

1）「競争的協力／ coopetition」という言葉は「競争／ competition」と「協力／ cooperation」
を複合した用語。オクスフォード辞典は「coopetition」を「共通の利益を追求して競合
企業が協力すること」と定義している。http://oxforddictionaries.com/definition/english/
coopetition?q = coopetition.（2015 年 3 月 15 日に検索）。

2）　ZDF エンタープライズ（第 2 ドイツテレビ）、ドイチェ・ヴェレ、DW Transtel、オー
ストラリア・プラス、SBS（スペシャル・ブロードキャスティング・サービス）。

3）　BBC ワールドワイドについての類似の状況については Donders et al.（2012）、
Steemers（2005）を参照のこと。

4）　Tracey（1998: 287）も参照のこと。「国内的な公共放送サービスは近代民主主義国民
国家には必要な制度であった。生活の質の向上、社会文化的結束の形成のためであり、
同時に、社会の分裂、質の低下、一部の勢力による支配を阻止するためである」。

5）　この合意は、50 年後に停止した。停止の契機は、2014 年半ばに BBC ワールドワイ
ドと商業有料テレビ会社 Foxtel がパートナーシップ契約を結んだことである。これによっ
て Foxtel が BBC 番組の優先的放映権を獲得した（Foxtel. Retrieved March 15, 2015, from
http://www.foxtel.com.au/about/media-centre/press-releases/2013/bbc-worldwide-and-foxtel-
forge-new-partnership.html）。

引用・参照文献

Australian Government (2014) "ABC and SBS Efficiency Study," Draft Report. Retrieved March
15, 2014, from http://www.minister.communications.gov.au/_data/assets/pdf_file/0003/63570/
ABC_and_SBS_efficiency_report_Redacted.pdf.

Australia Network (2010) Interview 1. Management. Sydney.

Australia Network (2010) Interview 2. Programming. Sydney: Australia Network.

Bardoel, J. and Lowe, G. F. (2007) "From Public Service Broadcasting to Public Service Media.
The Core Challenge," in G. F. Lowe and J. Bardoel (eds.) *From Public Service Broadcasting
to Public Service Media. RIPE@2007.* Göteborg: Nordicom: 7–26.

Bardoel, J. and d'Haenens, L. (2008) "Reinventing Public Service Broadcasting in Europe:
Prospects, Promises and Problems," *Media, Culture & Society* 30(3): 337–355.

Beck, U. (2002) "The Terrorist Threat: World Risk Society Revisited," *Theory, Culture & Society*
19(4): 39–55.

Beck, U. and Grande, E. (2007) *Cosmopolitan Europe.* Cambridge, Malden, MA: Polity Press.

Born, G. (2002) "Reflexivity and Ambivalence: Culture, Creativity and Government in the BBC,"
Cultural Values, 6(1&2): 65–90.

Born, G. (2003) "From Reithian Ethic to Managerial Discourse. Accountability and Audit at the
BBC," *The Public* 10(2): 63–80.

Born, G. (2004) *Uncertain Vision: Birt, Dyke and the Reinvention of the BBC.* London: Secker &
Warburg.

Born, G. (2006) "Digitising Democracy," *Political Quarterly* 76(1): 102–123.

Brevini, B. (2010) "Towards PSB 2.0? Applying the PSB Ethos to Online Media in Europe: A Comparative Study of PSB's Internet Policies in Spain, Italy and Britain," *European Journal of Communication* 25(4): 348–365.

Cunningham, S. (1997) "Floating Lives: Multicultural Broadcasting and Diasporic Video in Australia," in K. Robbins (ed.) *Programming for People*. EBU.

Curran, J. (2002) *Media and Power*. London: Routledge.

Curran, J. (2007) "Global Media System, Public Knowledge and Democracy," Paper Presented at the LSE Public Lectures and Events, November 13, London.

Dahlgren, P. (1995) *Television and the Public Sphere: Citizenship, Democracy and the Media*. London: Sage.

Debrett, M. (2009) "Riding the Wave: Public Service Television in the Multi-platform Era," *Media, Culture & Society* 31(5): 807–827.

Deutsche, Welle (2010) Interview 1. Foreign Language. Berlin.

Deutsche, Welle (2010) Interview 2. Society and Entertainment. Berlin.

Deutsche, Welle (2010) Interview 3. Program Distribution. Bonn.

Deutsche, Welle (2010) Interview 4. Marketing and Distribution DW Transtel. Bonn.

d'Haenens, L., Sousa, H., Meier, W.A., and Trappel, J. (2008) "Turmoil as Part of the Institution: Public Service Media and their Tradition, Convergence," *The International Journal of Research into New Media Technologies* 14(3): 243–247.

Donders, K. et al. (2012) "Introduction: All or Nothing? From Public Service Broadcasting to Public Service Media, to Public Service 'Anything'?," *International Journal of Media and Cultural Politics* Vol. 8(1): 3–12.

Garnham, N. (1990) *Capitalism and Communication: Global Culture and the Economics of Information*. London: Sage.

Habermas, Jürgen (1989) *The Structural Transformation of the Public Sphere*, Cambridge MA, London: MIT Press.

Heinrich, A. (2011) *Network Journalism: Journalistic Practice in Interactive Spheres*. New York: Routledge.

Inglis, K.S. (2006) *This is the ABC: The Australian Broadcasting Commission, 1932–1983* (2nd ed.). Melbourne: Black Inc.

Jacka, E. (2005) "The Elephant Trap: Bias, Balance and Government-ABC Relations During the Second Gulf War," *Southern Review* 37(3): 8–28.

Küng, L., Leandros, N., Picard, R. G., Schroeder, R., and van der Wurff, R. (2008) "The Impact of the Internet on Media Organisation Strategies and Structures," in L. Küng, R. G. Picard and R. Towse (eds.) *The Internet and the Mass Media*. Los Angeles, London, New Delhi and Singapore: Sage: 125–148.

Lowe, G.F. (2010) "Beyond Altruism: Why Public Particiaption in Public ServiceMedia Matters," in G.F. Lowe (ed.) *The Public in Public Service Media. RIPE@2009*. Göteborg: Nordicom: 9–35.

Lowe, G.F., and Steemers, J. (2012) "Regaining the Initiative for Public Service Media". in G. F. Lowe and J. Steemers (eds.) *Regaining the Initiative for Public Service Media. RIPE@2011.* Göteborg: Nordicom: 9–23.

McChesney, R.W. (1999) *Rich Media, Poor Democracy: Communication Politics in Dubious Times.* Urbana: University of Illinois Press.

McQuail, D. (1986) "Kommerz und Kommunikationstheorie," *Media Perspektiven* 10, 633–643.

McQuail, D. (1998) "Commercialization and Beyond," in D. McQuail and K. Siune (eds.) *Media Policy: Convergence, Concentration, and Commerce.* London and Thousand Oaks: Sage: 107–127.

Meier, H.E. (2003) "Beyond Convergence: Understanding Programming Strategies of Public Broadcasters in Competitive Environments," *European Journal of Communication* 18: 337–365.

Morley, D. (2000) *Home Territories: Media, Mobility and Identity.* London: Routledge.

Murdock, G. and Golding, P. (1999) "Common Markets: Corporate Ambitions and Communication Trends in the UK and Europe," *Journal of Media Economics* 12(2): 117–132.

Picard, R.G. (2004) "Environmental and Market Changes Driving Strategic Planning in Media Firms," in R.G. Picard (ed.) *Strategic Responses to Media Market Changes.* Jönköping: Jönköping International Business School Ltd.: 1–17.

Picard, R.G. (2005) "Audience Relations in the Changing Culture of Media Use: Why Should I Pay the Licence Fee? Cultural Dilemmas in Public Service Broadcasting," RIPE@2005. Göteborg: Nordicom: 277–292.

Raats, T., Donders, K, and Pauwels, C. (2014) "Finding the Value in Public Value Partnerships," in G.F. Lowe and F. Martin (eds.) *The Value of Public Service Media RIPE@2013.* Göteborg: Nordicom: 263–279.

Riesenbeck, H. and Perry, J. (2007) *Power Brands. Measuring, Making and Managing Brand Success.* Weinheim: Wiley-Vch Verlag GmbH & Co. KGaA.

Robertson, R. (1995) "Glocalization: Time-Space and Homogeneity-Heterogeneity," in M. Featherstone, S. Lash, and R. Robertson (eds.) *Global Modernities.* London, Thousand Oaks, New Delhi: Sage: 25–44.

Sassen, S. (2006) *Territory, Authority, Rights: From Medieval to Global Assemblages.* Princeton, N.J.: Princeton University Press.

Sassen, S. (2007a) "Introduction: Deciphering the Global," in S. Sassen (ed.) *Deciphering the Global: Its Scales, Spaces and Subjects.* New York & Oxon: Routledge: 1–18.

Sassen, S. (2007b) "The Places and Spaces of the Global: An Expanded Analytic Terrain," in D. Held and A. McGrew (eds.) *Globalization Theory: Approaches and Controversies.* Cambridge, UK and Malden, USA: Polity: 79–105.

Sassen, S. (2007c) *Sociology of Globalization* (1st ed.). New York: W.W. Norton.

Sassen, S. (2009) "Reading the City in a Global Digital Age: Geographies of Talk and the Limits of Topographic Representation," in J. Döring and T. Thielmann (eds.) *Mediengeographie: Theorie -*

Analyse - Diskussion. Bielefeld: transcript Verlag: 513–538.

Sassen, S. (2010) "The Global Inside The National: A Research Agenda for Sociology," *Sociopedia isa*, 1–10.

SBS (2010) Interview 1. Policy & Research. Sydney.

SBS (2010) Interview 2. Strategy & Communications. Sydney.

Scannell, P. (1989) "Public Service Broadcasting and Modern Public Life," *Media, Culture and Society* 11: 135–166.

Steemers, J. (2005) "Balancing Culture and Commerce on the Global Stage: BBC Worldwide," in G. F. Lowe and P. Jauert (eds.) *Cultural Dilemmas in Public Serbice Broudcasting*, Göteborg: Nordicom.: 231–250.

Steemers, J. (2009) "The Thin Line Between Market and Quality: Balancing Quality and Commerce in Preschool Television," *TelevIZIon* 22: 53–56.

Steemers, J. (2003) "Public Service Broadcasting Is Not Dead Yet: Strategies in the 21st Century," in G.F. Lowe and T. Hujanen (eds.) *Broadcasting & Convergence: New Articulations of the Public Service Remit. RIPE@2002*. Göteborg: Nordicom: 123–136.

Steemers, J. and D'Arma, A. (2012) "Evaluating and Regulating the Role of Public Broadcasters in The Children's Media Ecology: The Case of Home-grown Television Content," *International Journal of Media & Cultural Politics* 8(1): 67–85.

Teer-Tomaselli, R. (2008) "National Public Broadcasting: Contradictions and Dilemmas," in A. Hadland, E. Louw, S. Sesanti, and H. Wasserman (eds.) *Power, Politics and Identity in South African Media*. HSRC Press: 73–103.

Tracey, M. (1998) *The Decline and Fall of Public Service Broadcasting*. Oxford and New York: Oxford University Press.

Volkmer, I. (2014) *The Global Public Sphere: Public Communication in the Age of Reflective Interdependence*. London: Polity.

Wieten, J., Dahlgren, P., and Murdock, G. (2000) *Television across Europe*. London and Thousand Oaks, Calif.: Sage.

ZDF Enterprises (2010) Interview 1. Coproductions & Program Development. Mainz.

ZDF Enterprises (2010) Interview 2. Marketing & Corporate Communications. Mainz.

ZDF Enterprises (2010) Interview 3. Sales. Mainz.

第8章　公共サービスメディアの理念と商業化
——BBC ワールドワイドと英米系コンテンツの市場支配

ヒルデ・ヴァン・デン・ブルック、カレン・ドンダース

1　はじめに

　本章では、公共サービスメディア（PSM）のテレビ番組購入戦略について取り上げたい。PSM の活動において、この側面は研究の少ない分野である。付託任務の観点から PSM のテレビ番組購入戦略を見ていくと同時に、各局の購入戦略によって英米系の放送コンテンツが支配的となり、放送コンテンツの画一化が進んでいる現状について検証する。検証にあたって、欧州の PSM と BBC ワールドワイドの関係に焦点を当てる。BBC ワールドワイドは BBC の商業部門であり、BBC の公共サービス組織としての使命をサポートし、BBC の利益の最大化に努めるための子会社である[1]。原則として、BBC ワールドワイドが BBC 制作のコンテンツを商品化し、世界販売を行っている。BBC ワールドワイド自身の言葉によると、BBC の基準と価値観に基づいて販売活動を行っている[2]。BBC 制作コンテンツは世界中に広がっており、ベルギー、フィンランド、南アフリカ、チリといった多様な地域において、高品質の BBC ドラマ、子ども番組が視聴されている。「テレタビーズ」は世界各国で愛され、地球上の自然をテーマにした数々のドキュメンタリー番組は賞賛を集め、世界各国で購入された。2013 年に、BBC ワールドワイドの総収入は 11 億 1600 万ポンドに上り、1 億 5600 万ポンドの利益を BBC に還元した（BBC WW 2013b）。これによって、売り上げにおいて BBC グループは視聴覚メディア市場において世界第 16 位の地位となり、欧州の中ではフランスのヴィヴェンディ・ユニバーサル（Vivendi Universal）に次ぐ第 2 位となった（European Online Academy ／ EOA 2013）。

　これまでイギリス国内においては、BBC の商業部門に対する批判が皆無で

はなかった。BBC が商業活動に積極的なあまり、BBC の付託任務を越えて民業に進出しているとの不満の声が存在した。その例として、ロンリープラネット（Lonely Planet）の取得と売却によって 8000 万ポンドの損失を計上した事例などが挙げられる（Plunkett 2013; Mjøs 2011）。しかし全体として、海外への番組販売やフォーマット販売に関しては、反省や考察を促す批判的な声はほぼ皆無である。むしろ、コンテンツ販売利益が BBC と BBC ワールドワイドのコンテンツ投資とってプラスになると捉えられており、政策決定者にとっても視聴者にとっても喜ばしいことだとみなされている。イギリス国外においても、批判の声は聞かれない。BBC がしばしば PSM の理想形とみなされることを指摘する研究者もいる（Hendy 2013; Donders 2012）。

　PSM のあるべき姿という観点から BBC ワールドワイドの活動を検証することが本章のテーマの一つである。BBC ワールドワイドの海外販売活動の実態を観察し、その中に PSM としての使命がどの程度反映されているのか、同社の市場における成功が、文化帝国主義、さらには文化的な画一化の一つの形態といえるのかどうか、輸出品としての意識がコンテンツ制作段階に影響を与えている可能も含めて考察していきたい。考察にあたっては、市場環境の変化にとくに着目すべきであると考える。「オーバー・ザ・トップ（Over-the-Top: OTT）」と呼ばれるインターネット配信業者や他のタイプの業者の存在感が増し、従来のリアルタイム視聴型の放送事業者の地位に変化が起こっており、この変化がコンテンツの販売と購入の面にも影響を及ぼしている現状があるからだ。

　本章は第一に文化帝国主義テーゼについて論じる。それと関連して第二に、PSM 組織の特性、役割、任務を考察し、また、現在起こっているテレビ市場の変化について検討する。第三に、BBC ワールドワイドの実際の活動が、PSM 組織としての BBC の立場に沿ったものなのかを分析する。この調査のために、欧州 PSM のコンテンツ購入担当者たちに聞取り調査を行った。聞取りは半構造化インタビューの形式で、2014 年前期にかけて行われた。これらの聞取りを通して、EU 内の中小の国々から情報を得ることが私たちの目的であった（オランダ／ NPO、アイルランド／ RTE、デンマーク／ DR、ノルウェー／ NRK、スウェーデン／ SVT、フランダース／ VRT、バスク州／ EITB[3]）[4]。中小の国々のPSM にとって、品質の高い海外コンテンツの購入が重要であろうと推測したからである[5]。一連の知見をふまえつつ、最初に、コンテンツ買い付け交渉の基礎的な事項、そして、PSM として交渉する上での特徴について述べる。次に、

国際的なコンテンツの販売／購入市場における慣行、BBC ワールドワイド以外の配信者の重要性についても言及し、新しいトレンドや新規の事業者についても立ち入りたい。最後に、結論となる考察を述べる。

2　視聴覚コンテンツの流通・文化帝国主義、文化的近接性

　商業メディアと同様、PSM もまた視聴覚メディアのコンテンツをすべて独力で制作しているわけではない。その一部を他社から取得している。米国のメディア企業 NBC ユニバーサル、タイム・ワーナー、ソニー、または、Lumière や A-Film や DR Sales といった大中小の企業と同様に、BBC ワールドワイドもまた視聴覚コンテンツの配信者としての役割を担っている。

　これまでメディア・コミュニケーション研究の分野で、コンテンツの購入／販売に関する問題点については主に米国のコンテンツに関して検討されてきた。視聴覚コンテンツの「フロー（流れ）」が文化帝国主義的に構造決定されていることは、過去に頻繁に指摘されてきた。すでに 1980 年代に、UNESCO が情報、通信とコンテンツのフローの不公平性を問題視するとともに、それが経済権力構造を再生産するものであるとして是正を促している（マクブライド報告書）。文化帝国主義という概念的枠組みでこの問題が提示され（Schiller 1976; Boyd-Barrett 1977）、多数の研究が米国から他国への一方通行的なコンテンツのフローを実証的に示してきた（例えば Nordenstreng and Varis 1974; Boyd-Barrett 1980; Varis 1985 をそれぞれ参照）。この現象における潜在的問題点は、大国から一方通行で押し寄せるコンテンツの流入によって、（特に中小の国々の）国民文化やアイデンティティに影響が及び、文化的多様性が損なわれる可能性があることにある（Hopper 2007: 114）。さらにこの問題は、文化の画一化から文化的収奪にまで繋がっていく可能性を孕んでいる（Hannerz 1992）。

　こうした文化帝国主義テーゼに対しては批判が行われてきた。文化的な依存について考察する上で洞察をもたらすよりむしろ視野を狭める概念であるとの指摘があり（Biltereyst and Meers 2000: 393; Morley 2006）、修正が加えられ（Thussu 2007; Pinon 2014 を参照）、より現実に沿った再定義がなされてきた（Tomlinson 1999）。フックス（C. Fucks）は、「新帝国主義」を提唱することでこの概念の再定義を試みている（Fuchs 2010; Nordenstreng 2013: 353）。一方、これに対しスパークスは、新帝国主義の概念はかつてのように一国による支配を指すものではな

く、複数の中心からそれ以外の国に向かうフローであり、国家間の競争を指すものであると定義を狭めている（Nordenstreng 2013: 354）。ビレーイストとミールス（Biltereyst and Meers 2000）は、文化帝国主義テーゼから発展したメディア研究は、実際には分析の焦点が多様であることを指摘している。この場合、六つの異なる「フロー」が考えられる。(1) 放送システム、(2) 資本の統制、(3) 海外コンテンツの流入、(4) 番組のフォーマット、規範的な判断基準、内容、(5) 視聴者による受容、(6) 世界に向けての輸出、である。本章は主に (3) の海外コンテンツの流入について取り上げる。とくに、欧州の PSM にとってのイギリス制作のメディアコンテンツの輸入の重要性に着目し、(6) の世界に向けてのコンテンツ輸出について論じていきたい。同時に、国際的なコンテンツ市場における慣行、変化、課題についても触れたいと思う。

　ここ何年かの世界の動向の脈絡で、文化帝国主義の理念とその多様な形態での表出を論じることの意義はいささかも減じていない。文化帝国主義という概念が、現在も考察に値する観点であることは実証的にも明らかである。多くのデータが、視聴覚コンテンツの輸出におけるアメリカのみならずイギリスによる支配を指摘している（例えば Lange 2014）。とくに「南」の発展途上国、そして中小の欧州諸国に向けての輸出が目立っており、これらの国々が視聴覚コンテンツ市場において英米の文化的支配、経済的支配の下にあることを示している（Van Poecke and Van den Bulck 1994; Banarjee 2003; Bondebjerg 2001 を参照）。

　一方で、テレビ番組の「フロー」を見る上で、文化帝国主義と同様に重要な概念が「文化的近接性」である。「文化的近接性」とはデ＝ソラ＝プール（De Sola Pool 1977）によって生み出された概念で、ストローバール（Straubhaar 2003: 85）は「自国の文化か、自国の文化に最も近い文化からのメディア商品を選好する傾向」と論じている。1990 年代初頭、視聴覚コンテンツ市場が一方向的な依存性なのか、それとも多方向の依存性なのかに注目するだけでは複雑な現状を把握することはできないと考えられるようになった。このことは、実証研究を通じて視聴者が視聴覚コンテンツのサービスを選ぶにあたって文化的な親近感を求める傾向があるということが認識されるようになったことに起因する（Straubhaar 1991）。確かに、視聴者はまず国内制作の番組を選好するようである。アメリカ制作の番組にしても国内向けに作り変えられたバージョンを好む（De Bens and de Smaele 2001; Straubhaar 1991）。そうでなければ、少なくとも、個人同士の交流やグループ交流、ライフスタイル、言語や社会的規範や価値観などの

面で、それぞれにジェンダー、宗教、エスニシティ、家族関係に沿って親近感を持つコンテンツを選好するようである（Straubhaar 2003）。ただし、「文化的近接性」という概念そのものが、グローバル化の進展とともにさらなる重層性を帯びてきていることはいうまでもない（Straubhaar 2014: 29）。

これから論じる上で、「文化帝国主義」「文化的近接性」といった概念を現実の状況に即して使っていきたい。これらの概念を実用的に使用しつつ、国際流通市場において、実際に特定の国や企業による支配が存在するのか、そして、文化的近接性がそうしたフローに対抗するものとしてどの程度影響しうるのかを分析したい（Thussu 2007）。

3 PSMの理念と国内制作番組 vs. 海外購入番組

PSMのテレビ放送のあり方については、国内制作番組に注意が払われるものだが、外部からの番組購入がPSMの運営上重要な業務であることを見逃すべきではない。伝統的に、PSMには情報提供、教育、娯楽という三つの任務がある。これらの任務を果たすべく、PSMは普遍的にアピールする放送を目指し、嗜好や利害関心の多様性に配慮しつつ、広く一般視聴者を念頭にしたサービス提供を心がけることになっている。視聴者の教養や文化資本に寄与する放送にとくに注力するのもPSMの特徴である。よって、PSMは専門家としての高い基準を大切にし、主にナショナル・アイデンティティの明確な表明とその促進に重きを置いている（Scannell and Cardiff 1991; Tracey 1998; Van den Bulck 2001）。放送制度として、PSMは「本質的に」一方向的かつリアルタイム型である。「重要な情報、知識、文化体験を、その社会のすべての成員に同時に伝える」（Gripsrud 2004: 212）ことを理念としているからである。この理念が、社会における民主的役割を任務とするPSMの基盤になっている。

しかし、この理念を実現するための放送は、予算、機会の面で、特に中小のPSMにとっては難事業であり、国内制作の番組だけでは十分なサービス提供が不可能なのが現実であった。そのためとくに中小のPSMは、外部から一部コンテンツを購入せざるを得なかった（Van den Bulck 2001）。

1980年代まで、欧州の公共放送は国内で独占的地位にあり、番組購入交渉においても独占的立場にあった。しかし1980年後半になって変化の波が訪れる。商業放送が競合企業として登場し、放送時間が延長された。それによって

交渉も複雑化した（Spada 2002）。公共放送と商業放送というブランドの違いが異なる購入方針をもたらすとはいえ、ともに競合企業として買付けの列に加わり、その競争は激しくなっていった。この流れの中で、中小の PSM もそれぞれに異なる購入戦略をとるようになった。例えば、2003 年から 2004 年にかけてのベルギーの PSM 組織 VRT と RTBF のそれぞれの放送を見ると、前者における海外購入番組は 43.2％、後者においては 38.8％である。VRT は主に国内のドラマ番組と娯楽番組に投資しており、ドキュメンタリーや子ども番組、高品質の英国ドラマ番組を購入した。一方、RTBF は主に国内制作のドキュメンタリーや教育・教養番組に投資し、海外からの購入番組は娯楽が主流であった（Van den Bulck and Sinardet 2007）。

　20 世紀後半には、PSM の独占的地位は消滅し、テレビ業界は多数の企業が競合するようになった。同時に、過去 10 年の流れはリアルタイム型テレビ視聴の終焉を物語るものでもある（Olsson and Spiegel 2004; Lotz 2007; Katz and Scannell 2009）。テレビは、技術としても媒体としても多様化の道を辿った。テレビ録画やビデオ・オン・デマンドといったイノベーションの進行にともない、「テレビ」と「放送」がもはや同義語ではなくなり、「コンテンツ提供」は、その経路と選択が視聴者次第で多岐にわたるようになった。OTT 型のインターネット配信業者などが次々と登場して競争が激化し、テレビ局の収益を低下させ、視聴者を奪っていくようになった。彼らは国際的なコンテンツ流通市場においても PSM にとって新たな競争相手となり、この市場におけるリアルタイム型の放送事業者の戦略的立場に変化をもたらした可能性がある。その変化について次に分析したい。

4　コンテンツ流通市場と BBC ワールドワイド

（1）PSM にとっての購入業務の重要性

　国際市場で PSM が購入する番組数、そして購入番組が実際に放送される割合は国ごとに異なっている。オランダの PSM（NPO）では、購入番組は番組編成全体の 7％から 9％に過ぎない（NPO、Hans Swarz and Mignon Huisman への聞取り、2014 年 4 月 29 日）。アイルランドの RTE に目を転じると、RTE 1（家族向けチャンネル）における放送番組の約 25％が購入番組であり、RTE 2（若者向けチャンネル）のそれは約 65％である（RTE、Dermot Horan への聞取り、2014 年 5 月 8 日）。

表 1　購入番組が PSM の編成に占める割合

2013 年	国名	購入番組の割合（放送時間に対して）
RTE	アイルランド	67.4%
France Télévisions	フランス	57.5%
DR	デンマーク	56.0%
NRK	ノルウェー	52.9%
SVT	スウェーデン	50.0%
YLE	フィンランド	49.6%
ORF	オーストリア	43.1%
ZDF	ドイツ	40.8%
VRT	ベルギー（フラマン語地域）	39.9%
BBC	英国	8.7%
NPO	オランダ	7.9%[6]

出典：EBU の 2013 年データを基に著者作成

スウェーデンの PSM（SVT）においては、番組編成の 44％が購入番組である（SVT、Steven Mowbray への聞取り、2014 年 5 月 6 日）（公式的なデータについては表 1 を参照、ただし表は 2013 年データ）。

　購入番組の種類も PSM ごとにだいぶ異なる。それぞれの放送局によって、いかなる番組を購入し、あるいは国内制作にするかについて独自の考え方がある。例えば、スペインバスク州の EITB は、ターゲット市場における競合状況の変化にともなって、子ども向け番組の購入に力を入れるようになった。他の PSM は主に質の高いドラマ番組を購入している。PSM の一部は、海外コンテンツの購入を番組制作に比べて劣位の業務であるとみなしている。その背景には、予算の大半が国内番組に割かれ、一定の時間数を国内番組に充てることが法的に義務づけられていることなどがある。

　オランダの PSM 組織（NPO）を除いて、分析対象とした PSM は大半の買付け（予算の 40％から 90％にあたる）を 7 社から 10 社の配給事業者から行っている。米国大手、BBC ワールドワイド、All3Media といった他のイギリス系配給事業者、エンデモルやフリーマントルメディアといったメディア企業などである。しかし他にも取引のある配給事業者は多数存在し、その数は優に 100 社を超えている。

第 8 章　公共サービスメディアの理念と商業化　141

表 2　BBC ワールドワイドの業務と売上げ

事業	業務内容	2012 年度売上げ
チャンネル展開	34 の BBC 系列の国際 TV チャンネル、Global BBC iPlayer、10 の国内 UKTV チャンネル、BBC ワールドニュース関連販売	3 億 6910 万ポンド
番組販売	700 以上の放送業者と世界各国のデジタルプラットフォーム向けの TV 番組販売	3 億 1230 万ポンド
消費者向け商品	TV 番組関連商品の開発・販売：ビデオ（DVD、ブルーレイ、デジタル形式のダウンロード商品／DTO）、ライセンス商品、音楽、書籍＆オーディオ書籍の出版提携、BBC ショップ	1 億 8160 万ポンド
グローバルブランド	BBC ワールドワイド主要ブランドの価値を長期的に高め、消費者とより密接な関係を確立し、新規のビジネスチャンスを模索し開拓する（ライブ・エンタテインメント、デジタル・エンタテインメント＆ゲーム）	1 億 4110 万ポンド
コンテンツと制作	BBC ワールドワイド全事業のためのコンテンツ開発・委託制作・購入、インディー系業者との携帯事業、BBC 制作部との連携	1 億 5120 万ポンド

出典：ワールドワイド、2013 年度年次報告書

（2）BBC ワールドワイドの戦略

　BBC ワールドワイドは、BBC の商業活動強化を目的に 1994 年に設立され、1996 年に BBC 特許状のもとで国際市場進出の認可を得た（Mjøs 2011）。BBC ワールドワイドの目標は「世界を楽しませ、BBC に価値をもたらす」というスローガンに要約される。PSM 組織である BBC の商業部門として、BBC ワールドワイドの目標には次の点が含まれる。

　　BBC コンテンツに投資し、BBC コンテンツを商業化し、世界中に紹介する。これらの活動を行うに際しては、BBC の基準や価値と矛盾しないようにする。BBC ワールドワイドの業務は BBC のブランド価値を世界に広め、その評価を高め、イギリスの創造性を支えることである。　　　　　　（BBC Worldwide 2013a: 2）

　BBC ワールドワイドは五つの分野において大きな収益を上げており、その利益は BBC の公共サービス用コンテンツ制作や商業分野での新規事業立ち上

げに貢献している。（表2を参照）

　表2が示すのは、経済活動の大半が番組販売に関わっているという点であり、本章の焦点はまさにここである。留意すべきは、BBC制作コンテンツすべてが自動的にBBCワールドワイドの販売網を経るわけではないことであり、また、BBCワールドワイドが200社以上の独立系プロダクション会社の代理業者でもある点である。

　そのスタート地点においても、事業目的においても、BBCワールドワイドは商業活動を標榜する組織である。それにもかかわらず、BBCワールドワイドは、以下の四つの項目において公共サービスとしての価値観を遵守する旨を強調している。

> BBCの公共的目的に沿う。BBCの評価・ブランド価値を損ねない。効率性を重視した商業活動を行う。BBCトラストの公正取引の方針と公正取引ガイドラインに従い、市場を歪めることを回避すべく努める。　　　（BBC Worldwide 2013a: 3）

　BBCワールドワイドがこの宣言をどれほど実行に移しているのかを検証することが本章の目的の一つである。どの程度、以上の宣言がBBCワールドワイドの販売戦略に反映され、顧客、とくに分析対象とした中小のPSMによって認識されているかを見ていきたい。さらに、デジタルコンテンツの増強、国際化の推進、テレビチャンネルの拡大、新規コンテンツへの投資増強、消費者である視聴者やユーザーとの直接的な結びつきがますます発展する中で、公共サービスの価値観を尊重することとBBCワールドワイドの将来的な戦略が果たして両立し得るのかを検証する。　　　（BBC Worldwide 2013a: 14）

（3）コンテンツ流通市場の一般慣行

　BBCワールドワイドの位置づけと販売戦力を評価・検証するにあたっては、まず、BBCワールドワイドの事業もまた、国際的なコンテンツ市場における売り買いの力学のごく一部であることを理解する必要がある。総じて、この市場は売り手と買い手によって構成される通常の市場と変わるところはない。一方には売り手として、まず少数の大手配給事業者が存在し、映画、シリーズ物、ドキュメンタリーその他の番組に関する巨大な販売用のカタログを抱えている。さらに、無数の中小業者が存在し、それぞれにPSMコンテンツ、子ども向け

ドラマ、アニメ、歴史ドキュメンタリー、芸術系映画などを専門に扱っている。もう一方には、PSM 事業者から商業放送局、ペイ TV 事業者、Netflix などの OTT 事業者など大量の買い手がいる。一般に、売り手と買い手の間には 3 種類のコンテンツ契約が存在する。「アウトプットディール」、「ボリュームディール」、「単品ディール」である。

　まず、アウトプットディールだが、これはアメリカの配給事業者に多く見られる契約形態である。ディズニー、CBS、パラマウント、NBC ユニバーサル、ソニー、フォックスといった"メジャー企業"の一群や、MGM、HBO などがこの契約形態をとる市場参加者である。コンテンツ配給事業者は、3 年から 4 年の期間で買い手が購入するコンテンツについて、必要な放送時間、映画の本数、シリーズのエピソード数など具体的な数字を提示する。

　アウトプットディールには「ライブラリー」と呼ばれる旧作コンテンツが含まれる場合が多い。例としてだが、それぞれ 20 話のアメリカ制作のシリーズ物を 5 本購入すること、といった条件が契約の中に盛り込まれる。たとえ時間枠がなくとも、5 本目のシリーズには興味がなくとも、それが契約上の条件になる。アウトプットディールでは大金が動き、買い付けコンテンツの中には放送されずそのままお蔵入りするものもある。メジャー企業はしばしば国内市場で放送局 1 社と長期契約を結び、そうすることで競争激化、市場価格上昇を招いている。一方で、この契約形態は独占性という点で有利である。中小 PSM の購入担当者との話では、アウトプットディールはしないという回答が多かった。理由はさまざまである。商業放送局とは競争にならないし、第一に放送枠がないという声や（NPO、Hans Swarz and Mignon Huisman への聞取り、2014 年 4 月 29 日）、アウトプットディールの中には PSM の規範に馴染まないコンテンツも含まれており、お蔵入りになるコンテンツに税金を使うのは適切ではないという声もあった（VRT、Debackere への聞取り、2014 年 4 月 1 日）。一方で、アイルランドの PSM（RTE）はディズニーとアウトプットディールを結んでおり、購入在庫の 98％以上、すなわちほとんどの購入番組を放送枠に乗せている。RTE の購入担当者であるダーモット・ホラン（Dermot Horan）によると、アイルランドの視聴者は PSM でアメリカ映画を鑑賞することを当然としているとのことである。

国によっては公共放送で質の良い家族向け映画を楽しむことが伝統のようになっている。そういう国では、ディズニーやピクサーの映画は健全で良質の家族向け映画だとみなされているため、人気がある。

（RTE、Dermot Horan への聞取り、2014 年 5 月 8 日）

　聞取りに応じた PSM 関係者の中にコンテンツ購入に際して商業放送局と連携する者はほとんどおらず、それに関しては、「考えたこともない」「コンテンツ配給事業者と間接的に取引するのは最適な方法ではない」「交渉してみたが困難が多かった」といった声が聞かれた（RTE、Dermot Horan、2014 年 5 月 8 日、NPO、Hans Swarz and Mignon Huisman、2014 年 4 月 29 日の聞取り）。しかしフランドルの PSM である VRT は、サブライセンス契約で商業放送局の Madialaan、SBS Belgium からコンテンツを大量取得しており、この関係を両者にとって有益と見ている。商業放送局との関係によって VRT は独自購入できない映画やドキュメンタリーを放送することができ、Madialaa と SBS Belgium は商業放送に馴染まないコンテンツをサブライセンスで放出することにより購入費用を一部回収することができる（VRT、Hilde Debackere、2014 年 4 月 1 日の聞取り）。スウェーデンの PSM 組織 SVT とデンマークの PSM 組織 DR も、類似の提携を商業放送局と結んでいる。ただし、コンテンツ選択の優先順位に関して複数年の円満合意が存在する場合に限られる（SVT、Steven Mowbray、2014 年 5 月 6 日／ DR、Steen Salomonson、2014 年 5 月 19 日の聞取り）。

　アウトプットディールの他に、ボリュームディールを締結する配給事業者もある（ただし、「メジャー企業」においては主流ではない）。売り手と買い手が、多くの場合何年かにわたって、一定の買付け金額に合意する。その際、コンテンツの種類やドキュメンタリーにかける最低限の費用など詳細が提示される場合もある。売り手は安定的な収益を確保し、買い手は代わりに優先的な買付け権利を得ることができる。BBC ワールドワイドはボリュームディールを好んでいる。ボリュームディールを結ぶことにより、BBC ワールドワイドの多様なコンテンツ（ドキュメンタリーなど）が安定して買い付けられることが保証されるからである。VRT と RTE は BBC ワールドワイドとボリュームディールを結んでいる。オランダの PSM 組織 NPO は結んでいない。買付けコンテンツ用の時間枠に制限があるのが主な原因だという。ほとんどの PSM が、BBC ワールドワイドと米国のメジャー企業の何社かを相手にボリュームディールを

締結している。米国メジャーの場合、主に商業放送局相手のアウトプットディールからの売れ残りがボリュームディールに回される。ボリュームディールの規模はディールごとに大きく異なり、大型の総括的ディールの場合は、優先的な買い付けが認められたシリーズ物が多数、他にもドキュメンタリーや子ども番組などが含まれる。規模が小さくなると、シリーズものや単発形式のソープオペラがこのディール形態で買い付けられる。

　売り手と買い手が単品用の契約を結ぶ場合もある。映画1本、ドキュメンタリー1本、テレビシリーズ1本、といったまさに単品の契約である。すべてのPSMがこの種の単品契約を数多く抱えており、中にはほとんどの買付けが単品契約の放送局もある。単品ディールは米国メジャーのような最大手と結ぶ場合もあり、ボリュームディールの売れ残りが単品ディールに流れることが多い（頻繁に起こることではないが）。SVTが放送するフォックスの「ホームランド」はその一例だという（SVT、Steven Mowbray、2014年5月6日の聞取り）。大手としては、他にもBBCワールドワイドや他のイギリス系配信企業（All3Mediaなど）、エンデモルやEyeworksといった企業との単品ディールもある。欧州のPSMの販売部門のような中小の市場参加者との単品ディールも存在する。単品の買付けは時として「事前購入」で行われることもある（例えば脚本に基づいて買付けを決める）。コンテンツ完成前に買付け契約を結ぶのである。事例として、デンマークのPSM組織DRは、スティーグ・ラーソンの三部作小説をドラマ化した「ミレニアム」を事前購入した（DR、Steen Salomonson、2014年5月19日の聞取り）。事前購入は放送局にとって競争戦略の一つであり、制作会社にとっては、とくに金銭コストのかかるドラマ制作のための予算を十分に確保する上では有益な戦略である。事前購入に関わるリスクを管理するのは、PSM購入担当者のプロとしての経験と知識である。

（4）欧州のPSMから見た配給事業者としてのBBCワールドワイド

　聞取りに応じたPSMで働く誰もが、欧州における配給事業者としてのBBCの存在意義を認めている。BBCワールドワイドのコンテンツは豊富で多岐にわたり、PSM向けでもある（VRT、Hilde Debackere、2014年4月1日の聞取り）。ドラマ、歴史ドキュメンタリー、自然番組、子ども番組と幅広いジャンルが揃っている。番組の種類によっては小規模のPSMでは予算的に制作不可能なものもあり（RTE、Dermot Horan、2014年5月8日の聞取り）、PSMとしての義務を果

たすためにも、BBC ワールドワイドは必要な存在であるとほとんどの関係者が認めている。同時に、BBC ワールドワイドにとって、中小の欧州 PSM が買い手として重要な存在であることも認識している。BBC ワールドワイドの商品の中には商業メディア相手には売りにくいコンテンツがあるためである。例えば 2013 年の BBC ドキュメンタリーシリーズ「アフリカ」は、BBC ワールドワイドが制作価値が高いものとして販売する非常に高価なコンテンツであり、商業放送事業者ならば誰も購入しなかったであろう。

> BBC ワールドワイドにとっても、PSM は商業メディアよりも魅力的な顧客である。商業メディアは視聴者受けが期待できるため、「イーストエンダーズ」なら購入するであろう。しかし幼児教育番組や自然科学番組はどうだろうか。これは公共サービスの領域である。BBC ワールドワイドはパッケージディールで全ジャンルにわたるコンテンツ販売を好む。理由は、昨今の BBC の予算状況である。BBC は放送番組の一定割合にしか資金を出さない。したがって、公共サービス向けの番組は常に赤字である。赤字の規模はそれぞれだが、50％の赤字を計上することもある。低くても 12％から 20％である。番組が 100％ペイすることはまずない。したがって、BBC は BBC ワールドワイドのコンテンツ販売による利益を頼りにしている。　　　　　　　　（RTE、Dermot Horan、2014 年 5 月 8 日の聞取り）

　総じて、ほぼすべての PSM が BBC ワールドワイドとの関係に極めて満足しており、合理的なパートナーシップであるとみなしている（NPO、Hans Swarz and Mignon Huisman、2014 年 4 月 29 日の聞取り）。同時に、ほとんどの PSM が BBC ワールドワイドを他の配給事業者となんら変わらない組織であるとも感じている。アイルランドの RTE は BBC ワールドワイドとは商業配給事業者よりも近しい関係にあると回答したが（RTE、Dermot Horan、2014 年 5 月 8 日の聞取り）、インタビューに応じたほとんどの PSM 関係者によると、扱うコンテンツ以外では、BBC ワールドワイドに PSM らしきところは全くないということだった。彼らの目には、BBC ワールドワイドは、BBC とは完全に別個の会社として業務を行っているように見えるという。ただそれが問題視されているわけではない。ビジネスの現実として受け止められている。他の PSM の販売部門も同様に市場参加者として業務を行っているのである。

第 8 章　公共サービスメディアの理念と商業化　147

BBC ワールドワイドに PSM の要素は全くないが、それでいいと思う。メディア業界でやっていくにはそれが唯一のやり方である。PSM を特別待遇していたら、すぐに倒産する。市場で起こっていることに反応できなくなるからである。

（VRT、Hilde Debackere、2014 年 4 月 1 日の聞取り）

　興味深いことに、現在の BBC ワールドワイドは、すべてのコンテンツ業務においてより速く収益を伸ばすよう迫られていると感じる関係者が多くいる。BBC ワールドワイドの販売部門が再編され、業務ごとの組織構成から地域ごとの構成に変わった（BBC Worldwide 2013a）。海外において新しいビジネスモデルを模索しており、主にドラマ部門の有料チャンネル展開に興味を示している（SVT、Steven Mowbra、2014 年 5 月 6 日、VRT、Hilde Debackere、2014 年 4 月 1 日、NPO、Hans Swarz and Mignon Huisman、2014 年 4 月 29 日の聞取り）。これらの戦略のいくつかは BBC ワールドワイドの主要顧客たちの利益を損なう可能性があると見られている（詳細は後ほど述べる）。

（5）BBC ワールドワイド以外の配給事業者

　PSM のコンテンツ購入における BBC ワールドワイドの位置づけを広い視野から理解するためにも、同業者に目を転じてみたい。各国の PSM は、BBC ワールドワイドや米国の配給事業者以外の業者からもコンテンツを購入している。イギリス系配給会社の ITV は（「セルフリッジ英国百貨店」などを販売し、All3Media は「バーナビー警部」などを販売している。他にもエンデモルやフリーマントルメディアといった大手の国際メディア企業の存在感が大きい。

　PSM を顧客とする他の配給事業者は、特定の放送市場や文化圏ごとに実にさまざまである。北欧諸国の PSM のほとんどは、組織的に北欧のコンテンツを購入する。最近の北欧系番組の成功もあり、フランドルやオランダの PSM も北欧で制作された番組を購入している。例えばデンマークの PSM はスウェーデン制作の犯罪シリーズを大量に購入している。商業放送制作の「刑事ヴァランダー」などが一例で、スウェーデンの PSM だけではなく商業放送からもコンテンツを購入している（DR、Steen Salomonson、2014 年 5 月 19 日の聞取り）。オランダの PSM はベルギー・フランドルの VRT 制作のコンテンツを買い、VRT はオランダ制作のコンテンツを買う。アイルランドの RTE はオーストラリアから買い付けている。「オーストラリアにはアイルランド系の人が多く、

ユーモアのセンスが似ている」とRTEのホランは回答した（2014年5月8日の聞取り）。これらの例は、前述した文化的近接性の重要さを再認識させるものである。

それとは反対に、フランスのコンテンツの場合は「文化的近接性」が仇になっており、欧州の西部と北部の文化圏にはアピールしにくいようである。最近、フランスのドラマシリーズの「レ・ルヴナン」が英米で賞を受賞し、同じくドラマシリーズ「ファルコ」がオランダのPSM組織NPOなどに購入されたが、NPOにとっては20年ぶりのフランスドラマの放送だった（NPOのHans Swarz and Mignon Huisman、2014年4月29日聞取り）。フランスのドラマコンテンツが成功しつつあるように見えるが、フランス制作の番組フォーマットは欧州の西部では受けがよくないらしい。とくにノンフィクション系コンテンツは「冗長でテンポがおそい」という印象が持たれているようである（VRT、Hilde Debackere、2014年4月1日の聞取り）。南欧、東欧制作のコンテンツにもこれは当てはまる。

購入の面での「文化多様性」を見ると、非英米系コンテンツの国際市場での購入は最近のドラマ人気に牽引されているようである。しかしそれでも、英米コンテンツと比較してその劣勢は顕著であり、南欧、東欧、アジアのコンテンツ輸出はあまり見ない。隣国からのコンテンツ流入さえも比較的まれである。聞取り調査を行った中で外国コンテンツについて明確な方針を持つPSMはデンマークのDRだけのようだった。「PSMが多様性を維持するのは非常に大切である。商業放送と番組編成がかぶることがあったとしても、各国をカバーするコンテンツを放送したいと思っている」とDRのステーン・サロモンソン（Steen Salomonson）はいう（2014年5月19日の聞取り）。最後に、アイルランドの例を出すと、アイルランドのRTEはカナダから多くの子ども番組を購入している。背景には、PSMと商業放送両方において子ども番組制作を積極的にサポートするカナダ政府の政策がある。カナダ政府の事例は、国際コンテンツ流通市場において政府が果たし得る役割を示しているといえる。

（6）コンテンツ流通市場における課題

現在のデジタル化されたメディア環境にあって、コンテンツの売り手と買い手はさまざまな変化を経験し、同時に、両者の関係は多くの課題に直面している。第一に、市場競争の激化である。広告放送による商業放送、有料テレビ事

業者、テレビ番組配給事業者とさまざまな参加者がコンテンツを求めてひしめき合い、PSM と競争しているのが現在の市場である。Netflix のような新規の競争者も登場し、広い地域にまたがってコンテンツを購入している。彼らの予算規模にほとんどの PSM は敵わない。結果として、PSM だけではなく、全般的に市場の買い手たちはコンテンツ買付けを急ぐようになってきた。コンテンツ完成以前に購入契約を結ぶケースがあるのはそのせいである（SVT、Steven Mowbray、2014 年 5 月 6 日の聞取り）。

　コンテンツ獲得競争は業界統合の波によってさらに激化している。英米の配給事業者が、イギリスと欧州で中小の配給事業者を買収しており、まさに「世界がますます小さくなってきている」（SVT、Steven Mowbray、2014 年 5 月 6 日、VRT、Hilde Debackere、2014 年 4 月 1 日の聞取り）。業界統合によって売り手市場化が進めば、相対的に立場が弱まる買い手側の契約条件が悪くなる。近年、独立系の売り手が登場しつつあることは好意的に評価されるべきであるが、デンマーク制作のテレビシリーズ「コペンハーゲン／首相の決断」や「THE KILLING ／キリング」、フランドル制作ドラマシリーズ「サラマンダー」、フランス制作ドラマ「レ・ルヴナン」とった非英米系コンテンツが近年買付け対象になったからといって、コンテンツ市場における構造的な英米支配が揺らいでいるわけではない。

　第二に、ドラマや映画を放送するに際してのリアルタイム型テレビ放送の硬直性が現在の視聴者に馴染まなくなってきてる事情がある。海外コンテンツが自国に届くのを待ちきれない視聴者の要望に応えるために、欧州の商業放送は米国のドラマシリーズや映画を本国初放送のわずか数日後に欧州で放送しようとし、そのために大金を出す。フランドルの商業局 2BE による「ホームランド」の放送はその一例だ。しかしほとんどの PSM 関係者は、公的資金で運営する組織としてそのような買付けは考えられないという。BBC と RTE は「イーストエンダーズ」を同時放送し、RTE は高視聴率を得ている。RTE の数字を見ると、リアルタイムでテレビ視聴を楽しむ習慣は現在も大きくは変わっていないともとれるが、RTE をはじめとするほとんどの PSM がキャッチアップテレビなどの新サービスに乗り出している。キャッチアップが追加収益源が生じない無料提供ならば、このような追加サービスの権利を取得することは可能である。しかしコンテンツ配給事業者に追加料金を払う場合もある。聞取り調査によると、米国メジャー企業は自社コンテンツ使用に関してすべてのサービス分

野で管理を徹底するつもりらしく、米国メジャーからのキャッチアップ権取得はほぼ不可能だということである（VRT、Hilde Debackere、2014年4月1日／NPO、Hans Swarz and Mignon Huisman、2014年4月29日／SVT、Steven Mowbray、2014年5月6日の聞取り）。こういった事情に加え、多様なサービスとは確固たるリアルタイム型の基盤があってこそうまくいくものであるという識者の意見も多かった。リアルタイム放送で人気を博したドラマシリーズが、例えばビデオ・オン・デマンドでも好評を得るといった例が多くある。スウェーデンにおける「ホームランド」の放送がこの道筋を辿った好例で、フランドルにおける「マッドメン」の放送はうまくいかなかった例である。

　第三に、サービス形態が拡大するにしても縮小するにしても、それがコンテンツの価格に影響してくる可能性を指摘したい。独占放送に疑問を呈することはほとんどなかったのだが、いくつかのPSMが「独占放送」なる放送形態の価値そのものに疑問を呈した。これほどデジタル化が浸透した環境で、「独占性」の意味とはいったい何か、ということである。これに関連して、例えば、BBCワールドワイドのようなコンテンツ配給事業者がテレビ配信業者と有料チャンネルでの配信契約を結んだ場合、リアルタイム用放送権の価格にどのように影響してくるのだろうか。

　EU諸国の中には母語を共有する大国の隣に位置する中小国が存在するが、彼らが抱える独特の課題にも言及したい。ドイツの隣のオーストリア、イギリスの隣のアイルランドといった国々は、特にアメリカのメジャーや大手配給事業者からコンテンツを購入する際、さらなる困難に直面している。英独の放送局が中小隣国に対して文化帝国主義的な振舞いをするのである。英独の放送局がそれぞれイギリス・アイルランド地域、ドイツ・オーストリア地域双方をカバーする独占放送権を購入するため、中小隣国の地元放送局は放送権を獲得できない。そして、大国の放送局が中小隣国に向けてもコンテンツを配信する。例えば、アイルランドには36ものイギリス系テレビチャンネルがある。この状況は広告市場にも影響してくる。いうまでもなく、コンテンツ売買においても広告獲得においても、商業放送、PSMを問わず、中小の放送局は隣の大国とは競争にならない。この状況で中小の苦境が深刻化すると、必然的にさらなる業界統合が進行することになる。

第8章　公共サービスメディアの理念と商業化　151

5 おわりに

テレビのコンテンツ流通市場においてBBCワールドワイドがどのような存在であるかを検証することが本論の目的であったが、結果として、BBCワールドワイドが民間の同業他社といささかも違わない視聴覚コンテンツ配給事業者である事実が示された。ただコンテンツの品揃えがPSM向けであるため、BBCワールドワイドはPSM組織にとって望ましい売り手であり、同様にBBCワールドワイドにとってPSM組織は望ましい顧客なのである。

BBCワールドワイドは、BBCとは別の組織体として業務を遂行しつつも、PSMとしてのBBCの付託任務範囲を守り、市場原則を遵守する、という義務を負っている。実際は、すべてのPSMが販売担当の商業部門を抱えているのが現状である。ここで疑問が生じる。PSMは、ユニバーサリティ（普遍性）、創造性、革新性、質の高さ、多様性といった価値観を前面に据える社会的役割を与えられている。この理念は商業活動と両立が可能なのであろうかという疑問である。BBCワールドワイドであれPSMの販売部門であれ、コンテンツ販売の利益が国内のコンテンツ制作に回り、それがPSMの創造性や質の高さに寄与するであろうことは確かである。しかしながら、国際コンテンツ流通市場の力学に圧倒され、ペイ・パー・ビューや月極め有料放送で初放送されるコンテンツが増え、ユニバーサリティが減少している。また、購入対象になるコンテンツがドラマ中心で、イギリス制作のコンテンツの場合は「いかにも英国的な」ドラマが好まれ、真の創造性が低下している。文化の多様性も弱まっている。北欧ドラマの好評にかかわらず、購入番組が相変わらず英米作品に集中していることをほとんどのPSM関係者が証言している。さらに、質も低下する可能性がある。例えば、BBCは世界的人気シリーズをPSMコンテンツとしての品質基準を満たしていないとの理由で制作を取り止めることができるであろうか。

現状としては、配給事業者としてのBBCワールドワイドの活動が、欧州における視聴覚コンテンツ業界の一層の文化的画一化に一役買っているように映るのである。欧州PSMは逼迫した予算の下でさまざまな監視や制約を受けながら業務を行っている。国内制作番組はPSMの特色であり、その文化的親近感により視聴者に愛されてきた重要なサービスであるが、PSMがこの先ますます海外からの安いコンテンツに依存するようになった場合、国内コンテンツ

152　第Ⅱ部　公共サービスメディア論の視点

の質の低下が起こる可能性もある。

　こうした議論は、コンテンツ流通市場とその中でのPSMの役割に対する根本的な批判ととられるかもしれない。ほとんどのPSMは真摯に公共の利益を考えつつコンテンツの買付けを行っている。しかし一方で、PSMが国際市場の力学に翻弄されているのも事実なのである。国際コンテンツ流通市場は構造的な次元において、PSMにとって決して「フレンドリー」な場所ではない。アイルランドとオーストリアのPSM関係者は、大きな隣国相手であるイギリスとドイツとの競争で常に苦境を強いられる自分たちの現状を語っている。さらに、PSMは国内市場に活動を狭められ、垂直統合と水平統合により勢力を増す競合他社によって市場で追い詰められる立場になっている。そしてこうした新たな市場環境はオンデマンドやOTT型配信といった代替的なコンテンツ配信に次第に有利になってきているのである。

　聞取り調査を通して、欧州のPSMが「現状にどうにか対処しようとしている」様子が如実にうかがえたが、「どうにか対処する」で果たして十分なのだろうかという疑問が湧いた。PSMは、国際市場における視聴覚コンテンツの市場商品化にもっと積極的に抵抗すべきなのではないか。PSMの存在自体が、社会においてメディアが果たす役割の重要さの表明でもある。つまり「メディア生産物は他の商品とは本質的に異なる。それは、単なる消費財を超えた生産物である、というだけでなく、メディア生産物が人間を『作り上げる』という理由において」である（O'Siochru 2004）。このメディア観は、今後、PSMがコンテンツ制作やコンテンツ購入の際にPSMならではの理念を追求する上で、よき根拠になるのではないだろうか。商業活動を別組織に委託し、あるいは購入部門を別個に設立して対処するよりも、共通の理念をさらに模索する必要性があるのではないだろうか。これこそが、PSMが将来的に果たす社会的役割を維持するために、最も有効な長期戦略だと思われる。

謝辞

執筆者一同は、本章のリサーチに快くご協力くださったすべての方々に感謝の意を表したい。ご協力くださった方々から国際コンテンツ流通市場に関する知識や洞察をいただき、とくに、公共放送が直面する新たな課題を数多くご指摘いただいた。またブリュッセル自由大学（Vrije Universiteit Brusse）のヤン・オイセン（Jan Loisen）博士より貴重な知見をいただいたことに感謝する。また、本章のリサーチはアントワープ大学（UA-GOA 28311）の助成金により行われたことをここに明記する。

1) http://www.bbcworldwide.com/about-us.aspx, as on 18 December 2013。

2) 同上。

3) フランドルとバスク州は国ではなく地域であるが、文化やメディア部門において広い範囲で独自の文化施設を有している。フランドルとオランダの PSM 関係者の談話はオランダ語の発言から引用し、これを翻訳して用いた。フィンランドとオーストリアの PSM 局関係者の聞き取り調査は現在計画中である。

4) 聞取り調査に応じた識者は以下の通り。NPO の Hans Swarz と Mignon Huisman、DR の Steen Salomonson、RTE の Dermot Horan、VRT の Hilde Debackere、バスク州 PSM の Jesus M. Higuere。全員が聞取り調査の段階で PSM 買付け部門の上級スタッフである。

5) 識者聞取り調査方法の詳細については Kvale（1996）、Goldstein（2002）、Schmidt（2004）、Dorussen その他（2005）、などを参照のこと。

6) オランダの数字は EBU の比較調査データに含まれていないため、NPO 関係者による推定の数字を使用した。

引用・参照文献

Banarjee, I. (2003) "Cultural Autonomy and Globalization," in Goonasekera, A, Hamelink, C. and Iyer, V. (eds.) *Cultural rights in a global world,* 57–79. New York: Eastern Universities Press.

BBC WW (2013a) BBC Worldwide Annual Review 2012/2013. http://www.bbcworldwide.com/annual-review/annual-review-2013/strategy/1-drive-digital-growth.aspx.

BBC WW (2013b) BBC Worldwide Annual Report and Financial Statements 2012/13. http://www.bbcworldwide.com/annual-review/annual-review-2013/strategy/1-drive-digital-growth.aspx.

Biltereyst, D. and Meers, P. (2000) "The International Telenovela Debate and The Contra-flow Argument: A Reappraisal," in *Media Culture & Society* 22: 393ff.

Bondebjerg, I. (2001) "European Media, Cultural Integration and Globalisation," *Nordicom Review* 21(1): 53–65.

Born, G. (2004) *Uncertain Vision: Birt, Dyke and the Reinvention of the BBC.* London: Vintage.

Boyd-Barret, O. (1977) "Media Imperialism: Towards an International Framework for the Analysis of Media Systems". in Curran, J., Gurevitch, M. and Woollacott, J. (eds.) *Mass Communication and Society.* London: Edward Arnold: 116–136.

Boyd-Barrett, O. (1980) *The International News Agencies.* London: Constable.

Budden, R. (2013) *BBC Worldwide Plans to Boost Investment by £30m.* 18 October, Retrieved 18 December, http://www.ft.com/cms/s/0/e728ff20-37e5-11e3-8668-00144feab7de. html#axzz2nqk4o7QQ.

De Bens, E. and de Smaele, H. (2001) "The Inflow of American Television Fiction on European Broadcasting Channels Revisited," *European Journal of Communication* 16(1): 51–76.

De Sola Pool, I. (1977) "The Changing Flow of Television," *Journal of Communication* 27(2): 139–49.

Donders, K. (2012) *Public Service Media and Policy in Europe.* London: Palgrave.

Dorussen, H., Lenz, H., and S. Blavoukos (2005) "Assessing the Realibility and Validity of Expert Interviews," in *European Union Politics* 6: 315–337.

EAO (2013) *2013 Yearbook, Volume 2: Television, Cinema, Video and On-demand Audiovisual Services – The Pan-European Picture.* Strasbourg: Council of Europe European Audiovisual Observatory.

Fuchs. C. (2010) "New Imperialism: Information and Media Imperialism?," *Global Media and Communication* 6(1): 33–60.

Goldstein, K. (2002) "Getting in the Door: Sampling and Completing Elite Interviews," *Political Science and Politics* 35(4): 669–672.

Gripsrud, J. (2004) "Broadcast Television: The Chances of its Survival in a Digital Age," in L. Spiegel and J. Olsson (eds.) *Television After TV.* Durham: Duke University Press: 210–223.

Hannerz, U. (1992) *Cultural Complexity.* New York: Columbia University Press.

Hendy, D. (2013) *Public Service Broadcasting.* New York: Palgrave Macmillan.

Hopper, P. (2007) *Understanding Cultural Globalization.* Cambridge: Polity Press.

Katz, E. and P. Scannell (eds.) (2009) *The End of Television?: Its Impact on the World (So Far), The Annals of the American Academy of Political and Social Science.* Sage Publications: 625.

Kvale, S. (1996) *Interviews: An Introduction to Qualitative Research Interviews.* London: Sage Publications.

Lange, A. (2014) "Convergence and the Diversity of European Television Systems" Donders, K., Pauwels, C., and Loisen, J. (eds.), *Handbook of European Media Policy.* Basingstoke: Palgrave Macmillan: 257–296.

Lotz, A. (2007) *The Television Will Be Revolutionized.* New York and London: New York University Press.

Mjøs, O.J. (2011) "Marriage of Convenience? Public Service Broadcasters' Cross-national Partnerships in Factual Television," *International Communication Gazette* 73(3): 181–197.

Morley, D. (2006) "Globalisation and Cultural Imperialism Re-considered: Old Questions in New Guises" in Curran, J. and Morley, D. (eds), *Media and Cultural Theory.* Abingdon: Routledge: 30–43.

Mosco, V. (1996) *The Political Economy of Communication: Rethinking and Renewal.* London: Sage Publications.

Nordenstreng, K. (2013) "How the New World Order and Imperialism Challenge Media Studies," *Triple C* 11(2): 348–358.

Nordenstreng, K. and Varis, T. (1974) *Television Traffic: A One Way Street.* Paris: Unesco.

Olsson, J. and Lynn Spiegel (eds.) (2004) *Television after TV: Essays on a Medium in Transition.* Durham, NC.: Duke University Press.

O'Siochru, S. (2004) "Social Consequences of the Globalization of the Media and Communication Sector: Some Strategic Considerations," Working paper No. 36, Geneva: International Labour Office.

Pinon, J. (2014) "A Multilayered Transnational Television Industry: The Case of Latin America," in

International Communication Gazette 76(3): 211–236.

Plunkett, John (2013, 7 November) *BBC's Loss-making Lonely Planet Deal under Fire.* Retrieved, 18 December 2013, http://www.theguardian.com/media/2013/nov/07/bbc-loss-lonely-planet-deal-travel-guide.

Scannell, P. and Cardiff, D. (1991) *A Social History of British Broadcasting, Volume One 1922–1939: Serving the Nation.* Cambridge: Basil Blackwell.

Schiller, H.I. (1976) *Communication and Cultural Domination.* New York: Internationa Arts and Sciences Press.

Schmidt, C. (2004) "The Analysis of Semi-structured Interviews," in Flick, U., von Kardoff, E., and I. Steinke (eds), *A Companion to Qualitative Research.* London: Sage Publications: 253–258.

Spada, C. (2002) "European Original Fiction: A National Resource and Different Ways of Self-Representation," *Canadian Journal of Communication* 2 (2): 197–210.

Straubhaar, J.D. (1991) "Beyond Media Imperialism: Assymetrical Interdependence and Cultural Proximity," *Critical Studies in Mass Communication* 8(1): 39–59.

Straubhaar, J.D. (2003). "Choosing National TV: Cultural Capital, Language, and Cultural Proximity in Brazil," in: Elasmar, M.G. (eds.) *The Impact of International Television: A Paradigm Shift.* Mahwah, NJ: Lawrence Erlbaum Associates: 77–110.

Straubhaar, J.D. (2014) "Mapping 'Global' in Global Communication and Media Studies," in Wilkins, K.G., Straubhaar, J.D., and Kumar, S. (eds), *Global Communication: New Agendas in Communication.* London: Routledge: 10–34.

Thussu, D.K. (2005) "From MacBride to Murdoch: The Marketisation of Global Communication," *Javnost The Public* 12(3): 47–60.

Thussu, D.K. (ed.)(2007) *Media on The Move: Global Flow and Contra-flow.* London: Routledge.

Tomlinson, J. (1999) *Globalisation and Culture.* Oxford: Polity Press.

Tracey, Michael (1998) *The Decline and Fall of Public Service Broadcasting.* Oxford: Oxford University Press.

Varis, T. (1985) *International Flow of Television Programmes. Reports and Papers on Mass Communication.* Paris: Unesco.

Van den Bulck, H. (2001) "Public Service Broadcasting and National Identity as a Project of Modernity," *Media, Culture and Society* 23 (1): 53–69.

Van den Bulck, H. (2009) "The Last Yet Also the First Creative Act in Television? An Historical Analysis of PSB Scheduling Strategies and Tactics," *Media History* 15 (3): 321–344.

Van den Bulck, H. and Sinardet, D. (2007) "Naar een publieke omroep voor de 21ste eeuw: het VRT model versus het RTBF model: twee kanten van eenzelfde medaille?," *Tijdschrift voor communicatiewetenschap* 35 (1): 59–78.

Van Poecke, L. and Van den Bulck, H. (1994) *Culturele Globalisering en Lokale Identiteit: Amerikanisering van de Europese Media.* Leuven: Garant. [Cultural Globalisation and Local Identity: Americanisation of European Media].

Wayne, M. (2003) *Marxism and Media Studies: Key Concepts and Contemporary Trends.* London:

Pluto Press.

第Ⅲ部

メディアの公共性と
公共放送のゆくえ

第9章　　　　　　　　　　　新興国の公共放送
——タイ公共放送の成立をめぐって

パラポン・ロドライドォ

1　はじめに

　タイにおける公共放送は2008年1月15日にタイPBS（Thai Public Broadcasting Service）の1チャンネルでテレビ放送を開始した[1]。

　タイ初の公共放送タイPBSの設立を可能にしたのは、タクシン・チナワット（Thaksin Shinawatra）首相をクーデターで退けたスラユット・チュラーノン（Surayut Chulanond）暫定政権が2006年に成立し、社会的、政治的環境がまず醸成されていたからである。タイPBSは、タクシン首相（当時）のファミリー企業が所有するITVを廃止し、公共放送へと改組することで誕生した。タイのテレビ放送は数十年の歴史を持つが、その間公共放送が設立されることはなかった。タイのテレビ業界はまず国営放送から始まり、次に商業放送が開始され、この両者が競合する状態が続いていた。タイはラジオ放送の歴史が長く、後年テレビが登場したが、ラジオ放送は約80年の歴史を持っている。メディア産業におけるその長い歴史の中でさまざまな変化があったが、タイ社会が国営放送の影響を最初に受け、その次に商業放送の影響を受けるといった状況は変化していない。まず公共放送テレビ局が誕生してテレビ業界の牽引役となり、その後で商業放送テレビが続いた欧州のテレビ放送史とは対照的である。

　過去数十年、商業メディアと国営メディアが支配的な位置を占め、影響力を持ってきたタイには、公共放送が必要とする専門的な水準を保ち、公共放送理念を遵守し、政府から独立した放送局が存在しなかった。タイPBSが誕生したのはその必要性に対応するためである。タイにおける公共放送の創設にあたって、イギリスのBBCや日本のNHKをモデルとしつつ、タイ社会に適した公共放送モデルが構想された[2]。その特徴とは、市民の参画によって市民社

161

会の向上を促進させることを目的に定めていることである。本章では、タイPBSの目的と制度的枠組みをふまえたうえで、タイPBSの基盤となった市民参加モデルとその実践を明らかにし、評価を試みる。

2 タイPBSの目的と組織運営

タイPBSの使命とは何か。2008年に発行した「タイ公共放送サービス法」は、目的を次のように定めている[3]。

(1) 社会的発展、生活の質、"タイらしさ"という道徳を支えるようなラジオやテレビ番組を放送する

(2) 市民に向けて、政治的偏向を持たず、商業的利益を追求せず、公共の利益を着実に実行するような質の高いニュース、教育、娯楽番組を適切にバランスよく制作する

(3) 情報やその他のサービスを通じて公衆が知識を身につけることによって、グローバルなレベルで生じるさまざまな変化を国内、あるいは地域内の利益という観点から理解できるようにする

(4) 情報の自由を促進し、人々が等しくそうした情報にアクセスできるような民主主義社会を建設する

(5) 公共の利益にかなうタイPBSの方向性を決定することに、人々が直接的・間接的に参加することを奨励する

(6) 公共的活動を支援する

こうした使命を果たすために、タイPBSが提供する番組は次のような特徴や価値を持つことが、公共放送サービス法で定められている。すなわち、(1)ニュースは、公正・正確で、最新であること、(2) あらゆる公的な争点については、議論や正確なデータに基づく説明を通じて多様な観点を提供し、公衆の参加を促すこと、(3) 生活の質を向上させる手助けとなる番組、教育や子ども・若者向けの知識を促進するような番組を、視聴者にとって適切な時間に放送すること、等である[4]。

タイPBSのガバナンスは、外部有識者による経営委員会が最高意思決定機関であるという点で、先行した諸外国の公共放送と同様のシステムをとる。そして、経営委員会がタイPBSの執行部会長と執行役員によって策定される政

162　第Ⅲ部　メディアの公共性と公共放送のゆくえ

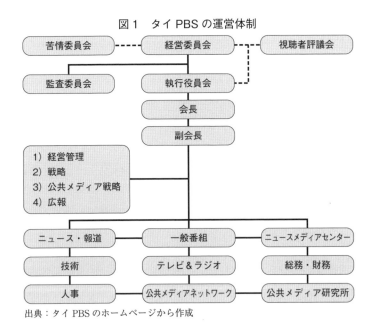

図1 タイPBSの運営体制

出典：タイPBSのホームページから作成

策と実践を規制・監督している（図1「タイPBSの運営体制」を参照）。しかし、先行した諸外国の公共放送の監督機関のメンバーは、政府が選考し任命することが一般的だが、タイPBSの経営委員の選考は制度上、プレス、ジャーナリズム、非営利団体組織、青少年／消費者／障害者保護、環境問題や法曹、首相官邸など多様な利益代表15人で構成される選出委員会が責任を持ち、独立性・透明性のある選出方法によって任命される。

こうして、タイの放送に公共放送が加わることによって、タイ国民の選択の幅が広がった。2008年にタイPBS初の執行役員会が直面した課題の一つは、何より、タイPBSに向けられた視聴者の期待を裏切らないことであり、彼らの使命は、創造的力を集結し、タイに公共放送の文化と伝統を確立することだった。視聴者に公共放送の理念を理解してもらうことも重要な務めであった。

3 タイPBSの基盤と市民参加モデル

タイPBSは、公共放送サービス（PBS）として他の形態の放送局よりも多くの役割を与えられている。先述のように、それは視聴者にニュースを伝え、知

第9章 新興国の公共放送 163

識を提供し、有用なコンテンツを放送することにより、社会を望ましい方向に変えていくという役割である。そのために公衆の参加を促進し、その関心を喚起していかねばならない。市民社会からの参加を促し、創造的な番組を編成して多様性を向上させるという使命を帯びているという点で、タイ PBS は独特の存在である。タイ PBS は、組織に所属しない多くの独立系プロデューサーが活動の拠点としており、市民ジャーナリストのための時間帯も確保されている。市民ジャーナリストたちは国内のさまざまな地域を代表し、それらの地域の問題を報道している。このように、タイ PBS の政策の中心は、市民社会に直接的、間接的に関与し、番組を制作することであり、この方針のもと、視聴者評議会が 2008 年 11 月に正式に設置され、多様な団体から識者の意見を聞き、その見解を番組編成や番組制作に反映している。

　2008 年初頭以来、タイ PBS は公共放送としての基盤を形成するために、次のような市民参加モデルを採用した。この参加モデルは、五つの段階と形態に区分される。

　　①集合的検討と設立の段階：検討過程における参加、設立過程における参加
　　②集合的開発と学習の段階：開発を通じた参加、学習を通じた参加
　　③コンテンツの集合的な制作の段階：実践を通じた参加、制作を通じた参加
　　④集合的な受益の段階：受益を通じた参加
　　⑤集合的な所有の段階：所有を通じたタイ PBS の維持

　このタイ PBS の市民参加モデルは、まず 2008 年 3 月から 4 月にかけて開催された地域フォーラムから始まった。開発を通じた参加と学習を通じた参加によって、タイ PBS は方向性を確立することができた。そしてそれが実践を通じた参加と制作を通じた参加に結びついた。

　開発を通じた参加と学習を通じた参加にはタイ PBS に対する監督、検証、批評、提案、苦情なども含まれている。第二段階では、視聴者評議会、「公共メディア友の会」（"Friends of Public Media"、タイ語で Puen Seur Satarana）、地域社会、市民団体などが関与してくる。第三段階においては、市民ジャーナリストと独立系プロデューサーが役割を果たす。第四の受益を通じた参加とは、質が高く、創造性と倫理水準を保ったメディア組織の存在によって公衆全体が恩恵を受けるということである。第五の所有を通じた参加とは、タイ PBS を維持し、保

164　第Ⅲ部　メディアの公共性と公共放送のゆくえ

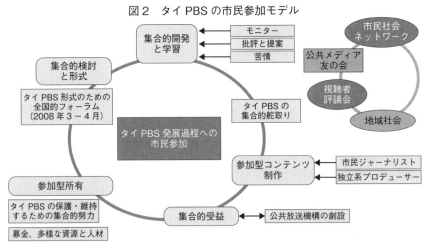

図2　タイPBSの市民参加モデル

出典：タイPBS業務報告書（2008）

護し、そのための財源を求めることである。

　タイPBSの視聴者であると同時に積極的に市民活動を行っている人々は、高い公共意識を持っており、コミュニケーションの重要性を熟知している。こういった人々はタイPBSを通して地域社会の諸問題を検討する役割も果たしている。このような能動的な市民の集団の中に市民ジャーナリストも含まれている。

　市民ジャーナリズムが根づき何十年もの活動歴を持っている国は多くある。それらの国では能動的な市民を中心として学習グループなどが組織されている。こういった活動が根づくには、ネットワークの形成、献身的で活動的な市民の存在が重要になってくる。単なる視聴者、消費者の立場を離れ、参画者として活動するための学習も必要となる。タイPBSは、社会のすべての層からの参加を促すことによって平等で民主的な社会を築くための一助となっている。人々が受ける恩恵を政策の中心に据えて、文化的多様性や必要性に考慮した番組作りに取り組んでいる。市民ジャーナリストは多岐にわたる。子どもたち、若者、教師、大学教員、学識経験者、NGOメンバー、労働者、農業従事者、身体障害者、民族グループ、漁業従事者などを含んでいる。こういった人々がプロのジャーナリストと協力体制を築いて報道にあたっている。

　タイPBSの任務を遂行する上で、市民ジャーナリストの存在と同様に、タ

イ PBS の運営にとって重要な役割を担っているのが視聴者評議会である。タイの公共放送理念の中心には公衆の参加が据えられており、放送局の運営に公衆が直接的、間接的に関与していくことが重要であると考えられている。それを通じて、真の意味でタイ PBS は人民の、人民による、人民のための放送局になるのである。

視聴者評議会は 2008 年のタイ PBS 法に基づいて設置された。ヒアリングやフォーラムを開催して視聴者からのフィードバックを審議する機能を持ち、タイ PBS と協力関係にある。視聴者評議会からのアドバイスを参考にし、タイ PBS はサービスやコンテンツ開発にあたって公衆および社会のニーズを反映すべく努力をしている。タイ PBS には公共放送として遵守すべき中核の価値観がある。それは、公正、公共精神、多方面にわたりバランスのとれた正確な情報の提供である。また、地域問題を念頭に入れ、文化やエスニシティの多様性に考慮してコミュニティのための報道を行うことである。

民主主義を発展させ、消費主義を助長するのではなくシティズンシップの概念を促進することもまたタイ PBS の使命である。アジェンダを提起し、諸集団や社会の意識を向上させるために公衆は必要な情報に通じ、社会に参加していく必要がある。そしてお互いに関与しつつ発展していくべきなのである。

4 タイ PBS モデルの運営と成功

本章では、市民社会を強化するタイ PBS の二つのメカニズムに注目する。すなわち、視聴者評議会と市民ジャーナリストによるニュース制作のような TV 番組コンテンツ制作への能動的な市民の寄与である。

(1) 視聴者評議会およびその「公共メディア友の会」への拡大、そして、(2)「TV Jor Nuer」（北部 17 県（province）に向けた放送）への市民ジャーナリズムの参加は、それぞれタイ PBS をよりよいものにするために二つの市民参加メカニズムの具体的な活動として立ち現れたものである。視聴者評議会は広範な公衆の意見を集約するための内部メカニズムであり、市民ジャーナリズムは、放送初期段階において視聴者がタイ PBS に求める参加の形を体現している外部メカニズムである。視聴者参加というアイデアが視聴者評議会へと発展し、それがさらに拡大して「公共メディア友の会」が形成され、「TV Jor Nuer」に見られるようなコンテンツ制作における市民参加に結実していったのである。

そこで、視聴者評議会とその拡充形である「公共メディア友の会」について見ていきたい。「公共メディア友の会」とは、タイ PBS がサービス向上のために、有識者や市民ジャーナリストだけでなく、コミニュティ各層の構成員が参画できるように組織したネットワークである。この二つのメカニズムを理解するにはそれぞれの組織の発足当初から見ていく必要がある。

　市民社会強化活動は、視聴者評議会によって地域レベルと県レベルで進められてきた。視聴者評議会は、「公共メディア友の会」と連携する連絡員の協力を得て、何度も地域フォーラムを開催してきた。連絡員となる人々は、タイ PBS がターゲットとする 16 の団体や共同グループの所属メンバーでもある。

　「公共メディア友の会」の拡大活動は、地域フォーラムの開催とともに始まった。地域フォーラムは市民団体に公共メディアの理念を普及させるために組織された。同時に、2009 年後半から県レベルで拡大キャンペーンを行うにあたってターゲットとなるコミニュティ、団体、中心となる連絡員が確認された。ここで強調したいのは、市民社会を強化することの重要性については既に了解されていたということである。「公共メディア友の会」の拡充の際に架け橋となった協同ネットワークや市民団体は、それ以前から地域ないし全国レベルで積極的に活動してきており、民衆組織（people's organization, POs）、非政府組織（non-government organization, NGOs）、政府組織（government organization, GOs）と連携して社会に貢献してきた。

　海外においても視聴者評議会や公共放送の後援組織は存在する。これらのメカニズムは市民団体の声を反映して公共放送のコンテンツを開発・改善していく上で重要な機能を持っている。しかし各国で微妙な違いがあり、発足時の中心理念がそれぞれのモデルごとに異なっている。タイのそれは新しいものであり、タイの国情に沿って構築されたタイ独特のモデルである。タイ PBS 法に基づき、タイ PBS の運営財源として物品税［訳注：酒税とたばこ税］収入から 20 億バーツの資金が予算として充当され、そのうち 1％が視聴者評議会に割り当てられる。視聴者評議会の立ち上げ時の目標は、既存の市民組織を基盤としたタイ PBS を支える市民ネットワークの拡充であった。当初から公共放送のタイ・モデルは市民社会の強化を中心理念に据えていたのである。経営委員会、執行役員会の初期メンバーに市民団体から数人が選出されたのもこの理念に沿ったものだった。

第 9 章　新興国の公共放送　167

5 「公共メディア友の会」の拡大

タイ PBS 視聴者評議会と「公共メディア友の会」の拡大は、評議会が設定した目標と照らして「成功」とみなされている。その目標と評価は以下である。

① 九つの地域全体で「公共メディア友の会」を 4,500 名かそれ以上まで拡大する。あるいは、県ごとに 500 名のメンバーを募る。
　　そのために、2009 年中に数カ月にわたって各県でフォーラムを開催し、連携可能な市民団体、連絡員を確認する。
② タイ PBS 経営委員会から割り当てられた予算を効率よく使う。
　　視聴者評議会、国民議会を観察し、役員や政策委員と会合を持ち、フォーラムを見学した限り、この目標は達成されているようだ。しかし予算不足に言及する評議員も何人かいた。

　視聴者評議会の強みの一つに構成メンバーの経歴の多様性がある。それぞれのメンバーの多様な専門知識を持ちよることによって評議会全体の機能を高めることができる。中には市民社会開発・強化の領域で経験を積んできたメンバーも存在する。2009 年現在、さらなるパフォーマンス向上を目指し、次期メンバー選出の方法を改善すべく話し合いが重ねられている。

　一方、現在の視聴者評議会には、改善の余地がある。公聴会やフォーラムをより効率的に開催するためにコミュニケーション専門のスキルを持ったメンバーが必要である。国民に対してタイ PBS という概念を噛み砕いて説明するのに苦労するメンバーも見かける。今後開催の一連のフォーラムに向けて、運営改善や期待値の調整などとともにコミュニケーション上の訓練が必要と思われる。加えて、フォーラムから得たデータを体系的に整理するためには視聴者評議会の運営チームにアカデミズム出身のメンバーが必要である。フォーラム開催後も問題点が不明確であったり、あるいは執行役員会や政策立案担当者に対する注文が不十分である場合もある。この点に対処するには、アカデミズム出身メンバーを招いて運営チームを強化する必要がある。

　視聴者参加の進展については、タイ PBS が採用する参加モデルに沿って順調に進んでいる。公衆の参加を目指す視聴者評議会の仕事は成功であるといえる。しかし最終的なゴールは「所有を通じた参加」である。このレベルを達成

するには視聴者評議会はさらに「公共メディア友の会」のメンバーを増やす必要があり、タイPBS改善に向けて彼らの参加を強化し、そのフィードバックを活用していくべきである。制作者、代表者、そしてタイPBSの声として「公共メディア友の会」のメンバーの存在感を高めるのである。そして、これはフォーラム参加者や視聴者評議会も同意することであるが、「公共メディア友の会」のネットワークを地域レベル、県レベル、さらには村落レベルまで根づかせていく必要がある。

　以上のことを達成するには、情報センターを設置して、情報、フィードバック、アイデアなどを体系的に収集、分析、改善する必要があるかもしれない。集められた情報を整理して特定の場所に保管しておくのである。人々の参加を奨励する上でも、タイPBSへの理解を推進する上でも、地方における情報収集施設は活動拠点として活用できる。同時に、人々の参加レベルを深化させ、公共意識を高める効果も望める。こういった施設設置や運営システム上の効率化が実現すれば、次期の視聴者評議会は市民参加レベルを「所有を通じた参加」という最高到達点まで高めることができるかもしれない。「公共メディア友の会」のメンバーの多くが、タイPBSは自分たちが所有するメディアであることを願っている。

6　「TV Jor Nuer」の経験

　市民は具体的な行動によって社会参加する時こそより大きな力を発揮する。テレビ放送という分野にあてはめるならば、ニュース報道、情報伝達、自分たちのコミュニティや地域についてのドキュメンタリーを制作するなどの参加行動が市民意識を向上させる。市民ジャーナリズムはまさにその好例で、タイPBSの北部向け放送「TV Jor Nuer」の制作・改善における地域住民の活躍は着目に値する。

　「TV Jor Nuer」は、2009年11月に放送が開始され、毎週土曜日午前11時から12時まで放送される定時番組である。この番組の制作にあたっては、タイPBSの地方報道センター、タイPBSのバンコク報道スタッフ、市民ジャーナリストによるデスクを含むタイPBS市民メディアネットワーク部門、北部地域の市民グループ、その他の団体が参加している。番組コンテンツ制作における市民参加者の貢献もまたタイにおける一つの実験である。視聴者兼市民参加

第9章　新興国の公共放送　169

者が100％制作したコンテンツではないが、舞台裏での市民参加者たちの貢献は大きい。彼らの多くが、「TV Jor Nuer」制作チームに加わる以前にはNGOやPOの開発活動に何年も関わった経験を持っている。こうした高いレベルでの視聴者参加は、公共放送サービス組織としてタイPBSがその参加モデルの中で奨励するものである。

　番組制作を通じた市民参加の始まりはタイPBSの夕方の番組に市民ジャーナリストを活用したことだった。その後、「TV Jor Nuer」の準備と立ち上げが始まった。「TV Jor Nuer」が誕生するまでにはその背景に市民社会グループの何カ月もの仕事があり、タイPBSスタッフ、制作チーム、「公共メディア友の会」、北部の大学、北部を拠点とするメディア組織やその他の団体によるさまざまな形での協力が存在する。市民グループや市民ネットワークがそれぞれのメンバーから共同制作チーム参加者を任命し、任命を受けた人々は北部地域でのタイPBSその他の団体とのスタッフミーティングに参加する運びとなった。彼らが参加した企画開発チームとのミーティングは北部地域と中北部地域の2つのチームに分けて進行した。その後、参加者たちは「TV Jor Nuer」のコンテンツ制作協力者として市民ジャーナリズム養成セッションを受講し、初歩的なコンテンツ制作者としてのトレーニングを経験した。トレーニング後、参加者の多くが自分たちの取材レポートをまとめてバンコクのタイPBS市民ジャーナリストデスクに提出し修正を受けた。

　市民参加者によるコンテンツは「TV Jor Nuer」の中心的部分を成している。同時に、市民参加者たちはタイPBS報道チーム、タイPBS市民社会部門のスタッフ、北部地域報道センターの協力に支えられている。

　市民ジャーナリストの活用は、タイ固有の制度ではないが、「TV Jor Nuer」の市民参加モデルはタイ独特のものである。タイ独特といえるのは、コンテンツ制作における市民の参加と貢献の度合い、そしてそれが参加者と関係者のネットワークによって成立している点である。各市民グループ、タイPBS側の開発チーム、報道部、タイPBSバンコクならびに北部地域の市民社会担当スタッフ、その他の団体が市民ジャーナリストたちの参加と貢献を支えているのである。

7 市民意識と「TV Jor Nuer」

　市民とは（「活動的な市民」とタイPBSは呼んでいる）公共意識が明確で、有意義な行動を通して社会に参加する機会を持ち、公共空間を効果的に拡大させ、地域問題を全国的な関心にまで高めることができる人々のことである。

　タイPBSの参加モデルによると、視聴者がメディアを自分の所有物と感じ、制作に対して参加意識を持つことが目標として掲げられているが、このモデルでは市民ジャーナリズムは市民参加の一形態としか捉えられていない。しかし「TV Jor Nuer」において行われている市民参加は、モデルが示すよりも多様でレベルが高いものである。このレベルが可能になったのは「TV Jor Nuer」が共同制作番組であるためである。共同制作者の中にはタイPBSの北部地域報道センター、タイPBSのバンコク報道スタッフ、市民グループのメンバーたち、学識者、そして市民社会ネットワークが含まれる。

　スクリーン上でも、その舞台裏でも、公共空間は具体的な形で生まれるものである。「TV Jor Nuer」プロジェクトはまだ始まったばかりで、評価が定まるのは視聴者やメディア関係者に一定期間視聴されてからだが、プロジェクト参加者たちは高い期待感を持ち、これは自分たちの番組であるという強い意識を持っている。公共性、時間、市民制作という点で現状以上のレベルを望む声が多くあったが、タイPBS側のチームによると、編集制作にこれまで以上に関わるには市民グループはまずスキルを磨く必要があるとのことだった。初期段階ではコーチングが必要なだけではなく、2009年現在も週1回のコンテンツ制作とコンテンツ改善に手助けが必要な状態とのことである。市民グループを助けているのは北部地域報道センター、タイPBSのバンコク報道スタッフ、バンコクの市民ジャーナリストデスクである。当然のことながら、こういった形での市民参加は番組の大きな特徴となっており、タイPBSが他の商業メディアと一線を画す証左として見られている。市民ジャーナリスト提供のコンテンツは他国でも見られるが、一つのテレビ番組の中心的コンテンツとして扱われることなく、全国放送でタイPBSの市民報道のように大きな公共的価値を与えられることもない。これが可能になったのは、タイPBSの市民兼視聴者たちの公共意識がもともと高かったということでもあるのだが、その意識はさらに高まっている。ネットワーク作りの機会が増え、水資源など天然資源の問題を扱う番組制作に関わることにより、社会全体の福祉に対する関心がより高

まっている。

このように、自分たちが抱える問題について学ぶことにより共感能力を獲得し、問題を共有する意識も高まる。同時に、他の地域から学ぶことにより同様の問題に対処する術を学ぶことができる。「TV Jor Nuer」によって北部地域のアイデンティティ、文化意識、地域としての自意識が高まったと多くの人が語っている。コンテンツ制作に直接関わった経験がプライドを生み、自分たちの番組であるという意識が強化される。

8　おわりに

タイの視聴者の「公共意識」は発展途上であり、今後、政変や社会的変化によってタイ国民の意見が変化する可能性もあり、将来的にタイ PBS を存続させること自体が大きな課題になってくる。よって「公共メディア友の会」の存在は重要である。タイ PBS 存続の可能性は、彼らがタイ PBS を自分たちのテレビ局だと感じてくれるかどうかにかかっている。「公共メディア友の会」のメンバーが「我らの」テレビ局を外部で起こる問題から守ってくれれば、公共放送サービス設立プロジェクトの未来が保障される。

さらに、市民社会グループのネットワークや参加活動の方法にもタイ独特のものがある。アジア諸国やその他の国と比較しても、タイにおける市民社会ネットワークの力や問題提起力は高いといえる。これは世界各国で開催されてきた市民グループの国際会議などからも見てとれる。アジアには国家重鎮の前では市民グループが自由に発言できない国もあるが、タイではそうではない。調査によって明らかになったのは、タイにおける市民グループのネットワーク力とその社会的効果である。タイ PBS は市民社会向上をその政策目標に掲げ、市民参加モデルを提示し、視聴者評議会や「公共メディア友の会」との連携を通して政策を実行に移している。タイ各地の市民グループが、タイ PBS 設立の遥か前から活発に動いてきたことも調査によって明らかになった。公共放送と独立系市民グループとの間の連携モデルはタイ独特のものである。しかし今後この協働関係が持続可能か、そして、どこまで発展するかは未知数である。

タイ PBS の参加モデルでは、視聴者全員がタイ PBS に対して所有者としての意識を持つことが究極の目標として設定されている。視聴者評議会や「TV Jor Nuer」を見ると、目標達成に向けて正しい方向に活動がなされていること

172　第Ⅲ部　メディアの公共性と公共放送のゆくえ

が分かる。タイ PBS から適切な資金を充当され、視聴者評議会とその延長である「公共メディア友の会」は、市民グループと実りある協力関係を築いている。タイ PBS はタイ PBS 法に基づき政府から「公共宣伝その他の活動」として予算を割り当てられているが、視聴者評議会はその 1 ％にあたる 1500 万バーツの予算をタイ PBS から受けている。公的資金によって 100 ％運営される公共サービス放送というのもタイ独特のモデルである。「TV Jor Nuer」が国内外のメディア関係者から注目される理由は、市民ジャーナリストや市民団体が公的資金で運営される公共放送と協働してコンテンツを生み出しているというタイ独特のモデルのためである。

こうして見ていくと、公共放送組織と市民グループの間に 5 段階の共同作業を想定するタイ PBS の参加モデルは的確といえる。タイ独特のこの参加モデルに従うと、視聴者評議会の活動は市民参加の第二レベルにあり、市民ジャーナリストの活動（「TV Jor Nuer」にも当てはまる）は市民参加の第三レベルにある。

少なくとも準備と立ち上げ段階で「TV Jor Nuer」と市民グループの連携が成功した理由の一つに共通の目的が存在したということがある。タイ PBS、市民グループ、その他の関係者が、北部地域にテレビ番組を届けるという目的のもとに結集したのである。かといってすべてが順調に進展したわけではない。時間が足りず、関係者一同を共同ミーティングに召集することも難しかった。北部地域市民グループの取材レポートはすべてバンコクのタイ PBS 市民ジャーナリズムのデスク担当者に提出され、ある程度プロフェッショナルの水準を満たすよう訂正・改訂を受ける必要もあった（これは北部だけではなく全国の市民ジャーナリストに適用される義務である）。

多くの市民グループが途中で自信を失い、メディア制作に関わる能力が自分たちにあるのかと懐疑的になった。この段階でさえ困難なのだから、さらに上のレベルのドキュメンタリー制作や「地域ダイアローグ」［訳注：「TV Jor Nuer」内のコーナー］制作、芸術文化関係の長編番組制作などは無理であろうと意気消沈した。「TV Jor Nuer」を良い番組にするために必要な学習段階だと果敢に取り組む市民グループもあったが、自信を喪失する人々もいた。機材が足りず、高レベルのトレーニングも受けていないという問題もあった。

市民参加者が「TV Jor Nuer」制作に携わるには、彼らのためのネットワーク作りやトレーニングが必要だった。タイ PBS 側のスタッフや制作チームもその必要性に応えてトレーニングを提供した。「TV Jor Nuer」制作において、タ

第 9 章　新興国の公共放送　173

イ PBS の参加モデルに沿ってどのレベルまでの市民参加が可能なのかは未知数である。意思決定能力、制作能力、所有者意識といった側面が重要になってくる。現在のところ市民参加者の所有意識は強く、期待値も高い。

「TV Jor Nuer」によって地方の問題が全国の関心事として受け止められるようになる可能性があり、その動きはすでに始まっている。問題が認識され、知識が交換され、データが収集・統合され、諸問題が報道コンテンツとしてまとめられるまでがテレビ放送に至るまでの段階であるが、これは何カ月も要するプロセスである。会合や調整やフォーラム開催を通して、「TV Jor Nuer」のコンテンツ制作に関わった市民グループや地域住民は番組の持つポテンシャルに気づいている。「地域ダイアローグ」収録では NGO、PO、GO といった機関の地域ネットワークが関与し、水資源や天然資源に関する地域問題を掘り起こすのに協力した。「TV Jor Nuer」の放送が現実社会にどれくらいのインパクトを持つかは今後の展開を見なくてはならない。真剣に取り組む姿勢がなければ一時の盛り上がりで終わる可能性があると懸念を表明する声も多い。地域問題を取材して全国の関心を集めるには根気が必要で、舞台裏での弛まぬ努力とネットワーク構築に努める必要がある。

視聴者からのフィードバックは変化をもたらしたか。時間帯やプレゼンテーション方法など小規模な部分はフォーラムで受けた指摘に従って変更されることはあったがこれに対する答えはタイ PBS の政策執行委員会の決定を待たねばならない。2010 年の第 2 四半期か後半に、委員会の決定が下り執行される予定である。

2009 年 11 月 21 日開催の国民議会で、視聴者評議会議長はタイ PBS 代表取締役兼理事会代表者に報告書を提出した。この報告書には地方フォーラムを通して何千人もの「公共メディア友の会」メンバーから集めた問題提起、提案、推奨などが明記されている。視聴者評議会の中心的メンバーは、年間報告書で提起された課題や提案や推奨の内容を認識しており、視聴者の希望が番組編成だけでなく政策レベルで反映されるかどうか今後フォローしていくつもりだと述べている。

タイ PBS を支えるメカニズムは、タイ社会にとっては初めての試みであるため、現段階での判断は拙速だが、フォーラムに参加した全国の市民グループもまた今後の変化を注視していくと語っている。視聴者兼参加者たちがタイPBS 所有者としてその制作と改善にどれほど関わっていけるか、タイ PBS 法

174　第Ⅲ部　メディアの公共性と公共放送のゆくえ

が定める理想の参加形態をどれほど達成できるかは、これからが正念場であろう。

　社会変化の希望をスクリーン上に結実させるべく、より望ましいテレビ番組制作を目指して市民グループたちは舞台裏で努力を重ねてきた。現段階までは、タイ PBS に関わるすべての関係者にとって学習段階といえる。今我々が見ているのはタイ PBS の初期段階の一連の結果である。すなわち、タイ PBS の政策決定、意志決定、運営構造などの一連の仕組み、市民社会強化メカニズムとそれが関連した 2008 年初頭の地方フォーラムの数々、そして、市民社会強化を目指す活動の第二段階に来るのが視聴者評議会、「公共メディア友の会」の順調な拡大である。

1）　タイ PBS は開設当初、TV タイ（TV Thai）と呼称されたが、2011 年 4 月にタイ PBS へ変更された。
2）　2009 年に開催された第 18 回 JAMCO オンライン国際シンポジウム「アジア諸国の公共放送」で、タイのラムカムヘン大学の Supanee Nitsmer 助教授がタイの公共放送のサービスについて報告を行った。http://www.jamco.or.jp/jp/symposium/18/3/ 最終閲覧 2016 年 4 月 18 日。
3）　「2008 年タイ公共放送サービス法」1 章 7 条。英訳 http://thailaws.com/law/t_laws/tlaw0445.pdf　2016 年 4 月 19 日最終閲覧。
4）　「2008 年タイ公共放送サービス法」4 章 43 条。英訳 http://thailaws.com/law/t_laws/tlaw0445.pdf　2016 年 4 月 19 日最終閲覧。

解　題
中村美子

　本章の「新興国における公共放送——タイ公共放送の成立をめぐって」は、タイの Palphol Rodloytuk 博士による *Thai Public Broadcasting Service: Towards Building a Civic-Minded Society.* （Singapore: AMIC: Asian Media Information and Communication Centre, 2011）を、本書に向けて筆者に縮尺を依頼し、筆者の了解のもと編者が若干の修正を加えたものである。また、タイ語から英語、英語から日本語へという翻訳作業もあり、通常の論文と同等の体裁をそろえることができなかった。

　それでも本書に所収したかった理由は、世界 200 カ国の中で、公共放送を制度化している国は 15％から 20％ほどしかなく、とりわけ新興国では公共放送の存在そのものが希少であるからだ。戦後間もなく国営放送から公共放送に改組された日本の NHK や 1970 年代後半に改組された韓国の KBS は例外的な事例といえる。その一方で、1990 年代後半から 2000 年代初頭にかけて、アジアの新興国の一部の国々の間で公共放送を創設する動きが現れた。そうした中で 2008 年に放送を開始したタイの公共放送は、新興国における公共放送モデルとして重要だと考える。筆者は、タイ公共放送の黎明期に、政治的・商業的諸勢力から独立した"人々の放送"あるいは"公衆の利益を実現するための放送"という高度な目標に向かって、国民的な運動を通じて公共放送を形成する過程を、タイ公共放送の幹部や番組制作に携わる市民ジャーナリストらへの聞取り調査をもとに明らかにした。

　タイでは、国内のタクシン派と反タクシン派の対立による混乱の中、2014 年 5 月にタイ陸軍のプラユット司令官がクーデターを決行し、政権が崩壊した。軍主導の暫定政権下で、筆者が市民参加モデルとして注目したタイ PBS の地域放送番組の一つ「TV Jor Nuer」はクーデター以後放送が中止されていたが、2016 年 1 月に再開した。タイの公共放送は設立から 10 年も満たない（2016 年現在）。今後の民政移管によるタイ PBS の運営に与える影響を予測することは困難であるが、本章で明らかになったタイにおいて初めて公共放送を創設した精神に、普遍性を見出すことができるのではないだろうか。

第 10 章　グローバル社会における公共メディアと災害報道

田中孝宜

1　はじめに

「災害報道」とは何だろうか。災害など異常事態の発生を取材して人々に知らせることはジャーナリズム機能の原点ともいえるもので、世界各地で行われている。日本においては江戸時代の「かわら版」にもその原初的なものが見られる（中森 2008: 164）。しかし、本章で扱う「災害報道」は、ただ単に災害が起きた後に被害の様子を人々に伝えるだけでなく、被害の発生を未然に防いだり、災害の被害拡大を抑えたりする「防災・減災」報道が焦点となる。特にテレビ・ラジオ放送は、今起きていることをリアルタイムで伝えるという速報性と現場との同時性という強みを持つ。こうしたことから日本の公共放送 NHK は「報道機関」であると同時に、災害時には「防災機関」として位置づけられている。世界各地で災害が相次ぐ中で、「防災・減災」報道は、放送局の公共的役割として、海外からも注目され始めている。受信料で運営される公共放送として NHK は「国民の生命と財産を守る」ことが重要な使命とされているが、国境を越えて人々が往き来し、国境を越えて社会が結びつくグローバル時代に「災害報道」はどうあるべきなのか、本章では考えてみたい。

2　NHK と災害報道

日本は災害列島といわれ、地震、台風、火山噴火などによる自然災害と隣合せに暮らしている。公共放送として、全国にあまねく放送サービスを届ける責務を負う NHK は、いざという時の情報源として視聴者から期待されている。そのため NHK は、緊急時の放送に対応できるよう日ごろから体制づくりや機

177

材の整備を行っている。災害報道のために、全国に張り巡らされた取材網をはじめ、約500カ所に設置されたリモートカメラが活用される。さらに、15機のヘリコプターを常時待機させている。このようにコストを超えたところで備えを行うのは、災害を報道することが受信料で運営されるNHKの果たす重要な公共的役割の一つであるからにほかならない。

　公共放送NHKと災害報道は歴史的に関係が深い。1923年（大正12）9月1日午前11時58分、相模湾北部を震源とするマグニチュード7.9の大地震が起きた。昼食の支度のため火を使っていた家庭が多く、各地で火災が発生した。火災は3昼夜続き、10万人以上が死亡し、340万人が被災した。関東大震災である。震災時に流言飛語が飛び交い、多くの朝鮮人が虐殺されるなど、社会に混乱をもたらした。この約2年後の1925年、東京放送局（後のNHK）により日本で最初のラジオ放送が始まった。放送開始にあたって政府は商業放送ではなく、公共放送を採用した根拠として、災害報道について公共放送が果たしうる役割への期待があったと考えられている。1926年のラジオ放送で、当時の逓信相が「もし関東大震災の際にラジオがあったら、災害の実態がすみやかに報道され、生活物資の配給は円滑に進み、国民の動揺は非常に軽減されたことであろう」と述べている。このようにNHKは誕生時から災害報道の使命を持っていたといえる（今井 2013: 162-163）。

　現在、NHKの災害報道を制度的に裏づけているものは、放送法、災害対策基本法、そして大規模地震対策特別措置法である。放送法には、「基幹放送事業者は、国内基幹放送等を行うに当たり、暴風・豪雨・洪水・地震・大規模な火災その他による災害が発生し、又は発生する恐れがある場合には、その発生を予防し、又はその被害を軽減するために役立つ放送をするようにしなければならない」と規定している。

　また、1962年7月に施行された災害対策基本法で、NHKは「指定公共機関」に指定され（2条）、東海地震への対策として1978年12月に施行された大規模地震対策特別措置法でも指定公共機関と位置づけられた。これによりNHKは日常から災害報道に備え、いざという時に国の機関などと連携して速やかに防災情報を提供することが求められている。なお民放については、NHKのような全国組織ではないため、各県レベルでの指定公共機関になっている。

　上記のような法制度のみならず、長年にわたる経験の積み重ねの中でNHKの災害報道は制度化されてきた。1995年の阪神淡路大震災で、「被害状況」に

加えて「安否情報」、「生活情報」などを伝え、防災・減災を目指す今の災害報道の原型ができた。

　2011年3月11日午後2時46分に発生した日本の観測史上最大のマグニチュード9.0の巨大地震とそれに伴う大津波、さらに東京電力福島第一原子力発電所の事故へと広がった東日本大震災のNHKの報道は、過去の経験を活かすことで国内の視聴者はもとより、海外の報道機関からも高い評価を受けた。NHKが巨大地震の一報を伝えたのは、地震発生から50秒後、まだ揺れが東京に到達する前の午後2時46分50秒であった。参議院決算委員会の中継画面に「緊急地震速報」の字幕スーパーが上乗せされ、定型文が読み上げられた。間もなく国会でも揺れが始まり、参議院委員会室にいる担当アナウンサーが以下のようなコメントをした。「緊急地震速報が出ました。けがをしないように身の安全を確保してください。倒れやすい家具などからは離れてください。今この国会でも揺れを感じています。」午後2時48分18秒、緊急地震速報から1分28秒後、渋谷のNHK放送センターにあるニュースセンターからの緊急報道が始まった。地震発生の3分後、宮城県北部が震度7など、最初の震度情報が放送された。そして地震発生から4分後の2時50分、「大津波警報」が伝えられ、アナウンサーが速やかな避難を呼びかけた。その後も津波襲来の様子をヘリコプターから生中継で捉えるなど、テレビ、ラジオの放送、インターネットなどを通じて、ニュースや番組、安否情報、生活情報を出し続けた。最初の3日間は、NHKのすべてのチャンネルを使って震災放送に徹した。発災から3週間に総合テレビで放送した震災関連のニュース・番組の総時間は430時間近くに上った。

　とはいえ、課題も指摘された。東日本大震災報道でも、甚大な被害を受けている地域の情報が伝えられない「情報の空白」が発生し、被災地の求める情報にNHKが十分に応えきれていないという意見が聞かれた。とりわけ「災害弱者」といわれる外国人は、必要な情報を得られなかったり、不正確な情報に振り回されるなどして、被害が深刻化したり心理的なパニックに陥るなどしたことが、NHK放送文化研究所が在日外国人600人を対象に行った電話アンケートでも分かった（米倉2012）。

　グローバル化する社会の中で、的確に外国人への防災情報提供を提供することは、災害時の混乱を避けるためには不可欠である。とくに関東地方には在日外国人に加え、海外からの旅行者も多い。将来高い確率で発生することが予想

される首都直下地震により影響を受ける外国人の人数は、これまでの災害とは比較にならないだろう。

　さらに、災害は国境を越えて甚大な被害をもたす。2004年のスマトラ沖地震とそれにともなう大地震では、12カ国で22万人以上の犠牲者を出した。その際、アジアの放送局は防災情報を出すことができなかった。それ以降、アジアの放送局では国境を越えた国際協力を進め、災害報道能力の向上に取り組んでおり、NHKもさまざまな支援を続けている。

　「グローバル社会」という概念については、国内の「内なる」グローバル化と国境を越え「外に向かう」グローバル化の二つの側面を考える必要がある。受信料で運営される公共放送は「国民」の生命と財産を守ることを使命とし、国内の視聴者に向き合うことが一義的に求められるだろうが、グローバル社会の中では、国内にいる外国人への情報提供や国境を越えた海外との連携も必要となる。本章では、その両面からグローバル化で災害報道がどう変わろうとしているのかを考える。

3　内なるグローバル化と災害報道

（1）在日外国人の人数の推移

　はじめに内なるグローバル化と災害報道について考える。日本在住の外国人の数は、戦後一貫して増加傾向にあったが、とくに1990年の出入国管理及び難民認定法の改正により、「日系南米人」やアジア諸国からの「研修生・技能実習生」を中心に外国人の流入が活発化した。しかし、2008年の約221万人をピークに、現在は減少傾向にある。これは2008年秋のリーマンショック後の不況や東日本大震災が原因と見られている。日本に在留する外国人の数は、2014年末現在約206万6,445人である（法務省 2014）。

　国籍別に見ると、中国が約65万人で全体の31.4％を占め、次に韓国が約52万人で25.2％、フィリピンが21万人で10％、ブラジルが18万人で8.8％となっており、この4カ国で75％を超える。

　日本の総人口1億2730万人に外国人が占める割合は1.62％である。イギリスで13％（BBC 2012）など、欧米では10％を超える国もあり、それに比べると日本にいる外国人の数は決して多くない。しかし、東日本大震災の復興や2020年に開催される東京オリンピック・パラリンピックの準備で建設業を中

心に労働者不足が見込まれるうえ、少子高齢化の中で介護分野での一層の外国人受入れを求める声もある。外国人観光客の急増も留意すべきである。2014年に日本を訪問した外国人は1341万人にのぼり、さらなる増加傾向が続いている。

　日本にいる外国人の4割以上が暮らし、また多くの外国人観光客が滞在している首都圏で、想定される直下地震が起きた場合、東日本大震災より大きな混乱や被害が予想される。外国人への防災情報提供の向上は喫緊の課題である。また、その有力な担い手として公共メディアとしてのNHKが果たすべき役割は重要である。

（2）NHKの外国人向け災害報道

　NHKは東日本大震災時、外国人へどのような情報提供を行ったのか。また震災後、どのような改善策を試みているのだろうか。

　震災時は、総合テレビの主なニュース番組は英語で同時通訳放送を行い、副音声で聞けるようにした。また、2009年に始まった海外の外国人向けの24時間英語放送NHKワールドを一部国内でも視聴可能にした。さらに、NHKラジオ第二放送では、地震直後の午後2時50分から多言語放送（英語、中国語、ハングル、ポルトガル語）を開始した。

　震災後にはいくつか新しい試みを行っている。2012年4月から、その日のニュースの一部を「やさしい日本語」に置き換えてインターネットで提供する実験的な取組みも始めた。将来、外国人への災害情報伝達の一つに発展させることも検討している。

　また、災害報道強化の大きな方向性は「放送」を超えて、インターネットの活用も含んでいる。放送メディアは、重要な情報を、「広範囲の」「多数の人に」「一斉に」伝えることができる。一方、インターネットは「個人のニーズに合わせて」、「きめ細かい情報を」、「選択的に」伝えられる。この二つの長所を合わせて活用しようというのがデジタル時代の新しい放送サービスで、「ハイブリッドキャスト」と呼ばれている。

　「ハイブリッドキャスト」のサービスは、2013年9月に始まった。テレビ画面に、インターネット経由で情報が表示されるもので、試作段階ではあるが、全国各地のNHKのリモートカメラ映像を選択して見ることができ、自治体などが提供する生活情報や道路情報も呼び出せる。最寄りの避難所までの行き方

第10章　グローバル社会における公共メディアと災害報道　181

も地図で表示される。

　もう一つ、災害報道を大きく進化させる可能性を秘めているのは、「ビッグデータ」の活用である。NHKは、東日本大震災の時の携帯電話の位置情報やカーナビで発信された自動車の走行記録など、震災にかかわるビッグデータを集め映像化した。こうした震災ビッグデータは、震災当時は防災対策に活かされることはなかったが、平時から共通のフォーマットで共有し、災害が起きた時にリアルタイムで活かすための研究が始まっている。

　テレビやラジオが主役だった災害報道の分野で、ソーシャル・メディアやビッグデータのような新しい情報源も登場した。こうした新しいメディアとどう向き合い、膨大な情報をどのように活用するのかという課題は、外国人への防災情報提供にも関係してくるだろう。

（3）災害時の在日外国人の情報ニーズ

　今後、外国人への防災情報提供を改善する参考にするため、NHK放送文化研究所では2014年3月、50人の外国人への聞取り調査を行った。首都圏に住む外国人は、大地震を想定して、混乱やパニックを避けるためにいかなる情報を求めるのか。そして日本のメディアに対する情報ニーズはどのようなものか。災害時における外国人への情報提供を向上させるためのヒントを探ることを目的にしたグループインタビューで、東京および近県に暮らす外国人のうち、人口の多い中国、韓国、日系ブラジル、フィリピンの四つの国籍の人たちを対象とした。グローバル社会の災害報道の方向性を知る材料として調査結果の一部を概観する（調査手法や結果の詳細は、田中2014参照）。

　グループインタビューを元に、外国人への防災情報提供を考える視点として、三つのポイントが挙げられる。

日本語の壁

　今回の調査の対象者50人は、インタビューを日本語で受けられるほどの日本語能力を持っている。しかし外国人にとっては日本語の壁が一番の障害であるという共通した認識を持っていることがうかがえた。そこで、NHKが始めた「やさしい日本語」ニュースのページについて画面を見せながら印象を聞いてみた。

図1 「やさしい日本語」でのニュースサイト「NHK News Easy Web」

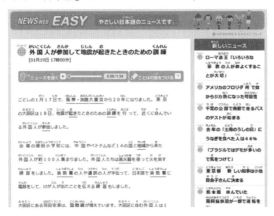

普段の勉強の時はよいが、震災、緊急の時に落ち着いて読むことができるかどうか疑問。英語、中国語、韓国語など主要言語があった方がよい（中国・男 50 代）。

日本語は読むのが難しいし、疲れる。メールで使う簡単な単語ぐらい。読むより聞く方が得意（ブラジル・男 40 代）。

　大災害のように命に関わる緊急時に「なんとなく分かる」ではなく、確実に正しく理解したいという思いが強い。「『十分気をつけて』とは具体的にどうすればよいのか分からない」といった声もあった。在日外国人にとって、緊急時には、母国語で正しく把握したいという要望は強い。日本語能力が劣る、あるいは日本語が全く分からないという旅行者にとっては、より大きな不安材料になるだろう。
　では、やさしい日本語が不必要かといえばそうではない。多くの回答者がSNSで情報を得ると答えているが、日本語が分かる人が母語に翻訳して知り合いに広げるという「情報の2段階の流れ」においては活用される可能性がある。
　さらに、将来の外国人への防災情報提供の手段として検討されている日本語の情報を自動的に他言語に翻訳するシステムを運用する場合、元のメッセージは日本語として分かりやすく簡潔な表現であることが求められる（目黒・沼田 2014）。その目的においては、やさしい日本語は、他のさまざまな言語に自動

第10章　グローバル社会における公共メディアと災害報道　183

的に翻訳するための基礎情報になりうるのではないだろうか。

文化の違いの壁

　日本人であれば、子どものころから学校で避難訓練を受け、地震が起きれば、落ちてくる物や倒れてくる物から身を守り、揺れが収まったら火の始末をし、家が被災した場合は避難所に行くこと等、初期段階での行動はある程度理解しているだろう。グループインタビューに参加した多くの外国人はそうした基礎知識がなく、巨大地震が発生した場合、「身を守る」、「避難する」といわれても具体的な行動がイメージできず、混乱を起こす可能性が高いことが推測できる。避難所の生活そのものに不安を感じている声も一部にあった。

　　　地震が起これば、パニックになって、何も持たずに避難所に逃げると思う。でも避難所のルールが分からない（フィリピン男 40 代）。

　　　日本人は礼儀正しく、奪い合いにならない。避難所での日本の習慣を外国人に教えることは大事（ブラジル・男 30 代）。

　避難所での生活については、マニュアルがほしいという声もあり、日本人との文化的な違いを感じているようである。必要な情報として、避難所の生活がいつまで続くのか、仕事に戻れるのかどうか、他の避難所を含めた被災者の名簿、電車の運行情報、飛行機の運航情報、大使館の支援情報などが挙げられた。

多メディアを駆使する外国人

　インタビュー参加者に、東京で大地震が発生したことを想定して情報収集のためにどのような行動をとるのかを聞いた。

　　　テレビが大丈夫ならテレビをつける。自分がテレビを見られなくても、テレビを見られる人がツイートしてくれる（フィリピン・男 40 代）。

　　　テレビ、PC、タブレット、あるものすべてから情報を得る（韓国人・男 30 代）。

　インタビュー参加者の情報収集行動の特徴を見ていくと、メディア環境の変

184　第Ⅲ部　メディアの公共性と公共放送のゆくえ

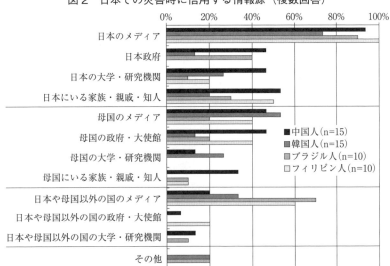

図2 日本での災害時に信用する情報源（複数回答）

出典：田中（2014a）

化により、「災害弱者」の姿も変化していることが分かる。ネットがより身近になり、情報源が多様化しているのである。災害時の情報源を聞いたところ、4カ国とも母国のメディアより日本のメディアを信頼していることが分かった。しかし、その一方で、日本のメディアだけに頼らず、母国のメディアやCNNやBBCなど第三国のメディア、大使館など公的機関、さらには知り合いからのソーシャル・メディアによる情報など、多様なメディアから情報を得て、自分の行動を判断しようとする姿勢が見てとれた（図2）。

今回の調査結果を受けて想定される在日外国人にとっての課題は、必要な情報が手に入らない「情報空白」に加えて、あふれる情報の中でどれを信用していいのか分からないといった状況に陥る可能性である。NHKの災害報道は、国内の日本人を主眼に情報を出していけばよいという時代ではない。言葉や文化の違いを超えて、日本を訪れている外国人に、そして海外に、信用できる情報を的確に発信することが求められる。

4 グローバル化で変わる公共放送

　前節では、内なるグローバル化と災害報道について日本国内の状況を見てきた。本節では、国境を越えて「外に向かう」グローバル化に視点を移す。国境を越えて影響を及ぼす災害に公共放送はどのように向き合うことが求められるのかを考えたい。

　アジアは世界のどの地域よりも災害が多い。地震や台風（およびサイクロン）、火山の噴火などさまざまな災害をもたらす恐れのある自然現象が多く発生する上、都市化による人口集中や災害に脆弱な土地の開発などが進み、ひとたび巨大災害が起きると、被災者の数が膨れ上がる傾向にある。世界の自然災害のおよそ40％がアジアで起きており、被災者の90％近くはアジアの人たちだというデータも報告されている（田中2013: 44-46）。

　放送局が災害時に防災情報を提供する使命を果たすことは、日本では当然のように考えられている。しかし、アジアの放送局が、災害時の役割を認識したのは比較的最近のことで、大きな転機はインド洋大津波災害であった。2004年12月26日の朝、インドネシアのスマトラ島沖で起きたマグニチュード9.1の地震で巨大津波が発生し、被害は国境を越えて広がっていった。インドネシアはもとより、タイ、スリランカ、遠くはアフリカのケニアなど12カ国で22万人以上の犠牲者を出した。この時、アジアの放送局は、住民に避難を呼びかけるなど減災のための情報提供をすることができなかった。そもそも、そうした任務を担っていなかったのである。また、災害に関する情報を、国境を越えて放送局同士で共有することもなかった。

　日本では、NHKが指定公共機関として防災情報提供に当たることが法的に明記されているが、そのような例は世界的に見ると少ない。アジアの国では、2004年のインド洋大津波の後、多くの犠牲者を出したインドネシアやスリランカ、タイなどで政府機関の中に防災を専門に扱う組織を整備し、併せて防災関連の法律を作った。その法律で、放送局が災害時に政府と連携をとって、被害の軽減に取り組むことが記された。

（1）国境を越える災害とABU（アジア太平洋放送連合）の国際協力

　2004年のインド洋大津波の甚大な被害を受けて、アジアの放送局では、災害報道能力の向上のために、国境を越えた協力を始めた。

インド洋大津波では、被災国の放送局が撮影した映像に加えて、ヨーロッパからの観光客が撮影した津波襲来の生々しい映像もあった。津波の記録はこれまで古文書など文書としては残されているが、映像として記録されることはほとんどなかったため、津波の実態を知り、今後の防災に生かすためにも貴重な映像であった。NHKでは、こうした映像を使って津波の全貌に迫るドキュメンタリーなど英語版の番組を制作し、アジアの放送局に無償提供した。

当時、アジアの放送局は、津波から避難を呼びかけるなど防災のための機能を果たせなかったが、さらにいえばインド洋の周辺各国で、地震の後津波警報を出す仕組み自体なかった。この反省から、国連機関や欧米、日本などが協力して「インド洋津波警報センター」がインドネシアのジャカルタに設立された。運用が始まったのは2011年10月で、2012年4月にインドネシア・スマトラ島沖でマグニチュード8.6の地震が発生した際、初めて津波警報を発令した。警報は、地震発生から約5分後に出され、インドネシアの放送局に伝達された。早い放送局では警報発令から1分16秒後、公共放送TVRIは7分19秒後に放送で警報を伝えた。津波の規模が小さかったこともあり被害はなかった。警報のスムーズな伝達や避難経路の確保など課題も多く見つかったが、早期警戒システムの体制整備が着実に進んでいることを示す例となった（田中2013）。

アジアの放送局の国際協力の中心になっているのがABUである。ABUは、アジア太平洋地域の放送局の発展を図ることを目的に、1964年に設立された。ABUの加盟放送局の中ではNHKのように公共放送としての長い歴史を持つ局はほとんど例がない。アジアの放送局の多くはその国の政府の一機関として設立された国営放送であるが、韓国KBSやインドネシアTVRI、タイPBSのように、民主化の流れの中で公共放送に転換した放送局もある。ABUでは、公共放送、国営放送にかかわらず、現在加盟放送局の災害報道能力の向上を最優先の課題の一つにあげている。

ABUが2004年のインド洋大津波災害の後まず取り組んだのが、早期警戒システムの技術面での協力である。中心的なプロジェクトの一つとしては新たに開発された「ラジオ・イン・ア・ボックス」がある。インド洋大津波の際、ABUは被災地で携帯用FMラジオ受信機を配った。ところが、放送局自体が被災したり、電源がなかったりしてラジオ放送を停止していた。災害時の情報伝達にはラジオが重要であるにもかかわらず、放送が出せなかったのである。そうしたことからABUでは、国連教育科学文化機関UNESCOと協力して、70〜80cm

図3 ラジオ・イン・ア・ボックス

出典：アジア太平洋放送連合（ABU）

の立方体で15kg程度の重さの箱型のラジオ送受信機を開発した。6,000～7,000ドル程度の価格で、マレーシアの企業が製造している。番組制作のための基本的な機能も備えていて、携帯型ラジオ局として放送を出せるし、中継局としても使える。停電の中でもバッテリーで動かせる。いざというときのスタンドバイ用として保有したり、実際にコミュニティラジオ局で使用している国もあり、ABUとしてはさらに利用が広がることを期待している。

　もう一つ、ABUの活動の柱になっているのが緊急警報放送の導入である。緊急警報放送は、放送波に特殊な信号を乗せて送信し、これに対応する機能を持ったテレビ、ラジオ、モバイル端末は、信号を受信すると自動的にスイッチが入り放送を受信できるというもので、日本で開発され1985年から運用されている。2006年11月にはABU宣言として緊急警報放送システムの導入を推進することが盛り込まれた。ABUでは、このシステムを導入する際の手順を説明するハンドブックも作成した（ABU 2009）が、実際に導入する動きはほとんど見られない。技術的な課題はクリアされているというが、災害には地域性があり、津波を警戒している国もあれば、洪水に悩まされている国もある。また、アジアの多くの国では、とくに地方の防災システムは未整備で、たとえ防災情報を受信したとしても、その情報を十分に生かしきれる体制にはない。さらに、日本でも受信機の普及が進まないのが課題とされているが、1台数千円かかるラジオは、アジアの庶民が簡単に買えるものではない。いずれにせよ、日本の緊急警報放送の仕組みをそのまま輸出すればよいというものではなく、各国の災害の特徴や防災体制に合わせて、その国に適したシステムを構築する

ことが求められる。

この他にも ABU では、UNISDR（国連国際防災戦略事務局）や UNESCAP（国連アジア太平洋経済社会委員会）など国際機関と協力して、アジア各国で、放送局や政府の防災機関などが参加してワークショップを開くなど啓発活動を繰り返している。アジアでは放送局は軍事政権などとの結びつきが強かったため、国境を越えた連携には限界があったが、大災害で甚大な被害を受けたことを契機に放送局の姿勢に大きな変化が見られる。

（2）「グローバルビレッジ」での市民との連携

グローバル社会の災害報道のあり方を考えるうえで、私たちはグローバルビレッジ（地球村）に住んでいるという認識は欠かせない。災害の被害に国境はなく、その影響もグローバルに広がる。

そのグローバルビレッジという概念において、市民と放送局の関係に変化が見られる。2004 年のインド洋大津波で、タイの海岸に迫りくる津波を撮影したのは、プロのジャーナリストではなく、アマチュアの観光客だった。その映像を世界中の人が目にした。このことは放送局と視聴者の関係の変化を象徴的に表している。つまり一方的な送り手、受け手の関係から、ジャーナリストも視聴者も共に、映像や情報を提供し受容するネットワークの一部になり、現在では、放送局が人々に撮影した映像を提供してもらい放送で使用することは特別なことではなくなった。しかもそれは、何か大事件、大事故が起きた時だけではなく、日常的に行われているのである。

とりわけ公共放送は市民が同じネットワークの中にいて、日頃から協力できる関係となっていることが必要だろう。公共放送は、かつては「家父長的」や「啓蒙的」などといわれることもあったが、そうした「上からの公共放送」ではなく、市民と連携した「下からの公共放送」へと自らの意識を変えることが必要である。重要なのは、災害が起きた場合、公共放送は、人々が最初に頼る情報源になれるかどうかである。公共放送はパブリック（一般市民）のためにあり、人々から信用されていることが重要である。東日本大震災の後、NHKではツイッターなどのソーシャルメディアから 24 時間情報を得られる体制を整備したが、これも市民と放送局の関係が変わってきている中での動きの一つと捉えられる。

第10章　グローバル社会における公共メディアと災害報道　189

5　境界を越える公共放送

　本章のテーマは「災害報道と公共放送の使命」を考えることである。公共放送が災害報道の使命を担うことは日本では半世紀以上前に法律で定められた。一方、アジアの放送局の多くが、2004年のインド洋大津波災害をきっかけに災害報道の使命を認識し、政府や災害対応機関などと連携する体制整備が進んでいる。また、放送局で働く職員が「情報は命を救える」という考えを理解するようになっている。この10年で、アジアの放送局の災害報道に取りくむ姿勢が変わっただけでなく、放送局で働く人たちの意識が大きく変わってきている。

　では、公共放送の災害報道と商業放送の災害報道は違うのだろうか。この疑問を2014年8月に東京で開催されたRIPE＠東京会議（世界公共放送研究社会議）の出席者は次のように語っている。EBU（ヨーロッパ放送連合）のジャーナリストは「公共放送は最後まで人々の関心に応えることができるが、商業放送は最終的には商業的利益を考慮せざるを得なくなる」と。またABUの関係者は、「多くの場合、公共放送にとって災害報道は『義務（Mandate）』であり、商業放送は『責任（Responsibility）』で行っている。義務は途中で投げ出すことを許されない」との見解を述べた。また日本では、民間放送が東日本大震災時コマーシャルを入れずに災害報道を続けたが、NHKの参加者は「NHKは報道機関であると同時に、大規模災害時は防災機関として被害の軽減に役立つ放送をすることが義務づけられている。視聴者の生命と財産を守るため、防災情報を正確・迅速に伝えることは元々根本的な使命だ」と述べ、どんな災害があっても放送を止めないことを公共放送NHKの最優先の義務だと強調した。

　公共放送としてNHKは、国民生活に多大な影響を及ぼすような非常時には、被害を軽減し、人命と財産を守るために正確な情報を提供することが求められている。伝統的に、公共放送がそのサービスを提供する相手として想定しているのは「受信料を支払っている」国民であろう。ヨーロッパでもアジアでも公共放送は、国の制度として誕生し、受信料や政府からの補助金、税金などを財源としており、国境内を主な活動範囲とし、財源を拠出する国民をサービスの主な受益者としている。しかし、グローバル化が進み日本を訪問する外国人が急増する中で、災害時に外国人への的確な情報提供も期待されるようになっている。さらに災害に国境はなく、海外で発生した災害でも日本に影響が及ぶこ

とも少なくない。2004 年のインド洋大津波では犠牲者に日本人も含まれていたし、2011 年のタイの大洪水災害では、タイに進出した多くの日本企業の工場が浸水被害に遭っただけでなく、日本国内の製造業も部品が届かず操業を一時停止さざるを得なくなるなど大きな痛手を受けた。こうした点からも、災害報道をきっかけとしたメディアの公共性の変容、ないし越境化の可能性を見出すことができる。

東日本大震災の時には、放送法による制約があったため、NHK は災害報道をインターネットで全面的に展開する準備はできていなかった。ネット映像配信会社と連携したり、ネット検索企業と協力したりしたが、あくまで例外的な対応であった。しかし、2014 年に放送法が改正されて NHK のコンテンツをより幅広くインターネットで配信できるようになった。今後はテレビ・ラジオの放送を越えて多角的にメディアを活用した防災情報提供が可能になる。

公共放送 NHK の災害報道は、国の防災・災害対応機関と連携するだけでなく、市民と連携することが求められる。また放送とインターネットというメディアの境界を越えることも求められる。さらに、日本国内、日本人だけでなく国境を越えて外国の人たちにも的確に防災情報を提供することも求められる。グローバル社会の災害報道は、さまざまな境界を越えることが必要なのである。

引用・参照文献

今井義典（2013）「公共放送から公共メディア―放送 90 年を振り返って」『「危機」と向き合うジャーナリズム』石橋湛山記念早稲田ジャーナリズム大賞記念講座 2012、早稲田大学出版部: 160–173 頁。

木幡洋子 ほか（2012）「海外のテレビニュース番組は、東日本大震災をどう伝えたのか―7 か国 8 番組比較調査」『放送研究と調査』2012 年 3 月、NHK 出版: 60–85 頁。

目黒公朗・沼田宗純（2014）「現象先取り・減災行動誘導型報道」を実現する方法」『放送メディア研究 11　進化する災害放送―東日本大震災から 3 年・メディア多様化時代の防災情報』丸善出版: 69–110 頁。

田中孝宜（2013）「災害報道と国際協力」『NHK 放送文化研究所年報 57』NHK 出版: 41–85 頁。

田中孝宜（2014a）「首都直下地震を想定した在日外国人の情報ニーズ―4 カ国の外国人を対象にしたグループインタビューより」『放送研究と調査』2014 年 9 月、NHK 出版: 2–17 頁。

田中孝宜（2014b）「世界公共放送研究者会議（RIPE@2014 東京大会）【第 2 回】災害報道と公共放送の役割―国境を越える災害・境界を越える災害報道」『放送研究と調査』

2014 年 11 月、NHK 出版: 28-41 頁。

中森広道（2008）「災害報道研究の展開」田中淳・吉井博明編『シリーズ災害と社会　災害情報論入門』: 164-168 頁。

法務省（2014）「出入国管理白書　第二部：出入国管理をめぐる近年の状況」
http://www.moj.go.jp/content/001129794.pdf

米倉律（2012）「災害時における在日外国人のメディア利用と情報行動—4 カ国の外国人を対象とした電話アンケートの結果から」『放送研究と調査』2012 年 8 月、NHK 出版: 72-75 頁。

ABU (2009) *Handbook on Emergency Warning Broadcasting System.*
http://www.abu.org.my/upload/EWBSHandbook.pdf

BBC (2012) "Census Shows Rise in Foreign-born" http://www.bbc.com/news/uk-20677515

Tanaka, T. and Sato, T. (2014) "Disaster Coverage and Public Value from Below: Analysing the NHK's Reporting of the Great East Japan Disaster," in Lowe, G.F. and Martin, F. (eds.) *The Value of Public Service Media.* Göteborg: Nordicom: 185-203.

第11章 米国における非営利メディアの生態系
──公共放送への挑戦

アラン・G・スタヴィツキー

1 はじめに

デジタル化の到来を経験した世代は、メディアのあらゆる分野がその影響で大々的に変化する過程を目撃してきた。デジタル時代の到来によって、米国の公共放送は政治的にも経済的にも変化を遂げることになった。

新聞のような従来型「レガシーメディア」企業は規模を縮小し、デジタル専用（インターネットや携帯電話など）のベンチャー企業が生まれ、「デジタル専用ニュース」という新たな分野が登場した。その中には商業用ビジネスモデルの企業もあるが、注目すべきは非営利メディアである。多くの場合、非営利メディアが提示するコンテンツが公共放送のそれと著しく類似しているのである。本章では、現在新興する非営利のデジタルメディアによるニュースについて論じ、この新興ビジネスによって米国の公共放送が直面する課題、また、それがグローバルなレベルでどのような影響を持ちうるのか、考察していきたい。

2 デジタルメディア環境の変化

インターネット黎明期においては、タイム・ワーナーやディズニーといったレガシーメディアの大手がインターネットにショップを開設し、ネット空間におけるビジネスの可能性を模索していた。近年になると、従来のプラットフォームの枠外にいたデジタルメディア企業が（そのパイオニアとしてアマゾンやアップル iTunes などがある）ネット上で支配的立場となった。これらの企業の成功が刺激となり、インターネットビジネス参入の勢いが増した。その影響がニュース番組、情報娯楽番組にも及び、現在のインターネット上の「デジタル・ニュース・メディア」の時代に至った。

193

ピュー・リサーチ・センターは、毎年、米国ジャーナリズムの状況を調査し、『ニュース・メディアの現状』という年間報告書を発表している。同書の2014年版に、米国におけるデジタル・ニュース・メディアに関する調査がある（大手の中には米国外にスタッフを抱える会社もあるが）。それによると、米国のデジタルメディア企業は468社にのぼり、5,000人近い人々がフルタイムの編集者として雇用されている（ピュー・リサーチ・センター、2014）。ピュー・リサーチ・センターはそのうち30社を大手企業と分類しており、その中にはハフィントン・ポスト（Huffington Post）、バズ・フィード（BuzzFeed）、ヴァイス・メディア（Vice Media）などが含まれる。大手企業は3,000人以上の雇用を創出し、うち23社は商業ベースで経営されており、非営利メディアも7社存在する。

　近年、レガシーメディアのニュース編集部からデジタルメディアの大手ベンチャー企業に転職する有名ジャーナリストたちの動きが注目されてきた。その中には、エドワード・スノーデン（Edward J. Snowden）の米国家安全保障局（NSA）リーク資料を掲載したことで名を馳せた英紙ガーディアンのグレン・グリーンウォルド（Glenn Greenwald）などがいる。グリーンウォルドは、イーベイ（eBay）創設者であるピエール・オミダイア（Pierre M. Omidyar）によって開設されたファースト・ルック・メディア（First Look Media）に転職した。ほかにも、ワシントン・ポスト紙の有名な政治ジャーナリストであったエズラ・クライン（Ezra Klein）が同社を退職し、ヴォックス・メディア（Vox Media）が運営するヴォックス（Vox）の報道解説員に就任した。ニューヨーク・タイムズ紙のジャーナリストであったビル・ケラー（Bill Keller）は、刑事司法制度を取材する新規の非営利メディア Marshall Project に転職して注目された。

　注目度の高いベンチャー企業以外に目を転じると、圧倒的多数のデジタルメディア系ベンチャー企業はごく小規模な組織である。ピュー・リサーチ・センターが「小規模」とした438社のうちその半数以上（241社）は3人かそれ以下の専従スタッフによって運営されており、全体を平均しても小規模企業のスタッフは4.4人となっている。パートタイムのスタッフやボランティアスタッフにコンテンツ提供を頼るケースが多い。これら小規模企業の半数は非営利事業体として登録されている。つまり、米国の税制では非課税となっており、米国の公共放送と類似した組織形態となっている。

　傾向として、デジタルメディア系のベンチャー企業は、主に地元ニュース、国際報道、調査報道の3分野のコンテンツを取り扱っている（Jurkowitz 2014）。

ことに小規模なメディアほど地元ニュースの充実を図る傾向が強く、彼らの得意分野は、コミュニティ全体よりさらにミクロな近隣のニュースを扱ういわゆる「超ローカル」の分野である。規模の大きなデジタル専門組織は国際ニュースを前面に出しているが、これには世界から広くニュースを集めるための人材や報道インフラが必要になる。一方、調査報道はその組織規模に関係なく行われており、扱うテーマも地元ニュース、全国ニュースの両方である。次の節では、それぞれのコンテンツ分野におけるモデルを見ていきたい。

3 デジタルメディアによる地元ニュースの役割

米国新聞編集者協会（American Society of Newspaper Editors/ASNE）の最新データによると（ASNE 2013）、1989 年から 2012 年の間に米国の新聞業界はそれ以前の約 3 分の 2 にまで人員規模が縮小された。地元ニュースの情報源として新聞は重要な媒体だったため、新聞記者や編集者の人員削減が進行するにつれて、多くのコミュニティが地元ニュースに接する機会を失いつつあった。さらに追い打ちをかけたのが、放送局の統合とケーブル放送や衛星放送の参入によるテレビ界の競争激化である。これによって多くの市場で地元ニュース制作が減少してしまった。米国の規制機関である連邦通信委員会（FCC）の調査によると、「多くのコミュニティで、地元への説明責任を果たす専門的な報道が不足している」という状況までになった（FCC 2011）。

この空白状態の中に参入したのがデジタルメディアのベンチャー企業である。「米国のジャーナリストたちは残骸を寄せ集めて救命ボートや即席のいかだを作成した。その土台の上で、地方の民主主義を支えるために欠かすことのできない仕事を果たそうとしている」とメディア批評家のグレッグ・ハンスコムは語っている（Hanscom 2014）。

例えば、ニューオリンズの老舗新聞であるザ・タイムズ—ピカユーン（Times-Picayune）が印刷版の刊行を週 3 日に縮小すると、非営利のオンライン報道サービス、ザ・レンズ（The Lens）が登場して、ハリケーン・カトリーナ以降の教育問題、環境問題、復興に絡む自治体の政治腐敗などについての報道を開始した（http://thelensnola.org/）。ザ・レンズは現在 10 人のスタッフで運営しているが、読者や慈善団体からの資金調達に苦労している。「私たちの読者層は寄付をする余裕のある人々ではない。低所得層の人々や厳しい経済状況にある中所得者

層の人々が主である」と創設者カレン・ガドボワ（Karen Gadbois）はいう。資金援助に関しては、「他人の気分を害してでもニュース報道をするのが私たちの仕事である。権力側は迷惑がるが、それが私たちの本来の任務である。しかし財布の紐を握っているのは慈善事業関係者も含めた権力資源保有者たちである」とガドボワはいう（Hanscom 2014）。

　ボルティモアもニューオリンズと似た状況である。ボルティモアはかつて新聞王国であったが、地元日刊紙のザ・サン（The Sun）はリーマン危機（2008年）後の景気後退局面で姿を消し、ボルティモア・サン（Baltimore Sun）に紙名を変えた。そのような中で、かつてザ・サンとワシントン・ポストに勤務した記者のファーン・シェン（Fern Shen）が台所のテーブルでWordPress［訳注: ブログソフトウェア］を利用してブログを作成し、ボルティモア・ブリュー（Batimore Brew）を立ち上げた。地元ニュースの弱体化に対処するためである（https://www.baltimorebrew.com/）。ファーン・シェンのニュースサイトは徐々に読者を引き寄せ、フリーランスの執筆者やインターンが集まりだし、広告収入や読者の寄付、Kickstarter［訳注: クラウドファンディングサービス］での資金調達活動や助成金によって「ほんの少しの収益」が出るようになった。余裕を得たシェンは専従の記者・編集者として元ザ・サンの記者をフルタイムで雇用した。「ボルティモア・ブリューは小さな所帯としては多大な影響力を発揮している。届けるべき人々にニュースを届けることに成功しているからである」とボルティモアのあるベテランジャーナリストはコメントする（Hanscom 2014による引用）。

　デジタル・ニュース・メディアのまた別の形態としては、ジャージー・ショア・ハリケーン・ニュース（Jersey Shore Hurricane News: JSHN）がある（https://www.facebook.com/JerseyShoreHurricaneNews）。JSHNはフェイスブックで立ち上げられたニュースページで、開設者はジャーナリストではなく、ジャスティン・オーチェロ（Justin Auciello）という名の都市計画立案者である。ニュージャージー州沿岸地域に甚大な被害を与えた2011年のハリケーン・アイリーンの情報をアップし始めたのがページ開設のきっかけだった。閲覧者が多くなったことでそのままニュース提供サイトとして運営が続けられ、沿岸部各地域の気象情報や交通情報、イベント情報などが追加されるようになった。2013年にハリケーン・サンディが同地域で荒れ狂った時には、JSHNは市民やメディア関係者が頼りとするニュースサイトになった。現在は22万人の閲覧者を集めるニュースサイトに成長している。「報道といえるものではない。私のサイトは気軽に『手

助けが欲しい』とか『ちょっと手を貸してくれ』と声をかけ合う程度のプラットフォームである。そして、それに反応してくれる人たちがいる」とオーチェロは語っている（O'Donovan 2013 からの引用）。この原稿執筆時点で、オーチェロは開設当初のまま JSHN を 1 人で運営している。しかしハリケーン・サンディで果たした役割がメディアの注目を集めたこともあり、助成金を受ける身になった。そして現在は独立系ウェブサイトの立ち上げと携帯アプリの開発を計画中である（O'Donovan 2013）。

4 デジタル・ニュース・メディアの国際報道

人員削減や冷戦の終結が要因となり、レガシーメディアにおける国際報道は減少してきたが、国際ニュースを専門とするデジタル専門企業が何社か登場した。最も顕著な例がボストンを本拠地として広告収入で運営されているグローバル・ポスト（GlobalPost）というニュースサイトである（http://www.globalpost.com/）。サイトが表明する運営目標は「米国報道機関の国際報道において生じた大きな空白を埋めること」である。2014 年の時点で同社は 28 人の専従スタッフを擁し、世界中にフリーランスの記者やフォトグラファーを配置している。そのコンテンツを見ると、レガシーメディアのニュース配信企業である商業放送 NBC ニュースや米国公共放送局 NPR（公共ラジオ）や PBS（公共テレビ）とトピックが重なっていることが分かる。

ほかにも、米国国内のニュース配信事業者として始まり海外に手を広げていったデジタルメディア企業は、原稿執筆時点（2015 年）では以下がある。

- ・ヴァイス・メディアは世界 25 カ国にオフィスを持っている（http://www.vice.com/about）。
- ・ハフィントン・ポスト（Huffington Post）は 11 カ国で各国版を配信している（http://www.huffingtonpost.com/）。
- ・バズ・フィードはガーディアン紙のモスクワ支局長だったミリアム・エルダー（Miriam Elder）を海外報道担当の編集員として引き抜いた。以下のサイトで海外ニュースの充実を図るためである（http://www.buzzfeed.com/buzzfeedpress/buzzfeed-taps-the-guardians-miriam-elder-as-foreign-editor）。
- ・ビジネス・インサイダー（Business Insider）はシリコンバレーのインサイダーブログとしてスタートした。現在は商用サイトに発展し、英国、豪州、香港、

タイで展開している（http://www.businessinsider.com/）。

5　デジタルメディアの調査報道

　近年になり、米国において卓越した調査報道を表彰する権威ある賞のいくつかがデジタルメディアのニュース組織に与えられた。2008年に配信を開始した非営利組織プロパブリカ（ProPublica）はその調査報道の功績を讃えられ2010年にピュリッツァー賞の調査報道部門を受賞、続く2011年には同賞の国内報道部門を受賞した（http://www.propublica.org/）。プロパブリカはしばしばニューヨーク・タイムズやPBSといったレガシーメディアと提携して活動している。同じく非営利組織のセンター・フォー・パブリック・インテグリティ（Center for Public Integrity）は、レガシー系の商業放送ABCニュースと連携した報道プロジェクトの功績に対して2014年のゴールドスミス賞を受賞した（http://www.publicintegrity.org/）。

　調査報道はコストがかかる。レガシーメディアが人員その他の動員可能な資源の不足などによって調査報道に手が回らなくなり、深く掘り下げた説明責任追及型のジャーナリズムが衰退しつつある時期に、この分野でのデジタルメディア組織の仕事が認められ出したということは、彼らが問題意識を持って調査報道の衰退に対処していることを物語っている。注目度の高い調査報道はプロパブリカ、センター・フォー・パブリック・インテグリティ、センター・フォー・インベスティゲイティブ・リポーティング（Center for Investigative Reporting）といった大手組織が手がける傾向にあるが、小規模のデジタルメディア組織もまた調査報道を業務の一つとみなしている。インベスティゲイティブ・ニューズ・ネットワーク（Investigative News Network）という組織が慈善団体のコンソーシアムによって設立され、この組織を通して、100近い非営利ニュース組織に対して共同作業の促進やバックオフィス機能の提供などの支援がなされている（http://investigativenewsnetwork.org/）。

　中小の非営利メディアは主に地元や州関係のニュース報道に注力している。ザ・テキサス・トリビューン（The Texas Tribune）などが顕著な例だ。これはデータジャーナリズムの分野で名を高めてきた非営利団体だが、政府組織に関する公的データをオンラインで読者に提供している（http://www.texastribune.org/）。5人のスタッフで運営されるメイン・センター・フォー・パブリック・インタレ

スト・リポーティング（Maine Center for Public Interest Reporting）は本拠地メイン州についてのニュースを届けるだけでなく、読者が公的な事柄について理解を深め、読者自らが「公共の利益の監視者」になれるよう一連のツールをオンラインで提供している（http://pinetreewatchdog.org/）。このようにそれぞれの地域を調査報道の対象とする非営利メディア組織は多数存在する。

　地域性よりもテーマ性を調査報道の焦点とする非営利のデジタルメディア組織も存在し、それらの姿勢は「社会的地域主義／ソーシャルローカリズム」と呼ばれている（Stavitsky 1994）。ニューヨークに本拠を置く小規模なフード・アンド・エンバイロメント・リポーティング・ネットワーク（Food & Environment Reporting Network）がそのような組織の一つで、「食料、農業、環境衛生にとくにフォーカスする理由は、これらが私たちの日々の生活に深く関わってくる問題だからである」と彼らは述べている（http://thefern.org/）。ジュブナイル・ジャスティス・インフォメーション・エクスチェンジ（Juvenile Justice Information Exchange）はジョージア州の州立大学で設立された非営利組織だが、青少年に影響する裁判制度上の諸問題についてレポートするだけでなく、裁判制度に関わることになった人々にさまざまな情報を提供している（http://jjie.org/）。一方、ホーミサイド・ウォッチ D.C.（Homicide Watch D.C.）は首都ワシントン D.C. で発生する殺人事件をすべて追跡レポートするサイトである。第一報から裁判資料、ソーシャルメディアの反応、事件発生から結審までの追跡報道をサイトに発表している（http://homicidewatch.org/）。運営者は 2 名で、サイトの使命を「すべての死に注目する。すべての犠牲者を心にとどめる。すべての事件を追跡する」としている。彼らに影響されて類似の殺人事件追跡サイトが全国で誕生した。このサイトは多数の賞を受賞し、Kickstarter を通じて資金を調達し、また、助成金を獲得した（Carr 2012）。

6　共通のコンテンツと共通の価値観

　この種の分析を試みる上で直面する困難は、米国の事情がほとんどの民主主義国家と異なっている点である。米国の公共放送は公式には「非営利の教育テレビおよびラジオ」と言及されるが、他国と違い、米国のメディア政策は公共放送の役割を明確に定義していない。ローランドが指摘するように（Rowland 1986）、メディア政策の決定者は公共放送という事業を肯定形（〜であるべき）

ではなく否定形（～であるべきでない）を使って定義してきた。つまり、営利活動であってはならない、と。さらに、米国の公共放送は歴史的に地方分権的に発展してきた。その点も中央集権的に発展してきた他国の公共放送制度と異なっている。その結果、米国の公共放送は地方によってそのフォーマットも運営戦略も影響力も大きく異なるのである（Stavitsky 2012）。英国や欧州では公共放送の役割や公共的価値についての議論が重ねられてきた経緯があるが（Lowe and Martin 2013 を参照）、米国では公共放送の特性や使命について有識者や学者の間で議論されることが圧倒的に少なく、わずかな公的資金をめぐって政治的小競り合いが定期的に発生するのがせいぜいという状況であった。

　とはいえ、米国版公共放送についての理論形成は進展し、当初は BBC や欧州の大手公共放送をモデルに議論されてきたが、やがて 1960 年代のイデオロギーや「偉大な社会（Great Society）」時代の政治運動および社会運動の影響を受け、1967 年に公共放送法の制定へと至った（Stavitsky and Huntsberger 2010）。1967 年の公共放送法は、現在まで続く公共放送への連邦助成金の最初の事例となった。この流れでナショナル・パブリック・ラジオ（NPR）および公共放送サービス（PBS）が開設された。こうした公共メディアシステムは小規模ながら評判は良好で現在に至っている（http://www.cpb.org/aboutpb/act/）。

　米国の公共放送理論の形成に大きな影響力を持ったのは、創成期の NPR が1970 年に発表した任務表明である。これは、NPR の初代番組局長を務めた若き放送人ビル・シーメリング（Bill Siemering）によって書かれたものである。すなわち、それは「個々人に奉仕する。個人の人間的成長を促す。人々の差異に嘲笑や憎悪を向けず、それを喜ばしいことと受け止め、敬意を持って向かい合う。人々の経験は空虚で陳腐なものではない。限りなく多様なものである。NPR はその多様な人間経験を祝福する。視聴者を無気力で受け身の存在として扱わない。視聴者が積極的、建設的に社会的に参加することを促していく」というものである（Siemering 1970: 2012）。さらにジャーナリズムに関しては、「NPR はさまざまな国内問題、国際問題を積極的に探究、調査し、解釈を提示していく。番組を通して視聴者が自分自身をよりよく理解し、政府、社会制度を理解し、自然環境、社会環境を理解するよう促す。それによって視聴者が社会変革の過程に理性的にかかわる主体になるように手助けしていく」と書いている。

　このように、米国の公共放送を特徴づける一連の理念が存在する。それが常

200　第Ⅲ部　メディアの公共性と公共放送のゆくえ

に実践されているとはいえないまでも、理論として存在している。これまでの考察で明らかになったのは、これらの理念がデジタルメディアのニュース組織にも共有されている点である。したがって、デジタルメディアが公共メディアと協働する動きがあるのは驚きではない。実際、プロパブリカやグローバルポストといったデジタルメディアの大手がPBSやNPRのような公共放送組織とパートナーシップを組むことがあり、また、ジャージー・ショア・ハリケーン・ニュースのような小さなデジタルメディア組織がニュージャージー州やペンシルバニア州の公共ラジオ局と連携する場合もある。つまり、地方自治体や州政府の説明責任を追及する報道や環境問題、国際報道といった、両者が扱う内容が重なっているのである。これらのテーマはいずれもレガシーメディアの人員削減の余波でますます縮小されている報道分野である（Enda, Matsa and Boyles 2014）。

　しかし何より着目すべきは、運営上の価値観そのものが著しく重なる点である。多くのデジタルメディアがインターネットのサイトで標榜する価値観を見ると、地域主義を重視し、市民の声に耳を傾け、市民参加を呼びかけ、民主主義的な政治過程でジャーナリズムが果たす役割に対する信念を表明していることが分かる。

7　デジタルメディアは公共メディアにどのような影響を及ぼすのか

　それでは、両者の共通性が将来的に米国の公共メディアにとって持つ意味は何であろうか。基本的には、多くの面でデジタルメディアは従来の公共放送にとって新たな競争者である。視聴者に新たな選択肢を示すことによって、公共放送から視聴者の関心を削いでいく存在であり、経済的にも視聴者／利用者を奪い合う競争相手になり得る。例えば、地方のデジタルメディアのニュースサイトで多くの時間を過ごす閲覧者は、地方の公共ラジオ局ではなくデジタルサイトの方に寄付をするかもしれない。さらには、公共放送に寄付してきた地元事業者や慈善団体が寄付の一部をデジタルメディアのニュース組織に回すことになるかもしれない。ローカルレベルではこのような実態を測るのは時期尚早だが、全国レベルでは、国内の慈善団体が米国のデジタルメディアのニュースサイトに興味を示しているのは明らかである。

　公共放送に税金を投入することの正当性については、いまや、世界的に異議

第11章　米国における非営利メディアの生態系　201

が申し立てられている。公共サービス団体ではなく、非営利で、放送形式をとらないニュース組織が価値観とコンテンツの点で公共放送と重複するとなると、長期的に見て、公的資金によって成立する公共放送の足元が揺らいでいく可能性がある。PSMの公共的価値について考察したRIPE@2013の論文集でMartinとLoweが指摘するように「政治的、社会的、文化的、そして経済的に考慮して、公共放送に公的資金を投入してそのマルチプラットフォーム展開を援助することがよい投資なのかどうか、各国政府は考察中である」というのが現状である。デジタルメディアによるニュースの登場によって、公共放送の存在意義を訴えていく上での困難がさらに増す可能性がある。ホロヴィッツとクラーク（Horowitz and Clark）がいうように、デジタルメディアによるニュースは「組織構造上は公共放送とは異なり、公共サービスとして運営もされていないが、しかし『事実上』公共メディアの機能を果たしている」のである（Horowitz and Clark 2013: 165）。

　これは米国だけの問題ではない。オープン・ソサエティ・ファンデーション（Open Society Foundation）が行った「Mapping Digital Media」プロジェクトの結果を見ると、調査対象となった42カ国中、「事実上、公共メディア」といえるデジタルメディア組織を持つ国は多数存在した（mappingdigitalmedia.org）。しかしデジタルメディアの分野は米国が最も発展しているため、米国は「炭鉱のカナリア」、つまり世界的に公共放送の未来を予告する事例として今後も注目に値するのである。

8　おわりに

　皮肉なことだが、公共放送が直面するこれらの課題や困難を逆に好機として、現在進行するメディア環境の変化の中で公共放送が主導的役割を切り拓いていくことも不可能ではない。すなわち、「広場の主宰者」としての役割である。すでに事例は存在している。ザ・レンズとニューオリンズの公共放送のラジオ局WWNOはコンテンツ共有体制を築いている。このモデルでは、公共放送が充実したスタッフ体制やインフラを提供してデジタルメディア組織の宣伝に力を貸し、一方で、公共放送はデジタルメディア組織の持つコンテンツや（しばしば）新鮮なアプローチから恩恵を受けることができる。デジタルメディア組織にはコミュニティへの独自の視点やマルチプラットフォーム形式の報道と

いった強みがあり、これらを公共放送の枠組みに取り込むのは妙案といえる。ホロウィッツとクラークはこれを「連携に対する複数型ステークホルダーのアプローチ」と呼んでいる（Horowitz and Clark 2013: 171）。このアプローチは、「PSMが作る公共的価値への主体的参加を促す連携関係」を確立していくことを意図している。

　さらに見ていくと、これはまだ始まったばかりではあるが、いくつかの分野において公共放送の方向性を再検討し、デジタルメディア組織やその他のコミュニティ組織が一堂に集う場所としての機能を持たせようという試みはすでにある。近年、ニュージャージー州のモントクレア州立大学は Center for Cooperative Media（CCM）を設立し、公共放送とデジタルメディアのニュース組織の協力関係を醸成するための教育やインフラを提供している（http://www.montclair.edu/arts/school-of-communication-and-media/center-for-cooperative-media/）。CCM が提示するモデルには米国の複数の慈善団体が興味を示し、CCM は助成金を獲得した。CCM のモデルは古いアイデアの焼き直しでもある。1980 年代、当時 PBS 社長だったローレンス・グロスマン（Lawrence Grossman）が「偉大なる連携／ Grand Alliance」を提唱した。それは、ケーブルテレビが「ニューメディア」であった当時、公共テレビが芸術の世界や人文科学組織、市民組織、図書館などと協力し合い、市民にも参加を促し、ケーブルテレビにおいて文化番組を制作するというビジョンである（Behrens 1999）。

　当時、グロスマンのアイデアはほとんど関心を呼ばなかった。「1980 年代、ラリー（グロスマン）は時代のはるか先を行っていた。当時は誰もラリーのいうことを理解できなかったのである」と後年テレビ界の重鎮は語っている（Behrens 1999）。しかしながら、デジタルへの移行によって起こった創造的破壊によって、メディア業界では実験精神が再び胎動を始めた。この胎動が公共放送に新たな役割、新たなモデルを提供し、公共メディアの存在意義に新たな意味を与えていく可能性があるのである。

引用・参照文献

ASNE (2013) "2013 Census," http://asne.org/content.asp?pl=121&sl=284&contentid=284

Behrens, S. (1999) "Civic Partnerships for Digital TV: An Idea Grantmakers Like," *Current,* http://www.current.org/wp-content/themes/current/archive-site/pb/pb912p.html.

Carr, D. (2012) "Innovation in Journalism Goes Begging for Support," *New York Times,* http://

www.nytimes.com/2012/09/10/business/media/homicide-watch-web-site-venture-struggles-to-survive.html?adxnnl=1&adxnnlx=1406315204-piPay64I9On/Uu+NC0Ucqg&_r=1&.

Enda, J., Matsa, K.E., and Boyles, J.L. (2014) "America's Shifting Statehouse Press: Can New Players Compensate for Lost Legacy Reporters?," *Pew Research Journalism Project,* http://www.journalism.org/2014/07/10/americas-shifting-statehouse-press/.

FCC (2011) *The Information Needs of Communities,* http://www.fcc.gov/document/information-needs-communities.

Hanscom, G. (2014) "The Story on Urban Newsrooms is Still Looking for its Hero," *Next City,* http://nextcity.org/forefront/view/collapse-of-old-media-urban-newsroom-nonprofit-watchdog-cities.

Horowitz, M.A. and Clark, J. (2013) "Multi-stakeholderism: Value for Public Service Media," in Lowe, G.F. & Martin, F. (eds.) *The Value of Public Service Media.* Göteborg: Nordicom: 165–181.

Jurkowitz, M. (2014) "The Growth in Digital Reporting: What it Means for Journalism and News Consumers," *Pew Research Journalism Project,* http://www.journalism.org/2014/03/26/the-growth-in-digital-reporting/.

Martin, F. and Lowe, G.F. (2013) "The Value and Values of Public Service Media," in Lowe, G.F. and Martin, F. (eds.) *The Value of Public Service Media.* Göteborg: Nordicom: 19–40.

O'Donovan, C. (2013) "Journalists of the Jersey Shore: How a Novice Reporter Built a News Network from Scratch," *Nieman Journalism Lab,* http://www.niemanlab.org/2013/10/journalists-of-the-jersey-shore-how-a-novice-reporter-built-a-news-network-from-scratch/.

Pew Research Center (2014) *State of the News Media 2014,* http://www.journalism.org/packages/state-of-the-news-media-2014/.

Rowland, W.D. (1986) "Continuing Crisis in Public Broadcasting: A History of Disenfranchisement," *Journal of Broadcasting & Electronic Media* 30(3): 251–274.

Siemering, B. (1970/2012) "National Public Radio Purposes, 1970," *Current,* http://www.current.org/2012/05/national-public-radio-purposes/.

Stavitsky, A.G. (1994) "The Changing Conception of Localism in U.S. Public Radio," *Journal of Broadcasting & Electronic Media* 38(1): 19–33.

Stavitsky, A.G. (2012) "'Notional Public Radio': Intermedial Change in U.S. Public Radio," in Herkman, J., Hujanen, T., and Oinonen, P. (eds.) *Intermediality and Media Change.* Tampere: Tampere University Press: 286–302.

Stavitsky, A.G. and Huntsberger, M. (2010) "'With the Support of Listeners Like You': Lessons from U.S. Public Radio," in Lowe, G.F. (ed.) *The Public in Public Service Media.* Göteborg: Nordicom: 257–271.

COLUMN　アメリカにおける「公共放送」と新興の「非営利ネットメディア」
　　　　　　田中孝宜

　アメリカにも「商業放送」と「公共放送」があるが、放送はラジオ放送の時代から私企業による商業放送が主体となって発展してきた。「公共放送」が誕生したのはラジオ放送開始から半世紀がたった1970年のことである。アメリカの「PBS（公共放送サービス）」は、公共放送BBCが絶大な存在感を誇るイギリスや、NHKと民放の二元体制が確立した日本の公共放送とは大きな違いがある。

　アメリカの公共放送は、全米各地のコミュニティ放送局や大学内に拠点を置く小規模なテレビ局が加盟するネットワークとして活動している。PBSという放送局があるわけではない。東部バージニア州にあるPBSの本部は自ら番組を制作することはなく、外部から番組を調達したり、メンバーの放送局が制作した番組を加盟局に配信したりしている。ラジオについては「NPR（ナショナル・パブリック・ラジオ）」という同様の公共放送のシステムがある。

　アメリカの公共放送は、1967年の「公共放送法」の成立を受けてスタートした。当時のジョンソン大統領は、法律に署名する際「アメリカ国民は最高のものを求めている。すべての人民のものである電波の一部を、人々を啓蒙するために利用する」とスピーチした。広告収入を考えて、より多くの視聴者を獲得することを目的とする商業放送が取り上げないような教育・教養番組、社会問題を真正面から扱う番組など放送するために公共放送が必要だという認識である。

　高い目的意識を持って誕生したアメリカの公共放送だが、受信料のような視聴者の負担金を財源とせず、政府の交付金や企業や個人の寄付で成り立っており、商業放送に比べると財政的に不安定で小規模な放送局が多い。財源をめぐる課題は、公共放送が誕生して以来しばしば政争の具として使われてきた。最近では2012年の大統領選挙で共和党のミット・ロムニー候補が公共放送の政府交付金を打ち切りたいと発言したところ、オバマ大統領が「ロムニー氏はビッグバード（PBSで放送されているセサミストリートのキャラクター）を首にしようとしている」と反論した。このように政治の干渉をまねく恐れのあるぜい弱な財政基盤だがその期待される役割は決して小さいものではない。商業放送では提供されない番組を放送するという補完的な位置づけでありながら、コミュニティにとって必要なサービスを提供する大切な存在として支持され、高い信頼を得ている。

　デジタル時代を迎え、アメリカのメディア界は大きな変動期を迎えている。その変化の一つに「非営利ネットニュースメディア」の勃興がある。インターネットの普及などで新聞経営が厳しくなり、多くの記者が職を失った。ピュー・リサーチ・センターによ

ると 2004 年には 5 万 4,100 人いた記者・編集者が 2013 年には 3 万 6,700 人に減少した。新聞社を去った多くのジャーナリストが向かったのが、非営利のネットメディアである。彼らは、地域の社会問題に深く切り込み、取材し、そしてネットで記事を発表するようになった。各地に立ち上がった玉石混淆のネットメディアの中には著名なピュリッツァー賞を受賞する機関も登場するなど、メディア界での地位を着実に確立しつつある。そんなネットニュースメディアの運営を支えているのが、PBS と同じように個人からの寄付や企業・財団からの協賛金である。

　本章で紹介するアメリカのメディア研究者であるスタヴィツキー氏は、非営利のネットメディアの活動が、アメリカの公共放送 PBS と根底で共鳴するものがあり、また PBS のライバルにもなりうると主張している。状況は現在進行中であり、未来の姿を予測することは難しいが、アメリカの公共放送が大きな岐路に立っていることは確かである。

第 *12* 章　　　公共サービスメディアと人権

ミンナ・アスラマ・ホロヴィッツ

1　はじめに —— PSM の存在意義

　今日、巨大な変化がメディア環境を作り変えている。それによって市民が情報を得る手段が変わり、政府や企業の説明責任が一層求められるようになり、社会がその潜在力を発揮できるようになった。一連の変化のほとんどが「越境的な」展開を見せている。マス・コミュニケーションがインターネット、ソーシャル・ネットワーク、モバイル通信と同じメディア環境の中に存在していることもその一例である。加えて、以前にも増してコミュニケーションとその関連技術が及ぼす影響力が拡大しており、その影響範囲は医療（いわゆる e-Health ＝インターネットを利用した遠隔医療や、m-Health ＝モバイルを利用した医療サービス）から教育（無料の Massive Open Online Courses やその他オンライン学習）、そして国家の安全保障からグローバルな安全保障にまで及んでいる。

　メディア環境の再編が、伝統的なメディア制度にとって新たな機会になる場合もある一方で、倫理規定や手続き上の問題や財政上の困難に結びつくこともある。いずれにしても数々の変化が伝統的なメディア制度に影響を与えるのは自然の成り行きである。中でも、多元主義と多様性、透明性、説明責任、編集の独立性、情報へのアクセス、公共の利益、高い職業倫理などを重視するジャーナリズムに与える影響は大きい。個人レベルの観点では、現代のメディア環境の大きな特徴の一つは、視聴者参加の広がりと深化である（Carpentier 2011）。こうしたメディア環境の中で、「ユーザー・エージェンシー（user agency）」をめぐる新たな問いも出現している（Postigo 2012）。すなわち、この新しいメディア環境の中では、コンテンツ制作において制度化された専門家だけでなく、潜在的にすべての人々が制作者になりうるのである。メディア政策の決定過程においては、従来の境界線を再定義する必要がある。メディア規制とテレコミュニケーション規制の境界が曖昧になり、著作権法やプライバシー法と表現の自

207

由とのかね合いが問題化するなど新しい事態が生まれている（CLD 2013）。加えて、メディアの形態やメディアへの参加がローカル、全国、グローバルといった多様な規模、あるいは争点中心型など越境的で多様な形式を伴うようになっている。そのような環境でメディア政策やメディアシステム、そしてメディア実践をいかに創造し、いかに評価していくのかが難しい問題になっている（Aufderheide and Clark 2009 など）。

　このような急激な変化の中、公共サービスメディア（PSM）の重要性を主張する人々は、今こそ PSM の中心的な原理、哲学、行動、支持者について再考、再定義し、PSM の特性をどのような方法で促進していくか熟考する必要に迫られていると主張する。PSM の存在意義を再考するという点で、ヨーロッパ放送連合（EBU）の Vision 2020 は最大限の努力の成果である（EBU 2014）。EBU は 2016 年 7 月現在、欧州を中心に 56 の加盟国から 73 の放送事業者を活動会員[1] として擁し、21 カ国から 34 の放送事業者を準メンバー[2] としている。メンバーの多くが公共サービスメディア組織である。Vision 2020 は新時代の課題に対して 10 項目の勧告リストを掲げている（EBU 2014: 15-33）。その最後の事項が「PSM の社会的存在意義の主張」となっている（EBU 2014: 32）。

> 他の公的組織と同様に、PSM は政府、市場、社会の三者間の関係性の変化の影響を受ける。PSM の運用においては、PSM の正当性をこうした新しい文脈に適応させる必要がある。

　EBU の Vision 2020 には具体的な行動指針の提言が多く見られるが、本章では PSM をより広い視野で捉えることを提案したい。人権を基盤としたグローバルなプロジェクトとしてである。欧州評議会の審議文書（Council of Europe 2011: 32）は「公共サービスと人権」を以下のように定義している。

> 人権に基づくアプローチとは、国際的な人権の基準に基づいて社会の発展を捉える概念的枠組みであり、人権概念の促進と人権保護、不平等の分析、差別的慣行や権力の不公正な分配の是正などに尽力するものである。

　例えば教育、ヘルスケア、安全といった公共サービスと人権とを結びつけることは新しい考え方ではない。コミュニケーションと開発に関する人権に基づ

くアプローチについても、国際関係のアジェンダとして数十年前から存在している。こうした議論を引き継ぎつつ、デジタル時代の到来は、人権とメディア、そしてメディア技術に関する多様な議論を喚起している。すなわち、デジタル時代が表現の自由の新たな機会をもたらすか、あるいは新たな困難をもたらすのかといった議論、技術とコンテンツへのアクセスをめぐる議論、プライバシーをめぐる議論、デジタル時代における権力をめぐる議論、そして非民主主義国家においてメディアが有する民主化の可能性をめぐる議論などである（例えば、Klang and Murray 2004; Ziccardi 2013）。現在、メディアの改革や開発、インターネットの権利をめぐって活動する市民団体の多くがグローバル・スタンダードとグローバル政策の確立を呼びかけている。例として、多くの市民団体は 2016 年施行の国連の新たな「持続可能な開発目標案」の中にメディア・コミュニケーションの技術を含めることを要求している[3]。この案では、先に挙げた「PSMの存在意義」を探求する試み（EBU 2014）は、より大きな課題の中に位置づけなおされることになる。すなわちそれは、より民主的なメディア・コミュニケーションのシステムや実践を求める動きとして再定義されるのである。したがって、PSM を再構想する試みは、グローバル、そしてローカルな次元で展開する広範で多様な「メディア改革」やメディアの民主化を求める運動の一部とみなされることになる。

　以下、本章は第一に、公共サービスという理念とその理想像は、画一的なものでも不変的なものでもないことを示すために、PSM を正当化する方法の多様性について指摘する。第二に、メディア・コミュニケーションに対する人権に基づくアプローチをグローバル・スタンダードとして論じる。第三に、直近の欧州の政策に関する分析を基に、人権と結びつけた PSM の枠組みについて述べる。最後に、PSM の存在意義を世界的に訴える上で人権に基づくアプローチをその支柱として主張していくことについて論じたい。PSM は世界各国でそれぞれの形態をとっており、その起源や性質は各国固有のものである。しかし、人権に基づく議論はグローバルなレベルで適用可能なものであり、PSMの経営、権限、説明責任のための統一的な枠組を提供するものである。さらに、人権に基づく統一的な枠組みは、デジタル上の人権に関して個別の利害を持つステークホルダーたちをまとめ上げる点でも役に立つ。それはさまざまな分野、組織、権限を持つステークホルダーに対する訴求力を持つだけではなく（Horowitz and Clark 2014 参照）、国境を越えてグローバルに訴える力も持っている。

第12章　公共サービスメディアと人権　209

2 国民国家の文脈——PSMを正当化するいくつかの議論

RIPE叢書[4]のような先行研究が示す通り、PSMをめぐる議論にはさまざまな形態があり、PSMという存在を理解する方法も多様である。制度的特徴から理解する方法、番組編成で何が優先されているか、という点から理解する方法、財源モデルから理解する方法、国内的な規制枠組みや権限から理解する方法など、多様である。同様に、政策過程や統治過程と結びつけて社会におけるPSMの全体的役割を論じる議論もまた、多様である。一般的な議論であれ、あるいはアカデミックな議論であれ、一連の議論を結びつけるのは次の点である。すなわち、PSMの組織に固有の権限の拡張を主張し、あるいはPSMを正当化しようとする一連の議論は、PSMを国民国家を基盤として構築されたものとして捉えている点で共通している。PSMを理解する上での視点の多様性を示すため、以下、いくつかの議論を例として挙げる。

第一に、メディア政策の理論に基づく視点が挙げられる（Napoli 2007）。これは、PSMの存在意義を主張するにあたって、三つの主要な政策哲学のいずれか一つを中心に展開すべきとする考え方である。三つの政策哲学とは、言論の自由、思想の自由市場、公共の利益に関する哲学である。「言論の自由」は、メディア空間において複数の声が存在することを認め、またそれを保障する考えである。「思想の自由市場」とはある種のコンテンツやサービスに対する市場の需要を指し示しており、メディア政策を公正な競争をサポートするための産業政策とみなす。「公共の利益に関する哲学」は、PSMを最も直接的に支える概念であり、公衆が必要なサービスを享受することを政策理念としている。これらの理論はメディアが果たす社会的役割を論じる上での広範な枠組みではあるが、国内レベルでのメディア政策の決定過程を語る時にさまざまな文脈でしばしば用いられてきた理念である。

第二に、ヤコボヴィッチ（K. Jakubowicz）が提唱するPSMの権限をめぐる系譜学的視点が挙げられる（Jakubowicz 2014: 213-214）。この視点では、世界各国のそれぞれの文脈において公共放送が誕生する過程、あるいは国営放送から公共放送やPSMへと移行する過程に関する三つの主要なモデルが提示されている。まず家父長主義的モデルがあるが、これは公衆の啓蒙を目的として公共放送に規範的役割を与える考え方である（BBCの古典的公共放送モデル）。次に民主主義的・解放的モデルがある。多くの国で独占的な国営放送が時代遅れにな

210　第III部　メディアの公共性と公共放送のゆくえ

り、公共放送に変容する 70 年代、80 年代に登場したモデルである（この変遷は欧州各国、その他の地域で起こった）。最後に、社会全体のシステムという点から説明するアプローチがある。公共放送や PSM を政治変動、民主主義への移行などと密接に結びついた制度として解釈する視点である（例えばそうした状況はかつての東欧各国において生じた）。

　第三は、バジョミ＝ラザーらが提唱する PSM を変革するための政治・社会理論に基づく視点である（Bajomi-Lazar et al. 2012: 374–375）。ここではメディア環境の激的な変化に対応すべく、PSM の再設計の必要性が提唱され、そのための三つの枠組みが提示されている。自由主義的アプローチは、PSM は市場の不完全性を是正する役割を担うとしている。つまり、自由市場（競合相手である商業的なメディア組織）によって採算がとれないとみなされたコンテンツやサービスを提供することによって、市場主義が生むギャップを埋めるというものである。このアプローチは、PSM に関する「市場の失敗」という視点と同義である（例えば Berg et al. 2014）。両者ともに「思想の自由市場」の政策理念に沿っている。需要の役割が強調される一方で、PSM の目的は、自由市場の原理によって十分にサービスが行き届かない層に奉仕することであるとみなされる。ラディカルデモクラシー的アプローチも存在している。ここでは民主主義をさらに深化させる上で公共の利益という使命を帯びた組織としての PSM の卓越性に焦点が当てられている。このアプローチによると、PSM は（今後も）ニュースやジャーナリズム、音楽、文化、ドラマ、子ども番組、そして国民を統合するためのイベントを提供していくべきだということになる。三つ目の新たなアプローチとして、バジョミ＝ラザーらは PSM がエコロジカルな使命を担うことを提案している（同上）。この独自のアプローチにおいては、環境保護と持続可能なライフスタイルを提唱する組織として PSM の公共性が再解釈されている。

　第四は、PSM の価値に関するプラグマティズム的な視点である。この視点は、EBU 総裁イングリッド・デルテンヌ（Ingrid Deltenre）による近年の談話[5]の中で明らかにしたものである。EBU 総裁のスピーチでは、良質なジャーナリズム、文化の代表＝表象、政治や経済の発展に果たす役割こそが PSM の特性であるとしている。

優れたジャーナリズムや良質な番組を生み出し、多数派・少数派に分け隔てなくサービスを提供する国家や市場から独立したメディアの存在は、文化的多様性と社会的連帯に寄与するものであり、すべての民主主義と経済の礎となる制度である。

メディア、とくにPSMは、常に特定の国を参照する上での一つの指標となる。つまり、文化、民主主義のレベル、経済の質を映し出す鏡である。

PSMは、民主主義と経済効率に変革と改善をもたらす原動力となりうる。

　PSMの中心的な理念に従い、Vision 2020では、「PSMの存在意義を主張する」ためには「長期的視点から政府・市場・社会の三者関係の中に公的組織を位置づけ、その上で独自の特色と特殊な潜在能力を持つメディア組織としてPSMを構想することが不可欠である」と主張している（EBU 2014: 32）。バジョミ＝ラザーらの分類を借りると、これは「自由主義」と「ラディカルデモクラシー」という二つの視点に「持続可能性」の視点を一定程度取り入れたアプローチである（Bajomi-Lazar et al. 2012）。

3　人権に基づくアプローチのグローバルな文脈

　現代社会はメディア化が著しく進展する一方で、グローバル化も進んでいるといえよう。本章の冒頭で現代社会の多くの変化について言及したが、それらの変化は現代のコミュニケーションのグローバルな側面を強化すると同時に、そうしたコミュニケーションのグローバルな特徴に影響を受けてもいる。このような変化の中で、PSMの存在意義について規範的な探求を続けようとする場合、次のような疑問が生じることになる。組織としてのPSMという点から、あるいは社会におけるPSMの役割という点から、PSMを理解し、位置づける上で、これまで述べてきた議論、理論、アプローチのどれが最も有効なのだろうか。さらには、国民国家の境界内に収まるPSMとして生成してきた理念が、グローバル化と連動したコミュニケーション環境の劇的な変化に対応できるのだろうか。
　EBU Vision 2020を分析した政治経済学者のトンプソン（P.A. Thompson）は、

その答えの一つを提示している（Tompson 2014: 72-73）。すなわち、市場原理主義を支持する（かつ国内志向型の）政策立案を前提とすることは危険であり、政府の政策と放送事業者の優先事項とを公共サービスの原理に再び結びつけることを妨げることになるのである。

> PSM が新たな環境に適応する必要があることはいうまでもないが、公共サービスの原理について弁解する必要はないし、ましてや放棄する必要もない。むしろ反対に、公共サービスは新たな意味を付与されるべきである。ただし、その場合、デジタルコモンズを一般公衆の手に取り戻すというより広範な運動に位置づけることが肝要である。
> (Tompson 2014: 72-73)

　トンプソンが提唱する「デジタルコモンズを回復するための運動」は、メディアとコミュニケーションの諸技術が相互に関係する領域で生じる課題に取り組んでいる。さらにいうと、この十年で浮上してきた一連の議論や、「インターネットの自由」をめぐる運動は、地政学的課題を含んでいると同時にグローバルな問題でもあり、国内問題でもある。

　とはいえ、コミュニケーションやメディアとその関連技術に関する課題は、デジタル時代が到来する以前からグローバルな争点であった。そして、ボーダーレスあるいは越境的に展開するメディアとコミュニケーションのグローバルな特徴を考える上で、その基底には人権概念がある点は重要である。国連世界人権宣言（UDHR 1948）を起源として人権思想が国際的な次元を有するようになったことを考えると、それは何ら不思議なことではない[6]。国連世界人権宣言はグローバルスタンダードとして正当性を持っており、一連の人権思想のためのグローバルな規範枠組みでもある（Goodhart 2013: 36-38）。人権思想は決して単純なものではなく、議論の余地のないものでもない。普遍的権利という概念に異議を唱える人々は多く、また、その思想の根幹においてしばしば見られる西欧中心主義的な観点にうんざりさせられる人々も多い（同上）。そうした中でもコミュニケーションをめぐる権利意識の進化は、表現の自由から始まり、現在は情報へのアクセス権やコミュニケートする権利にまで広がっている。UDHR の初期の草稿には表現の自由を基本権の一つと定める有名な 19 条が含まれており、後に知的財産権（著作権）に関する条項がいくつか加えられた。さらに、UDHR にはプライバシー権や教育を受ける権利なども含まれている。

第12章　公共サービスメディアと人権　213

双方とも今日ではメディアやコミュニケーションに関する技術と深く関連づけられるとみなされている。

EBU の Vision2020（EBU 2014）が強調した「政府・市場・社会の三者関係」と同様の視点が、開発、民主主義、社会全般の領域におけるコミュニケーションとメディアの役割をめぐるグローバルな議論に埋め込まれているのは興味深い。ヨーゲンセン（R.F. Joergensen）はメディアとコミュニケーションにおける人権をめぐるグローバルな議論を概観しつつ、国連には当初から市民社会の視点が存在してきたと指摘している（Joergensen 2014: 97-100）。1970 年代に始まった情報の権利および情報の自由をめぐる議論は、政府と国家の果たしてきた役割に異議を唱え、個々の市民の情報への権利を強調している。同時期に発展途上国ではコミュニケートする権利が議論されるようになった。これは西欧によるマス・コミュニケーションの支配に対する発展途上国からの挑戦でもあった。議論を主導したのは国連教育科学文化機関（UNESCO）で、ここで新世界情報コミュニケーション秩序が提案され、コミュニケーション問題をめぐる研究の国際委員会、いわゆるマクブライド委員会（International Commission for the Study of Communication Problems 1980）が設置された。1990 年代に入ると UDHR に文化的アイデンティティの権利という概念が加わる。同じ時期、国連はインターネットの重要性が増していることを認識し、この問題に関する大きな会議を開催した。世界情報社会サミット（WSIS）である。ここでは市民社会からの参加者たちが会議に大きく貢献した。

これらの動向の一方で、人権とコミュニケーションはグローバルな制度としての側面を持つようになる（Joergensen 2014: 100-103）。関税及び貿易に関する一般協定（GATT）、後年になると世界貿易機関（WTO）とも密接に連関する国連主導のインターネット・ガバナンス・フォーラム（IGF）が始まると、コミュニケートする権利という言葉がネットワーク時代の課題を包含する用語としてステークホルダーによって使われるようになった。同時に、国際電気通信連合（ITU）、国連開発計画（UNDP）、UNESCO といった国連機関がメディア、コミュニケーション、テクノロジー、それに関連した文化的多様性、e-learning などの分野に注目するようになった。人権とコミュニケーション政策に関わる政府間組織としてはほかに欧州安全保障協力機構（OSCE）と欧州評議会がある。前者は特に表現の自由に関心を持っており、後者はより広範な目的を有する。

最後に、コミュニケーションとメディアへの人権に基づくアプローチにはビ

ジネスとしての側面もあることを指摘したい。メディア・コミュニケーションの技術を扱う企業はデジタルコモンズを取り戻す運動に注目しており、その動向に対応するようになってきている。ヨーゲンセン（Joergensen 2014: 103-104）は、民間企業の人権意識を向上させることを目指すグローバル・ネットワーク・イニシアチブ（Global Network Initiative 2008）に注目している。グーグル、フェイスブック、Twitter といった 企業は複数のステークホルダーを集めたグローバル会議や RightsCon[7) などのイベントを開催しているが、活動家や業界の代表者、政策決定者、学識者などが一堂に会し、デジタル時代における人権問題を議論する場になっている。

4　人権に基づく PSM のあり方──ヨーロッパの事例

　メディア・コミュニケーションをめぐる人権概念についての議論は、メディアシステム、技術の利用可能性、表現の自由、情報へのアクセスといった問題を取り上げてきたが、人権という枠組みの中での PSM のあり方がグローバルなアジェンダとして脚光を浴びることはなかった。UNESCO が西欧的文脈とは離れて民主主義の基盤となり、知識を社会全体で共有することを可能にする制度として公共放送を認識し、支持していることは注目すべきである（Smith 2012）。しかし、西側世界、殊に欧州的な理念と理想を体現した制度であるにもかかわらず、欧州内には人権をめぐる争点の一部として PSM を捉える議論は比較的少ない。PSM が放送システムの中に定着し、メディア環境の中の当然の存在として何十年も親しまれてきたため、人権という枠組みで PSM 概念を再構築することに違和感があるのかもしれない。

　PSM の正当性についての問題は、付託権限の範囲（コンテンツの種類、インターネットサービスやモバイルサービスの認可や制限など）やそれに関連した財源をめぐる問題として捉えられてきたともいえる。しかしながら、民主化の途上にある多くの社会にとって、独立した、公的財源に基づくメディアの存在こそが重要な問題であり、これらの放送局のいくつかは EBU に加盟している。一方で欧州や他の地域には、成熟した PSM を有する国があり、他方にはメディアシステムの民主化の途上にある国もあるが、両者には予想以上に共通点が多い。ヴォルトマー（Voltmer）は、民主化の途上にある国々のメディアを研究する中で以下のように述べている（Voltmer 2013: 160）。

デジタル融合時代に入り、市場の規制緩和と視聴者の分散化によって世界的に公共放送が歴史的危機に直面している。20世紀半ばの社会ニーズに合わせて誕生した制度を現代に再現するのは不可能な試みかもしれないが、独立性、質の高い情報、中立性、インターネットとグローバル化の時代における社会的統合を守るためにPSMは自らを徹底的に作り直す必要がある。そういう意味では、成熟したPSMも新興のPSMも同じ立場にある。

　ネットワーク化されたコミュニケーションの時代におけるPSMのあり方を議論するにあたり、コミュニケートする権利という市民中心的な概念を導入する思想の中核には、メディア政策における大きなパラダイムシフトが存在する。10年前にヴァン・キュレンバーグ（J. van Cuilenburg）とマクウェール（D. McQuail）は、「将来的にメディア政策をコントロールしていくには、『公共の利益』および私的ないし個人の権利を適切に定義することによって正当化する必要がある」とすでに指摘していた（van Cuilenburg and McQuail 2003: 204）。最近ではハーゼブリンク（Hasebrink）などの研究者が、ある種のコンテンツやプライバシー問題において、メディア利用者は消費者や市民としてだけではなく「権利者」としても守られるべきであるとするモデルを提唱している（Hasebrink 2010: 138）。加えて、商業主義的な市場構造の隙間を埋めるというニーズのほかにも（あるいは、特定の脈絡で政権のニーズを満たすという以外に）、市民の権利に基づいて公共メディアの根本的な正当性を議論すべきであるとする潮流が、欧州の政策空間で見られるようになった。
　例えば、2009年にEBUは「憲法学から見るPSM—役割、付託権限、独立性の人権および憲法学的側面 」と題する研究を委託した（EMR 2009）。この研究の報告書は、EU加盟6カ国におけるPSMの法的枠組みとEUそのものとの関係に焦点を当てている。加えて、2014年に欧州人権条約（ECHR）10条（表現と情報の自由）に基づく分析レポートを発表している。同報告書は、2013年に公共放送ERTを閉鎖するというギリシャ政府の決定に対する応答であり、次のように結論づけている。すなわち、欧州人権条約10条は、既存のPSMへの国家の恣意的で不適当な行動に対する法的な保護を与えるものである。また、この報告書では、国家に対して10条の全般的な要求を満たすようなメディアシステムの（再）構築を義務づけている（Berka and Tretter 2013）。しかしながら、2009年、2014年のどちらの報告書も有益な情報を提供するものであるが、現

状解説が多く視野も限定されている。双方ともそれぞれの人権関連法が既存の公共放送にいかに適用されるかについて論じており、PSM に対する人権に基づくアプローチの全体像については多くの言葉を費やしていない。

　一方、欧州評議会人権委員会の要請によって最近になって作成された政策文書には、PSM に対するより包括的な人権に基づくアプローチモデルが提示されている（CoE 2011）。いわゆる「討議報告書／Issue Paper」と呼ばれる文書だが、そこでは PSM のさまざまな側面が多様な権利と体系的に結びつけられており、人権の観点から PSM を論じる場合、人権をめぐるさまざまな基準と結びつけられるべきであるとの主張がなされている。加えて、PSM の説明責任を評価する基準として、欧州全般にわたる包括的な人権に基づくアプローチを採用することが提案されている（CoE 2011: 23）。

　　国際人権規約に包含されている人権基準、そこから導き出される人権理念がある。PSM の政策と施策はそれらに沿って行われるべきである。そのようにして、PSM に対する人権に基づくアプローチは、権利者と義務の担い手を明確に認識し、義務の担い手があらゆる人権を実現することを保障するのである。

　文書では、表現の自由（そして情報源の保護）や文化多元主義、そして差別の禁止といった多様な人権基準と PSM が密接に結びついている点が強調されている。議論は、次の二つの中心的な枠組みに沿って展開されている。

　第一に、PSM は何より人権を保障する役割を持つということである。表現の自由だけではなく、教育を受ける権利、市民参加と集会の権利なども含まれている。第二に、PSM 組織をめぐる政策は国際人権規約に包含される人権基準、そこから導き出される人権理念に沿って行われ、それらの理念が PSM 組織の説明責任を評価する上での基準としても使われるべきだということである。

　・あらゆる利害関係者が高いレベルで参加すること
　・差別がないこと（平等性、包括性）
　・PSM は権利者がその権限を主張し実行できるように力を与える役割を持つ
　・説明責任という制度的側面も含まれている。国家は PSM 支援政策について責任を持つべきであり、PSM は PSM 組織としての行動に完全に責任を持つべきである（CoE 2011: 17-23）

第12章　公共サービスメディアと人権　217

確かにこれらは欧州の文脈に固有の議論ではある。しかし文書が示すのは、人権に基づくアプローチは危機的状況にあるメディアによる公共サービスの継続と発展を支える理念として用いることができる、という点である。そして一連の理念はギリシアの ERT をめぐる政策文書においても明確に示されたのである。

文書が示すより一般的なアプローチとしては、あらゆる人権に基づくアプローチは複数のステークホルダー主義が不可欠だということである（Horowitz and Clark 2014 を参照）。人権とコミュニケートする権利は、（例えば、番組の多様性の不足部分を補完する制度的使命という考え方とは異なり）ミクロとマクロ、そしてその中間レベルの繋がり、つまり、個人と組織と構造の繋がりを認識している。例えば、欧州評議会の討議報告書では、PSM に対する人権に基づくアプローチの枠組みの中で協力すべき六つのグループを挙げている（CoE 2011）。1）PSM 組織、2）政府、3）規制組織、4）視聴者、5）国際組織、6）人権擁護者である。後半に挙げられたグループほど PSM を利用して人権を推進していくべき立場にある。

同時に、ここでは PSM の新たな協同者が示唆されている。ハーマリンク（C. Hamelink）によると、メディアと人権の関係は良好とは言えなかった。主な理由はメディア側が積極的に人権推進に動かなかったためである（Hamelink 2011）。デジタルコモンズの回復運動に関わる多くの要素が人権思想とその理念に基づくことを考えれば、PSM の使命とデジタルコモンズの回復運動を関連づけることが可能であり、その過程で新たな支持者を獲得することもできる。欧州評議会の討議報告書が論じるように、PSM に対する人権に基づくアプローチは、視聴者やリスナーが自らの利害と関わる多様なコンテンツにアクセスすることを保障しうるのであり、その点において PSM が人権促進に尽力することを要請しているのである（CoE 2011: 27）。

5　グローバルな次元での PSM の存在意義
——ユートピアか、一つの可能性か

世界各国で PSM には多様な存在形態があり、発展過程もさまざまである。そうした中で PSM の存在意義を国際的な次元で主張することは可能だろうか。肯定的な立場の人々もいる。前述の通り、PSM と人権の関連性をめぐる欧州

評議会による討議報告書（CoE 2011）の立場をとると、人権に基づくアプローチは普遍的で全体的なものであり、表現の自由の理念から PSM としての組織的な行動基準や実践に至るまでを広く包含する枠組みということになる。前述したように、デジタルコモンズの回復運動は、表現の自由の問題に取り組んでいる。その範囲は広く、アクセス権（アクセス権なしには表現も成立しない）、著作権の制限、監視の可能性から生じる（自己）検閲の問題などを視野に入れている。これは国内的な次元と国際的な次元の双方で展開される二重の闘争である。ジカルディ（G. Ziccardi）が指摘するように、デジタル・コミュニケーションとそのプラットフォームは世界規模で人権擁護を推進していく可能性を秘めている（Ziccardi 2013: 39）。しかし、国民国家とそれに関わる利害に阻まれ、その過程は平坦なものではない。

　グローバルな志向性に加え、人権に基づくアプローチは個人、個人と社会、個人と PSM の関係に明確な焦点を当てている。これは、各国に固有のメディアシステムに関する多様性の原理から意識的に一歩引いたものである。加えて、「公共メディア 2.0」（Aufderheide and Clark 2009）なるものが、法律上存在しうる、あるいは法律に関係なく事実上存在しているとすると（Bajomi-Lazar et al. 2012）、また、それがグローバル、リージョナル、国内的、ローカル、争点など、さまざまなレベルで存在しうるという議論を真剣に受け止めるとすると（Aufderheide and Clark 2009）、純粋に市場主義的な発想に基づいた「公共的価値」を訴えて PSM の存在意義を主張することが有効な答えとはなりえないことになる（例えば Berg et al. 2014; Horowitz and Clark 2014）。

　人権に基づいて PSM の存在意義を主張する上でのもう一つの実際的な事例は、次のような事実である。すなわち、PSM を新たに枠づけるようなグローバルな次元には至らないが、越境的な機会が増加している、という点である。その結果、PSM が教育、健康、持続可能な発展、安全といった広範な目標において複数のステークホルダーと協力するようになっている。つまり、国連が提示する「ポスト 2015 年 持続可能な開発目標」に向けた過程が PSM との関係ですでに進行しつつあるのである。そしてメディア・コミュニケーション技術が（開発における重要な要素として）一連の目標の中に含まれ、あるいはそうした目標を支える役割を果たすことになる。現代社会がますますメディアに依存しつつあること、人権と民主主義と開発の間に存在する「概念的、実際的な相似性」（Donelly 2013: 218）およびそれらを支えるメディアの役割を考えると、

第12章　公共サービスメディアと人権　219

これは驚くことではない。

　最近 UNESCO が発表したポスト 2015 年開発アジェンダに関する概要
（UNESCO 2014）で示されているように、自由で多元的かつ独立したメディア
と持続可能な開発の間の関連性を国際社会が認識しつつある。そして三つの議
論あるいは議論の枠組みが提示されている。第一に、自由で多元的かつ独立し
たメディアの存在と、国家開発に対する監視ならびに優先事項の設定が有効に
機能することの間に相関があることは経験的に実証されている。第二に、国家
や市場から制約を受けないメディアは、持続可能な開発に欠かせないガバナン
スの一部である。最後に、持続可能な開発をめぐる規範的議論との関連で、自
由で独立した多元的メディアのシステムが果たしうる規範的機能については、
グローバルな次元で広範な合意が存在している。そしてその合意は UDHR が
提唱する表現の自由の原理に基づいている。UNESCO（2014: 2）は、経済力や
年齢、言語や居住地域とはかかわりなく、すべての人々に重要な市民サービス
を提供することが PSM の役割とみなしている。政策提言の最後は国家に向け
たものである。持続可能な開発を促進していくために、国家が自由で多元的か
つ独立したメディアシステムを支えるよう明確な要請がなされている。メディ
アに関わる多くの市民団体と運動も、国連の目標を達成する上でのデジタルコ
モンズと独立したメディアの重要性を主張している[8]。

　影響力を持ち、自由で偏向がなくアクセスが容易なメディアが存在するか否
かが重要な意味を持つことを示す事例には枚挙にいとまがない。国営放送から
PSM への移行をテーマにした最近の会議で EBU 総裁が指摘したように、「EBU
の六つの中核的価値」は、持続可能な開発を支えるメディア・コミュニケーショ
ンのプラットフォームに対するグローバルなニーズを反映したものである。六
つの中核的価値とは、ユニバーサリティ、独立性、多様性（多様な声とジャンル、
そして文化的多様性の反映）、卓越した質（最高水準の質とプロフェッショナリズ
ム）、イノベーション（創造性と技術）、透明性のある組織行動と公的財源を効
率的に活用する点に関する説明責任、である。EBU 総裁はその発言の中で、
発展途上にあるウクライナの公共メディアシステムについてとくに言及し、政
治的危機における公共メディアの重要性を強調した[9]。

　人権に基づくアプローチが多くの面で EBU Vision 2020（EBU 2014: 32）とも
合致することは興味深い。PSM の「存在意義を主張」する上で、EBU が「社
会への利益還元」と呼ぶ、社会全体にとっての PSM の重要性を評価するため

のツールを発展させることがその優先事項と考えられている。EBU Vision 2020は独立性を保障するための公的資金の充実を主張している。加えて、「社会への利益還元」とローカルな次元でのコンテンツ制作の重要性に対する意識を高めるため、「穏やかな支援運動」を要請している。さらには、学校や大学におけるメディア教育やPSMに対する啓蒙教育を向上させ、ステークホルダーを増やしていくことを提案している。視聴者をイベントやフォーマット開発、会議、地域支援などに関与させることによって「所有者としての視聴者」の育成を目指した投資をすべきだとも述べている。Vision 2020と欧州評議会「討議報告書」の双方がPSMの将来的な成功への解答を模索しているのである。EBUの2020 Visionでは、PSMの将来的な成功のための具体案が「ツールキット」として提示されており、その中には「信頼」を最優先事項としてその育成に注力することが含まれている。それに対して欧州評議会の「討議報告書」（CoE 2011: 27）では、人権に基づく理念が現在PSMが直面する困難を切り開く鍵であると論じている。

> PSMに対する政府の義務を問うことは、公共放送からPSMへと変化する過程において有効である。PSMの運営には法律改正と資金援助が必要だからである。同時に、PSMの透明性と説明責任を高めることによって政府と民間機関からの独立性が保障される。PSMのコンテンツの制作とガバナンスに対する公衆の参加を向上させることによって、新しいアイデアが生まれ、リーダーシップの質も向上する。その結果、PSMのパフォーマンスの改善に繋がる。公衆の参加の促進、包摂、差別への反対などを考慮することによって、PSMの政策は民主主義発展に貢献する組織としての役割を強化し、PSMに対する国民の支持を向上させることになる。

　要約すると、欧州評議会の討議報告書は、欧州という特定の地域における議論に焦点を当てているものの、人権の理念を支柱に据えているため、国際的なプロジェクトとしての側面を持っているのである。また、人権という枠組みからのアプローチは、とくに平等や社会正義が反映しにくい社会経済条件において、市場主義に基づくアプローチよりも説明責任、公衆の参加、差別への反対、エンパワーメントといった機能を保障する上で有効である。

　人権に基づくアプローチには、政府とPSM制度において透明性と説明責任を保障するメカニズムの設立が必要となる。人権は越境的な性質を持つため、

第12章　公共サービスメディアと人権　221

権力監視やその他 PSM の基本原則を施行することさえもが困難な状況にある国家に対して国際機関がサポートを提供することもできる。すべての人々を包括する双方向型のガバナンスや番組作りを提唱することにより、人権に基づくアプローチは国内レベルでも PSM のイメージとパフォーマンスの改善に結びつく可能性がある。「討議報告書」（CoE 2011: 27）でも論じられていたように、PSM に対する権利に基づくアプローチは、多様な個人やグループがそれぞれの利害関心を通じて多様なコンテンツにアクセスすることを保障するとともに、PSM が人権を推進する組織たることを要求するものである。人権に基づくアプローチはユートピアではないであろう。しかしデジタルコミュニケーション全般をめぐる議論の中心にあることは間違いない。そしておそらく、PSM に関する考察としては目新しいものではないだろう。トレイシー（M. Tracey）の言葉を言い換えると（Tracey 2014: 101）、人権に基づくグローバルな文脈の中で、公共サービスプロジェクトがかつて持っていた「ヒューマニスティック」な起源に立ち還る時が来たのではなかろうか。

1）「活動会員の資格は、国際電気通信連合（ITU）が定めるように、欧州放送エリア内、または欧州評議会メンバーの国に属する放送組織に対してのみ有効である」以下参照：http://www3.ebu.ch/members（retrieved 14 July 2014）.
2）http://www3.ebu.ch/members/associate（retrieved 14 July 2014）.
3）http://sustainabledevelopment.un.org/?menu = 1300（retrieved 14 July 2014）.
4）The RIPE Books at Nordicom: http://www.nordicom.gu.se/en/publikationer/alla-publikationer（retrieved 14 July 2014）.
5）http://www3.ebu.ch/contents/publications/speeches/the-role-and-remit-of-public-ser.html（retrieved 14 July 2014）.
6）http://www.un.org/en/documents/udhr/（retrieved 14 July 2014）.
7）https://www.rightscon.org/
8）http://www.article19.org/resources.php/resource/37435/en/post-2015:-access-to-information-and-independent-media-essential-to-development（retrieved 12 May 2014）.
9）http://www3.ebu.ch/contents/news/2014/07/ukrainian-pm-confirms-commitment.html（retrieved 14 July 2014）.

引用・参照文献

Aufderheide, P. and Clark, J. (2009) *Public Media 2.0. Dynamic, Engaged Publics*. Center for Social Media. American University.

Bajomi-Lazar, P., Steka, V., and Sukosd M. (2012) "Public Service Television in the European Union Countries: Old Issues, New Challenges in the 'East' and the 'West'," in Just, N. and Puppis, M. (eds.) *Trends in Communication Policy Research: New Theories, Methods, and Subjects*. Bristol: IntellectBooks: 355–380.

Berg, C.E., Lowe, G.F., and Lund, A.B. (2014) "A Market Failure Perspective on Public Service Media," in Lowe, G.F. and Martin, F. (eds.). *The Value of Public Service Media*. RIPE/Nordicom: 105–126.

Berka, W. and Trettel, H. (2013) *Public Service Media under Article 10 of the European Convention on Human Rights*. Geneva: European Broadcasting Union.

Carpentier, N. (2011) *Media and Participation. A Site of Ideological-democratic Struggle*. IntellectBooks.

CLD (2013) "Reconceptualizing Copyright. Adapting the Rules to Respect Freedom of Expression," in the Digital Age. Center for Law and Democracy.

CoE (2011) "Public Service and Human Rights," Issue Discussion Paper. CommDH(2011)41. 6 December 2011.

Donelly, J. (2013) *Universal Human Rights in Theory and Practice* (3rd ed.). Ithaca and London: Cornell University Press.

EBU (2014) Vision 2020. Connecting to a Networked Society. Continuous Improvement on Trust and Return-on-Society. Full Report. Available at: http://www3.ebu.ch/files/live/sites/ebu/files/Publications/EBU-Vision2020-Full_report_EN.pdf

EMR (2009) "Public Service Media According To Constitutional Jurisprudence. The Human Rights And Constitutional Law Dimension Of The Role, Remit And Independence," Institut für Europäisches Medienrecht (EMR), Saarbruecken, Germany.

Goodhart, M. (2013) "Human Rights and the Politics of Contestation," in Goodale, M. (ed.) *Human Rights at the Crossroads*. Oxford: Oxford Oxford University Press: 31–44.

Hamelink, C. (2011) "Global Justice and Global Media. The Long Way Ahead," in Janssen, S., Pooley, J. and Taub-Pervizpour, L. (eds.) *Media and Social Justice*. New York: Palgrave-Macmillan: 27–32.

Hasebrink, U. (2010) "Quality Assessment and Patterns of Use: Conceptual and Empirical Approaches to The Audiences of Public Service Media," in Lowe, G.F. (ed.) *The Public in Public Service Media*. Göteborg: Nordicom: 135–150.

Horowitz, M. and Clark, J. (2014) "Multistakeholderism: Value for Public Service Media," in Lowe, G.F. and Martin, F. (eds.) *The Value of Public Service Media*. RIPE/Nordicom: 165–181.

Jakubowicz, K. (2014) "Public Service Broadcasting: Product (and Victim?) of Public Policy," in Mansell R. and Raboy, M. (eds.) *The Handbook of Global Communication and Media Policy*. Oxford: Wiley-Blackwell: 210–229.

Joergensen, R.F. (2014) "Human Rights and Their Role in Global Media and Communication Discourses," in Mansell R. and Raboy, M. (eds.) *The Handbook of Global Communication and Media Policy*. Wiley-Blackwell: 95–112.

Mathias Klang and Andrew Murray (eds.)(2004) *Human Rights in the Digital Age*. Cavandish: Routledge.

Napoli, P. (2007) "Public Interest Media Advocacy and Activism as a Social Movement: A Review of the Literature," McGannon Center Working Paper Series 4-1-2007.

Postigo, H. (2012) *The Digital Rights Movement: The Role of Technology in Subverting Digital Copyright*. Combridge: MIT Press.

Smith, E. (2012) *A Roadmap to Public Service Broadcasting*. UNESCO & The Asia-Pacific Broadcasting Union (ABU).

Thompson, P.A. (2014) "A New Hope or a Lost Cause? The EBU's Vision 2020 Report and the Future of Public Service Media," *The Political Economy of Communication* 2(1): 67-74.

Tracey, M. (2014) "The Concept of Public Value & Triumph of Materialist Modernity," in Lowe, G.F. & Martin, F. (eds.) *The Value of Public Service Media*. RIPE/Nordicom: 87-102.

UNESCO (2014) "Free, Independent And Pluralistic Media. The Post-2015 Development Agenda," A Discussion Brief. March 15, 2014.

van Cuilenburg, J. and McQuail, D. (2003) "Media Policy Paradigm Shifts: Towards a New Communications Policy," *European Journal of Communication* 18(2): 181-207.

Voltmer, K. (2013) *The Media in Transitional Democracies*. Cambridge: Polity Press.

Ziccardi, G. (2013) *Resistance, Liberation Technology, and Human Rights in the Digital Age*. Vienna: Springler.

第13章 コモンズとしての公共サービスメディア

コリン・シュヴァイツァー

1 公共サービスメディアからコモンズへ

20年前、公共放送はインターネットを発見した（Moe 2008a）。公共放送は、オンラインのプラットフォームを活用し、また、それらを統合することで（Brevini 2013）、自らが所有する伝統的なチャンネルとしてラジオとテレビが持つ境界を越え、公共サービスメディア（PSM: Public service Media）へとその呼称を変えることになった。この変遷によって根本的な疑問が浮上した。それは、公共事業体がインターネット上で許される活動とは何なのか（Latzeret et al. 2010; Donders and Moe 2011; Trappel 2008）、その活動費用は、従来通り視聴者全体から集めることはできるのか（Picard 2006）、という問いである。さらに、ソーシャルメディア時代に入り、PSMはより一層、公衆の参加のための開放性と機会の提供を求められるようになった。

今日、PSMによるオンラインプラットフォームの運営はほとんどの国で法的に承認されており、付託権限の中でその役割や範囲が規定され、財源の確保の方法についても決められている（Brevini 2013）。しかしPSMの正当性に関する議論はまだ終わっていない（Thomass 2007; Bardoel 2008）。サッチマン（Marc C. Suchman）によると正当性とは、社会的に構築された規範、価値、信念の体系の内部で、ある特定の対象の行為が望ましく、妥当かつ適切であると一般的に認識されるものと理解される（Suchman 1995: 574）。この認識は主観的なものだが、集団的に形成され、そこから特定の信念が共有されることになる。しかし現在のところPSMとそのオンライン上での活動の正当性については、研究者、業界関係者、政治家、市民社会の構成員の間で「共有された信念」は存在しない。相互に矛盾した見解のみが存在している。

PSMとそのオンラインプラットフォームでの活動をどのように判断するか

については、基本的に二つの主要なグループが存在する（Donders 2012: 25ff）。最初のグループは経済学的観点から議論を展開する人々である（「市場の失敗の視点」）。このグループは、公共放送を廃止するか（Elstein et al. 2004; Peacock 2004）、その役割を周縁化させること（「公共サービスの縮小」）を望んでいる（Armstrong and Weeds 2007）。第二のグループは文化的視点から（「社会民主主義的視点」）、公共放送のオンライン活動に賛同し（Collins 2002; Donders and Pauwels 2010）、「公共サービスメディア」という概念をすべての点において支持している（Bardoel and Lowe 2007; Moe 2008b; Steemers 2003）。

　ドンダース（Karen Donders）によって言及されたもう一つのアプローチがある。すなわち、PSMをコモンズ（共有資源）とみなす考え方である（Donders 2012）。ドンダースはこのアプローチを先述の社会民主主義的視点に加えており、マードック（Graham Murdock）の論文をその例として引用している（Murdock 2005）。コモンズの概念をPSMと結びつけようと試みたのはマードックだけではないが（第3節を参照）、今日までこの視点はメディア・コミュニケーション研究の中で比較的知られていないアプローチで、PSMをめぐる議論の中でもあまり見かけないものだった。概念に関する既存の境界線を越えてPSMをコモンズと解釈することに躊躇してしまう原因は次の二点である。

　最初の概念的障壁は、おそらく、ほとんどの人がコモンズと聞くと中世の農民が共有した牧草地を連想することであろう。ヘス（Charlotte Hess）はコモンズを「集団によって共有される資源であり、その資源は囲い込みや乱用、社会的ジレンマなどに大きな影響を受けやすい」と定義しているが、資源という言葉は大抵の場合、自然や生物と結びつけて考えられる（Hess 2008: 37）。しかし次節で確認するように、研究者たちは少し前から自然の中に存在する資源だけではなく、情報、文化、知識などについて論じる際にもコモンズという概念を使用するようになった。こういった研究者が、PSMを「構築されたコモンズ」として分析する下地を作ったのである（Shaffer van Houweling 2007）。

　コモンズというアプローチに対する第二の障壁としては、コモンズという概念（「理論」と呼ばれる場合もある（Ramsey 2013））が把握しにくいという点が挙げられよう。さまざまな学問分野や学派が、コモンズに分類される事象についてそれぞれ異なる解釈を提示している。複数の解釈の比較は本章の扱う範囲を超えている。したがって、主要な違いにのみ言及することにしたい。新古典派の経済学者は、コモンズとみなしうる財の特徴を立証しようとしてきたが（例

えば Berg et al. 2011 を参照）、社会科学者や法律学者は、コモンズを公的な領域に存在する財として単純に解釈している。

このように概念の解釈それ自体で意見が一致しないものの、PSM を説明する上でコモンズの概念はこれまでも使用されてきた。この視点の利点は、従来のものとは異なる PSM の解釈に際し、「新しい言語」（Bollier 2007: 31）や新たな考え方を提供する点である（Bollier 2007: 28）。ヘスによると、コモンズの概念を用いるアプローチはすべて、協力、協働、持続可能性、公正、相互依存などについて言及している（Hess 2008: 39）。また、囲い込みに関する危機感やコモンズの資源を統治する上で適切なルールが必要であるとの信念を共有している。例えば自然保護のような形で、「デジタル環境保護主義」を推進する哲学的枠組みとしてコモンズの概念を使うことも可能である（Shaffer van Houweling 2007）。

この章では PSM にとってコモンズは強力な物語（ナラティブ）を提供するという命題を提示したい。この視点を利用することによって、市民の立場から PSM を企業メディアに対抗するオルタナティブな社会的存在として位置づけることができる。情報環境の商業主義化が著しい中で、トラッペル（Josef Trappel）が論じるように、企業メディアとは対照的な社会的役割を担うことによって PSM の立場を強化することが可能である。しかし、PSM をコモンズと捉える考えを社会に共有させようとする動きは次の事実によって妨げられることになる。すなわち、既存の PSM 制度がこのコモンズをめぐる見方と矛盾する特徴を持っているという点である。コモンズに関する、とくに PSM と関連した側面の分析に基づき、本章では PSM がコモンズとして発展する上で阻害要因となる制度的境界線について論じることにしたい。PSM をコモンズとみなす考えに正当性を付与するためには、これらの要因を克服する必要がある。

以下では第一に、コモンズという概念について解説し、PSM とその概念とをどのように結びつけることができるのかを論じる。第二に、PSM とコモンズを関連づけた先行研究を概観する。そこで明らかになるのは、コモンズという視点から PSM を理解、分析するにしてもその見解は多様であり、また、PSM 組織にとって克服困難な境界線が存在している点である。一連の考察に基づき、コモンズの視点から PSM を検証する五つの方法を提示する。

2　コモンズという概念

　コモンズについての広範な学術研究は 1980 年代半ばに始まった。さまざまな学問領域で時に学際的に研究され、当時は森林、土地、漁場、水資源といった小規模資源が分析対象として取り上げられた（Hess and Ostrom 2007: 6）。中でも最も有名なのがノーベル経済学賞を受賞したエリノア・オストロム（Elinor Ostrom）が同僚とともに行った研究である（Ostrom 2008 [1990]）。彼女らはその制度分析において、集団的な共有資源の管理・維持が可能であることを示した（Hess 2008: 34）。オストロムらの研究は、ハーディン（Hardin 1968）の「コモンズの悲劇」論文への直接的な反駁だと認識されている。オストロムらは多くの事例研究を用いて、それぞれが合理的に動く人間集団がコモンズを管理することはできないとするハーディンの議論に反証を示したのである。

　後年、この概念は他の資源にも応用されるようになり、南極大陸、大洋、生物の多種多様性、大気圏、宇宙、無線周波数スペクトルといった大規模な環境資源が分析対象になった（Vogler 2000）。これらの資源は国家管理の外にあり、したがって本来的にはすべての人々のものであるか、あるいは誰のものでもないかのどちらかである（Milum 2011: 5-6）。それゆえ、ある種の集団的意思決定が求められる。ヘスは、これらの「グローバルコモンズ」を、「新しいコモンズ」と自らが呼ぶもののうちで最も古く、そして最も強固な種類とみなしている（Hess 2008: 32）。ヘスは同じ論文の中で他の「新しいコモンズ」に関する体系的な概要を提示し、それぞれが多くの点で交互に重なり合っていることを強調している（Hess 2008: 14-33）。

- インフラコモンズとは公衆のために人間によって作られた物理的な資源システムである。交通、通信、統治機構、公共サービスなどがこれに分類される。
- 近接地域コモンズとは、都市であれ地方であれ、人々が近接して居住し、住民たちが集うスペースの中に存在し、協同で強化、管理、維持する対象であるローカルな資源である。ここで脅威となるのは、公共空間の囲い込みである。
- 知識コモンズについては膨大な文献が存在する。一般に情報へのアクセスのことを指しているが、知識コモンズについての研究は多岐にわたっており、図書館から知的所有権、科学、教育、学習、共同作業までが包含されている。
- 文化コモンズに関する研究は、民営化や商品化によって危機に瀕する共有の文化遺産に注目している。文献では地域住民や先住民が直面する危機についても

言及されている。
- 市場コモンズとは各市場を結ぶものであり、贈答経済（gift economy）や共同作業を通した共有行為を指している。この分野の研究では、商品化すべきではない事物についても論じられている。
- 健康・医療コモンズは健康・医療領域における公共財と企業利益を適合させようと試みる分野である。

　上に挙げた「新しいコモンズ」のいくつかの特性を PSM は備えている。第一に、PSM は通信インフラに依存して配信を行っている。周波数、人工衛星の軌道位置、インターネットなどは、その使用法について集団的な決定が必要である。この点を考えると、これらはコモンズといってよいだろう。さらに、PSM 自体がコミュニケーションのためのインフラを提供し、公共的な議論や討議の発展に寄与している。第二に、PSM は主に国民国家レベルでメディアによって媒介された諸言説の編制を可能にしている。それはいわばローカル（近接地域コモンズ）とグローバルの中間に位置する存在である。PSM はグローバルな情報社会に接続する公共圏の構築に寄与する組織である。第三に、共有された文化と知識を蓄積、維持、（再）生産する機能を持つ PSM は、文化コモンズでもあり知識コモンズでもある。

　1995 年以来、研究者はデジタル化された情報・知識とコモンズという概念の間に関連性を見いだすようになった（Hess and Ostrom 2007: 4）。背景にあるのは、権利の主張に際してコモンズというパラダイムを取り入れ出した社会運動の盛り上がりがある（Hess and Ostrom 2007: 5, 12）。スタルダー（Felix Stalder）は三つの主要な社会運動を挙げている（2011: 29ff.）。まず「フリーソフトウェア運動」だが、これはソフトウェア商品化を拒否する運動で、プログラマーのリチャード・ストールマン（Richard Stallman）によって開始された。コンピュータソフトウェアの利用、共有、開発・改良はすべての人々に対して開かれているべきである、という考えが背景にある。次に「フリーカルチャー運動」がある。これは、社会のすべての人々が文化創造に参加し、公的生活と公的な言論空間に参加する権利があると主張する運動である。「知識へのアクセス運動」は、世界の人々が学問的な刊行物や承認薬といった知識集約型の財にアクセスする権利を持つことを訴える運動である。

　PSM はこうしたデジタルコモンズ運動に貢献しているといえる。スタルダー

第13章　コモンズとしての公共サービスメディア　229

が挙げる三つの社会運動のうち「フリーカルチャー運動」と「知識へのアクセス運動」は特に興味深い（Stalder 2011）。PSM は多様なフィクションやニュースを配信するだけではなく、教育コンテンツも配信する。公益事業として文化資源と知識資源を提供しているのは間違いない。ユニバーサリティという理念のもとに運営される PSM はオープンアクセスという概念を支持するものである。しかしながら、これはあくまで一般的視点からそのように見えるというだけの話で、PSM 組織がコモンズの概念と完全には合致していないという批判も可能である。一つの例として、前述した「フリーカルチャー」の問題がある。スタルダーによると、共有文化とは文化資源へのオープンアクセスを意味するだけではない。すべての人々が制作者である、という考えも含まれる。PSMはこの理念とは逆の形態をとっており、コンテンツ配信は通常トップダウン式である。次の節では、まず PSM とコモンズを結びつける試みについて述べ、それから両者の相違点について論じたい。

3　PSM とコモンズの関連性

　PSM の研究領域では、コモンズという視点はまだあまり知られていない。しかしコモンズは公共事業体を分析し、あるいは記述する際に長年使われてきた概念である。ドンダースは PSM に対する多様な視点をまとめているが、コモンズという概念を利用した PSM へのアプローチの例として、マードックの研究（Murdock 2005）を挙げている。PSM とコモンズを関連づける同種の試みは他にも存在するが、興味深いことにほとんどが英国の研究者によるもので、BBC の展望を語る上で用いられている。本節では、これらの研究を解説、比較し、PSM がコモンズとしてどのように捉えられるかを示す。実証的分析については、その知見を紹介する。最後にそれらの要点を批判的にまとめ、コモンズをめぐる一連の試みとその他のアプローチとの間の矛盾点に焦点をあてることにしたい。

　マードックは、PSM は日常に必要な文化的資源を伝達する組織であると論じ、文化的資源として、次の五つを挙げている。すなわち、情報、知識、討議、表象、参加である（Murdock 2005: 216–217）。マードックはインターネットがPSM の任務の主軸に加えられるべきだと論じている。それが文化的資源を利用可能にする可能性を広げるからである。そして BBC は、ネット掲示板やさ

らなる情報を得るためのリンク、「Video Nation」プロジェクトを実施し、デジタルアーカイブを計画することによって、すでにあるべき方向に動き出していると結論づけている（Murdock 2005: 226-227）。スティーマーズは、2006年の特許状更新に先立って発表された英国政策文書についての短い記事でマードックのアプローチに言及し、BBCコンテンツの"クリエイティブ・アーカイブ"構想を支持している（Steemers 2004: 10）。

しかしマードックの議論で興味深い点は、公共事業体とそのコンテンツが孤立して成立するものとして見ていないことである。その代わりに、PSMを文化的資源を提供する諸制度の全国的なネットワークの一部として描き出しており、そのような形で文化的コモンズに寄与するものとみなしている。このネットワークには、図書館、博物館、教育機関といった市民社会の公的制度から文化コモンズに寄与するようなあらゆる社会集団、社会運動までも含まれている。マードックによると、それらを一つに結びつけるものは、「商業的囲い込みの拒否、…略…自由で普遍的なアクセス、相互扶助、協働活動を推進する意志」である（Murdock 2005: 227）。この新しいネットワークにおける主催者、すなわち「中心的結節点」の役割を担うのがPSMであるとマードックは論じている（Murdock 2005: 227）。

PSMと文化的コモンズとを関連づけるもう一人の代表的な研究者はフロム（From 2005）である。マードックとは対照的に、フロムは他の制度のコンテンツについては論じず、代わりにPSMによる国内制作ドラマに焦点をあて、その社会的機能に注目している。示唆的な事例としてテレビシリーズ「タクサ」と「ベター・タイムス」を挙げている。どちらのシリーズもデンマーク放送協会（Danmarks Radio）の制作で、スウェーデンでも放送された。フロムは、このようなコンテンツはそれぞれの国の重要な価値観について視聴者に「共通の参照枠組み」を提供すると述べている（From 2005: 163）。ドラマ制作は国際的な流行に合わせることを余儀なくされ、標準化が著しい領域だが、PSMはその国固有の文化的枠組みを作り出す能力を持っているとフロムは論じている。

ブラムラー（Jay G. Blumler）とコールマン（Stephen Coleman）もまたPSMとコモンズとの関連性を検討し（Blumler and Coleman 2001）、コールマンはそれをさらに深めた分析を行っている（Coleman 2004）。両者とも英国の研究者だが、彼らが描くインターネットの双方向型通信プラットフォームの可能性は以下の通りである。すなわち、多様なニュースコンテンツに普遍的なアクセスが可能

になった世界で、人々は「我々は何者で、いかに生き、将来何を望んでいるか」という点について、国民規模での対話が可能になったのである（Coleman 2004: 89）。ブラムラーとコールマンはこうしたプラットフォームを市民コモンズと呼び、「市民と政治諸制度との間で公共政策をめぐる対話や討議を可能にし、そしてそれらを組織化するために設計された場所」と論じる（ibid. 97）。市民コモンズの主な任務は、多様なメディアプラットフォームから生まれるコンテンツを促進、公開、規制、管理、要約、評価することである（ibid. 98）。

　マードックとフロムは主に PSM（およびその他の組織）が提供する無形文化コモンズに注目しているが、ほかにも組織的要素に注目する観点も存在する。コールマン（ibid.）は、市民コモンズは何らかの制度と結びつく必要があると論じている。こうした制度とは、政府資金に基づく独立機関によって運営され、国民に対して説明責任を負うものである。PSM こそ、その役割を担うにふさわしいというのがコールマン（ibid.: 99）の考えだが、同時に PSM の変革の必要性も強調している（ibid.: 10-14）。トップダウン方式でコンテンツを一方向的に伝達し、視聴者と政治の間に距離を作る国内組織としての現在の姿を変革し、討議への参加のための双方向型の民主的空間の提供に注力すべきだとコールマンは論じている。

　PSM が実際にコモンズとして機能する上での障害について論じるアプローチも存在する。ラムジー（Phil Ramsey）は、英国のメディア規制は BBC がオンラインの市民コモンズとなる余地を残すものであるかを調査している（Ramsey 2013: 870）。オンラインサービス免許の規定の分析を基に、ラムジーは、この免許は全般的にそうした機会を提供しうるものであるが、民間競合企業からの圧力など、障害は多いと結論づけた（Ramsey 2013: 874-875）。ケナプスゴフ（Karl Knapskog）もまたデジタルアーカイブをめぐる障害について論じている（Knapskog 2010: 56）。「視聴覚アーカイブへのアクセスは、市民の正当な文化的権利ともいえるが、著作権者の利益やクリエイターの収益に反するものであり、アーカイブ資源の商業利用という面でも問題が生じる」と述べている。最後に、エルミダ（Hermida）は、家父長的な「トップダウン」方式を常とする PSM の精神が、BBC の「Action Network」への市民参加の障害となっていると結論づけている（Hermida 2010）。

　以上、ごく短い文献レビューではあるが、コモンズの観点から PSM を分析することや、記述することは多種多様であることが分かる。組織、コンテンツ、

活動、社会効果に関するさまざまな課題にコモンズという概念が応用されている。いずれのアプローチも PSM のインターネット上での新たな可能性を取り上げているが、デジタル時代以前に PSM がコモンズとして、あるいは、コモンズに寄与するものとして果たした役割も否定していない。異なるアプローチを比較し、コモンズに関する他の文献に照らし合わせてみると（2 節を参照）、PSM がコモンズに発展する上での障害が見えてくる。さらには、矛盾点や未解決の問題も浮かび上がってくる。PSM をコモンズの観点から評価するための枠組みを提示する前にこれらについて論じる必要がある。

　まず、PSM とコモンズとを関連づけるアプローチは、いずれも PSM の制度的境界や地理的境界について曖昧である。これまで論じてきたように、コモンズ概念を利用して PSM を解釈する場合、基本的に二つの方法がある。一つは、PSM をある種の無形文化コモンズか知識コモンズに寄与し、それらへのアクセスを提供する制度（の一つ）とみなす方法である。もう一つは、公的な討議のために共有された空間を提供するインフラとみなす方法である。第一の視点では、PSM が提供する資源は、制度や地理的境界を越えて共有されることになる。第二の視点では、PSM はあるコミュニティに提供されるプラットフォームという意味になり、この場合のコミュニティとは通常は国内に存在するものである。

　どちらの視点もそれぞれに PSM の分析にとって有用であるが、制度や国境の境界を広く設定することの問題点を指摘する研究もある。ムー（Hallvard Moe）は、PSM を他のさまざまな制度と関連づけることにより、「公共サービスに関連した特定の政策決定でコモンズという概念が持つ力が削がれる恐れがある」と批判している（Moe 2011: 65）。一方、ウゼルマン（Scott Uzelman）は、コモンズ概念を国民国家のレベルやグローバルのレベルの諸制度に適用すると、コモンズの維持に関わる人々がそれに比例して増加すると注意を促している（Uzelman 2011: 294）。ムーの警告は、PSM をコモンズとみなすならば、その制度的特性を明確にすべきだということであり、ウゼルマンの警告は、全国の視聴者という大集団を PSM の意思決定過程に関与させる難しさの指摘である。さらに、PSM の国境に関する矛盾点を見ると、グローバルな情報社会において国民国家に基盤を持つ組織が直面する困難が分かる。

　この他にも、PSM に対するアプローチの数々には矛盾点がある。「コミュニケーション・コモンズ」は国家から分離しているべきであり、かつ商業的な財

源に依存すべきではないとする研究者（Kidd 2003: 59）の見解に照らすと、さらなる矛盾が見えてくる。国家の影響に関しては、PSM に編集の自由が必要であることについては幅広い同意が存在する。しかし一方で、政府の関与なしに任務の設定や持続的な財源調達制度の設立が可能であるとは考えにくい。資金調達という観点からすると、一般に PSM は営利団体ではない。商業的な財源を差し控えねばならない公共事業体もある。しかしながら、商業的な財源に依拠することなくかつ、国家から影響を排除するという難問を完全に解決することは不可能であり、未解決のままになっている。ここから得られる知見は、公衆がコントロールする機能の重要性であり、意思決定プロセスにおける透明性の重要性である。

　これらのアプローチを、完全にオープンなコモンズを提唱するアプローチ、すなわちコンテンツへのアクセスの面あるいは公衆の参加の面でもコモンズは最大限にオープンであるべきであるとするアプローチ（2 節を参照）と比較すると、最後の矛盾点が見出せる。以上概観してきたように、PSM はこの理想を達成する途上で多くの障壁を抱えている。コンテンツへのオープンアクセスやクリエイティブコモンズ・ライセンスの導入は、著作権者や視聴覚資源の商業利用を目指す人々から反対されている（Knapskog 2010: 56）。さらに、PSM が国民参加に対して現在よりオープンになる必要があるのは事実だが、PSM は信頼のおけるニュース報道組織でなくてはならない（Coleman 2004）。必要なのは、開放性と信頼のおけるガバナンス構造との間のバランスである。

4　コモンズとしての PSM を検証する枠組み

　本章の主たる命題は、私企業が支配的な位置を占めるメディアシステムに対する社会的オルタナティブを提示するという点で、コモンズは PSM を支持する強力な物語を提供しうるということである。しかしながら、これまでの議論で二つのことが明らかになった。第一に、コモンズの視点から PSM を説明し分析する方法は一つではないということである。主に PSM のインターネットでの活動に関連して、コモンズの概念は、組織、コンテンツ、社会的効果といった多くの争点で言及されている。第二に、詳細な検証の結果明らかになったことは、PSM がコモンズの理想像ではなく、限定的な意味でのコモンズに過ぎないということである。PSM がコモンズである、あるいは、コモンズに寄与

する組織であるという一般的な認識に同意するにしても、PSM にとって容易に克服できない境界線があることは認めなければならない。

　こうして問題点を指摘すると、コモンズの視点から PSM を捉えるアプローチは、説明力が不足しており有効なアプローチとはいえないと思われるかもしれないが、この問題点を利点としても使えるのである。

　　・コモンズの視座によって PSM をめぐるいくつかの問題点が浮かび上がったということは、この概念が体系的性質を持つことを示している。研究者は PSM の一面のみを観察する傾向にあるが、このアプローチをとることによって、組織、コンテンツ、社会的効果を網羅した全体性に注目することになり、それぞれの要素の相互関連を認識することができるのである。
　　・PSM の制度的特性がコモンズの概念と合致しない、あるいは、限定的にしか合致しないという点が明らかになったということは、研究者や現場の人々が今後取り組むべき問題を示しているともいえる。コモンズの視点で捉えることによって、PSM が市民社会的な組織として正当性を向上させる上で課題が存在することが認識された。課題が認識された領域における今後の変革が必要である。

　コモンズの視点から捉えられた課題を体系的にリスト化する枠組みが必要である。今後コモンズという概念の正当性を活用していくために、研究者と業界関係者は PSM の境界について十分に検証すべきである。この節では、コモンズの視点から PSM を捉える上での五つの階層から成る方法論を提示する。それぞれの階層には障害となる境界が存在している。したがって、それらを指摘し、考察を促したい。境界の性質は哲学的、構造的、法的なものであり、視聴者参加や成果測定をめぐる難題を指し示している。

　コモンズの視点から PSM を捉える第一の階層として、**目的と社会的位置づけ**が挙げられる。これは PSM の規範的基盤に関するものであり、PSM が提供すべき資源について定義するものでもある。文化や知識を生産し、蓄積する有力な制度は他にも存在する。例えば、図書館、博物館、大学などである。PSM と他の制度との連携を提案する声は多様ながらこれまで存在してきた。こうした動向を踏まえると、第一の階層に**理念に関わる境界**を見出すことができよう。

第13章　コモンズとしての公共サービスメディア　235

すなわち、PSM を捉える上での、経済学的解釈と市民社会論的解釈の間に存在する境界である。通常、PSM は経済学的に定義される場合が多く、この場合「市場の失敗」を補完することで正当性を獲得する組織と解釈される。コモンズの概念を使うことで、これまでとは全く異なる PSM の語り方が生まれる。つまり、市民社会の制度（Blumler and Coleman 2001; Ramsey 2013）、あるいは、「文化コモンズ」を生み出すネットワークの中心的結節点（Murdock 2005）という語り方が可能になる。したがって、この階層で PSM を考える場合、研究者や業界関係者は PSM がどのように認識され、どのように語られうるかを提示すべきである。

　コモンズ概念からの PSM の解釈として第二に挙げられる階層が組織構造である。この階層は、組織が構築されるうえでの制度的特徴や、関係者が果たす役割に関係している。先行研究の概観から明らかなように、コモンズとしての PSM は三つの特性を持っている。サービスの利用者たちによる集団的な財源、非営利的なプラットフォーム、公衆、すなわちコモンズの維持者への説明責任、である。そしてそれらは国家を通じて組織化されている。市民社会に大きく依拠することを重視し、非営利、あるいは非商業的な方向性を持つがゆえに、市場主義的で商業主義的な企業メディアと対置されている。この第二の階層においては、構造に関わる境界が存在する。伝統的な受信許可料のように、PSM はサービスの利用者たちによる集団的な財源の徴収を行っている。これは PSM の存続が不可能になるようなコモンズの「悲劇」を避ける手法である。その一方で、コモンズのパラダイムでは、あらゆるコモンズの維持者たちが意思決定過程に参加する権利を持つことになっている。第二の階層を検討する上で、研究者と業界関係者は次の点を提示すべきである。すなわち、いかに国家と商業主義の影響を最小限に抑制しうるのか、そして市民社会の影響力を最大限引き出すことができるのか、という点である。

　コモンズの観点から PSM を捉える第三の階層は、コンテンツ生産の過程である。すなわち、「日常業務」のことである。ここでの問題は、PSM が配信するコンテンツは誰によって、どのように生産されるのか、という点である。前述したように、デジタルプラットフォームの登場とともに、コンテンツ生産における市民参加の機会と開放性という面で PSM は難題に直面することになった。しかし PSM は依然として、コンテンツ配信を使命とするメディア組織である。したがって、プロフェッショナリズムと市民参加（Van Vuuren 2003）、そ

して一方向的伝達と双方向的コミュニケーション（Coleman 2002）、というそれぞれの間のバランスを再調整する必要がある。第三の階層に存在するのは市民参加をめぐる境界である。コモンズとしての PSM の存続を危うくする「危機」は次の両極的なケースである。市民参加に対する過剰な公開性は、問題行動や混沌とした状況を誘発しかねない。他方で市民参加を完全に排除する場合、市民的コモンズの潜在的可能性を活用できなくなる。研究者と業界関係者がこの第三階層に取り組む場合は、視聴者がコンテンツの生産にいかに寄与しうるか、また、公的な議論に視聴者がいかに参加しうるのかといった点を提示すべきである。コンテンツの発信者と受容者とを区分することを可能にする PSM のガバナンスのあり方も検討すべきである。それと同時に、反社会的行動や権力関係の発生を予防する必要もある。

コモンズの観点から PSM を捉える第四の階層は、コンテンツへのアクセスをめぐる問題である。ユニバーサルで自由なアクセスはアナログ時代から公共放送の重要な目標であった。PSM をコモンズと解釈する研究で頻繁に注視されるのが、オンラインでの視聴覚コンテンツへのアクセスであり、オンデマンド配信やデジタルアーカイブといった新たなサービスである。知的所有権などの制約がある中で越境型オープンアクセスの目標がいかに達成できるのかという疑問がある。第四の階層における問題は、法に関わる境界である。コモンズの理想は最大限に開かれていることであり、すべての文化創造に対するオンデマンド型アクセスである。ここでのコモンズをめぐる「悲劇」は、囲い込みである。第四の階層に取り組む研究者と業界関係者は、コンテンツへのアクセスと著作権者の商業利益のバランスを取るだけではなく、制作者に安定した収入を提供する収益モデルの作成の方法を提示すべきである。

コモンズの観点から PSM を捉える五番目の階層は、オストロームがいうところの「結果」（outcome）である。「結果」とはコモンズの「豊穣さ」とそれが社会にもたらす効果を指している。PSM にとっての望ましい結果は、組織設計とガバナンスが前述した各階層の必要性と適合していることである。加えて、コールマン（Coleman 2004）、フロム（From 2005）、マードック（Murdock 2005）が設定した目標を満たすことも望ましい。つまり、市民が情報に通じ知識を持っていること、市民が討論過程に参加できること、社会にとって何が重要かについて「共通の参照枠組」を持っていること、である。しかし PSM がコモンズとして「機能」しているのかを測定するのは難しい。よって、第五の

階層には評価の境界が存在するといえる。第五の階層に関わる研究者と業界関係者は、PSM をコモンズとして評価するための総合的測定法を考案すべきである。この測定法の中には、PSM の付託権限の目標達成度を測る基準も含まれるべきである。同時に、視聴者からの反応だけではなく PSM が持つ多様な社会的効果も考慮する必要がある。

　この章の主な命題は、コモンズは PSM を捉え直す強力な語りを提供するというものである。コモンズは、商業主義に基づく企業メディアの社会的オルタナティブとして PSM を概念化する。このアプローチの利点について繰り返し指摘しておく。第一に、PSM に対する体系的な視点を獲得できる。第二に、研究者や業界関係者が考察すべき課題を提示することである。コモンズの視点から PSM を評価する五層から成る枠組みを提案したのはそのためである。

引用・参照文献

Armstrong, Mark, Weeds, Helen (2007) "Public Service Broadcasting in the Digital World," in Paul Seabright and Jürgen von Hagen (eds.) *The Economic Regulation of Broadcasting Markets: Evolving Technology and the Challenges for Policy*. Cambridge: Cambridge University Press: 81–149.

Bardoel, J. (2008) "Public Broadcasting Systems," in Donsbach, Wolfgang (2008) *The International Encyclopedia of Communication*. Vol. IX. Malden: Blackwell: S. 3952–3956.

Bardoel, Jo, Lowe, Ferrell Gregory, (2007) "From Public Service Broadcasting to Public Service Media. The Core Challenge," in Gregory Ferrell Lowe, Jo Bardoel (eds.) *From Public Service Broadcasting to Public Service Media. RIPE@2007. RIPE@*. Amsterdam; Hilversum, 2006. Göteborg: Nordicom: 9–26.

Blumler, Jay G., and Coleman, Stephen (2001) Realising Democracy Online: A Civic Commons in Cyberspace. edited by IPPR (Citizens Online Reserach Publication, 2). Available online at http://dlc.dlib.indiana.edu/dlc/bitstream/handle/10535/3240/blumler.pdf.

Bollier, David (2007) "The Growth of the Commons Paradigma," in Charlotte Hess, Elinor Ostrom (eds.) *Understanding Knowledge as a Commons. From Theory to Practice*. Cambridge, Mass: MIT Press: 27–40.

Brevini, Benedetta (2013) *Public Service Broadcasting Online: A Comparative European Policy Study of PSB 2.0*. Houndsmills, Basingstoke: Palgrave Macmillan.

Coleman, Stephen (2004) "From Service to Commons. Re-inventing a Space for Public Communication," in Damian Tambini (ed.) *From Public Service Broadcasting to Public Service Communications*. London: IPPR. Available online at http://www.ippr.org/images/media/files/publication/2011/05/public_service_broadcasting_1296.pdf.

Collins, Richard (2002) "Public Service Broadcasting: Too Much of a Good Thing?" in Damian

Tambini (ed.) *From Public Service Broadcasting to Public Service Communications.* London: IPPR: S. 131−151.

Donders, Karen (2012) *Public Service Media and Policy in Europe.* Houndmills, Basingstoke, Hampshire; New York: Palgrave Macmillan.

Donders, Karen and Pauwels, Caroline (2010) "What if Competition Policy Assists the Transfer from Public Service Broadcasting to Public Service Media? An Analysis of EU State aid Control and its Relevance for Public Broadcasting," in Jostein Gripsrud, Hallvard Moe, Slavko Splichal (eds.) *The Digital Public Sphere. Challenges for Media Policy.* Göteborg: Nordicom: 117−131.

Donders, Karen; Moe, Hallvard (2011) *Exporting the Public Value Test: The Regulation of Public Broadcasters' New Media Services across Europe.* Göteborg: Nordicom.

Elstein, David et al. (2004) *Beyond the Charter: the BBC after 2006.* London: the Broadcasting Policy Group.

From, Unni (2005) "Domestically Produced TV-drama and Cultural Commons," in Gregory Ferrell Lowe, Per Jauert (eds.) *Cultural Dilemmas in Public Service Broadcasting. Ripe@2005.* Göteborg: Nordicom: 163−177.

Garcelon, Marc (2010) "An Information Commons? Creative Commons and Public Access to Cultural Creations," in *New Media & Society* 11 (8): 1307−1326. Available online at http://nms.sagepub.com/content/11/8/1307.full.pdf.

Hardin, Garrett (1968) "The Tragedy of the Commons," in *Science* 162 (3859): 1243−1248. Available online at http://www.cs.wright.edu/~swang/cs409/Hardin.pdf.

Hermida, Alfred (2010) "E-democracy Remixed. Learning from the BBC's Action Network and the Shift from a Static Commons to a Participatory Multiplex," *JeDEM* 2 (2): 119−130.

Hess, Charlotte (2008) "Mapping the New Commons," 12th Biennial Conference of the International Association for the Study of the Commons. University of Gloucestershire, Cheltenham, England, July 2008. Available online at http://ssrn.com/abstract=1356835.

Hess, Charlotte and Ostrom, Elinor (2007) "Introduction: An Overview of the Knowledge Commons," in Charlotte Hess and Elinor Ostrom (eds.) *Understanding Knowledge as a Commons; From Theory to Practice.* Cambridge: MIT Press: 3−26.

Hess, Charlotte and Ostrom, Elinor (2003) "Ideas, Artifacts, and Facilities: Information as a Common-Pool Resource," in *Law and Contemporary Problems* 66 (1; 2): 111−145. Available online at http://scholarship.law.duke.edu/cgi/viewcontent.cgi?article=1276&context=lcp.

Kidd, Dorothy (2003) "Indymedia.org: A new Communications Commons," in M. McCaughey and M. Ayers (eds.) *Cyberactivism: Online Activism in Theory and Practice.* New York, NY: Routledge: 47−69.

Knapskog, Karl (2010) "Providing Cultural Resources. On Turning Audiovisual Archives into a Public Domain," in Jostein Gripsrud, Hallvard Moe, and Slavko Splichal (eds.) *The Digital Public Sphere: Challenges for Media Policy.* Göteborg: Nordicom: 55−68.

Künzler, Matthias, Puppis, Manuel, Schweizer, Corinne and Studer, Samuel (2013) Monitoring

Report „Finanzierung des öffentlichen Rundfunks," Bericht für das Bundesamt für Kommunikation (BAKOM).

Latzer, Michael et al. (2010) "Public-Service Broadcasting Online: Assessing Compliance with Regulatory Requirements," *International Telecommunications Review* 17(2): 1−25.

Milun, Kathryn (2011) *The Political Uncommons. The Cross-cultural Logic of the Global Commons.* Farnham, Surrey, England, Burlington, Vt: Ashgate.

Moe, Hallvard (2011) "Defining Public Service beyond Broadcasting: The Legitimacy of Different Approaches," *International Journal of Cultural Policy* 17 (1): 52−68. DOI: 10.1080/10286630903049912.

Moe, Hallvard (2008a) "Public Service Media Online? Regulating Public Broadcasters' Internet Services - A Comparative Analysis," *Television & New Media* 9, H. 3: S. 220−238.

Moe, Hallvard (2008b). "Dissemination and Dialogue in the Public Sphere: A Case for Public Service Media Online," *Media, Culture & Society* 30 (3): 319−336.

Murdock, Graham (2005) "Building the Digital Commons. Public Broadcasting in the Age of the Internet," in Gregory Ferrell Lowe and Per Jauert (eds.) *Cultural Dilemmas in Public Service Broadcasting. Ripe@2005.* Göteborg: Nordicom: 213−230.

Newell, Jay, Blevins, Jeffrey Layne and Bugeja, Michael (2009) "Tragedies of the Broadcast Commons: Consumer Perspectives on the Ethics of Product Placement and Video News Releases," *Jounral of Mass Media Ethics* 24(4): 201−219. Available online at http://www.tandfonline.com/doi/pdf/10.1080/08900520903321025.

Ostrom, Elinor and Hess, Charlotte (2007) "A Framework for Analyzing the Knowledge Commons," in Charlotte Hess and Elinor Ostrom (eds.) *Understanding Knowledge as a Commons; From Theory to Practice.* Cambridge, Mass: MIT Press: 41−81.

Ostrom, Elinor (2008 [1990]) *Governing the Commons. The Evolution of Institutions for Collective Action.* 22nd ed. Cambridge: Cambridge University Press.

Peacock, Alan T. and Graham, David (eds.) (2004) "Public Service Broadcasting without the BBC?," London: Institute of Economic Affairs. Available online at http://www.iea.org.uk/sites/default/files/publications/files/upldbook254pdf.pdf.

Picard, Robert G. (2006) "Financing Public Media: The Future of Collective Funding," in: Christian S. Nissen (ed.) *Making a Difference.* Eastleigh: Libbey: S. 183−210.

Ramsey, Phil (2013) "The Search for a Civic Commons Online: An Assessment of Existing BBC Online Policy," *Media, Culture & Society* 35 (7): 864−879.

Shaffer van Houweling, Molly (2007) "Cultural Envorinmentalism and the Constructed Commons," *Law and Contemporary Problems* 70 (23): 23−50.

Stalder, Felix (2011) "Die digitalen Commons," in Denknetz (ed.) Gesellschaftliche Produktivität jenseits der Warenform. Analysen und Impulse zur Politik. Jahrbuch 2011: 29−37.

Steemers, Jeanette (2003) "Public Service Broadcasting Is Not Dead Yet. Strategies in the 21st Century," in Gregory Ferrell Lowe and Taisto Hujanen (eds.) *Broadcasting & Convergence: New Articulations of the Public Service Remit. RIPE@2003.* Göteborg: Nordicom: 123−136.

Steemers, Jeanette (2004) "Building a Digital Cultural Commons - the Example of the BBC," *Convergence: The International Journal of Research into New Media Technologies* 10 (3): 102–107. Available online at http://con.sagepub.com/content/10/3/102.full.pdf.

Suchman, Mark C. (1995) "Managing Legitimacy: Strategic and Institutional Approaches" *The Academy of Management Review* 20(3)(Jul., 1995): 571–611. Available online at http://www.jstor.org/stable/258788.

Thomaß, Barbara (2007) *Mediensysteme im internationalen Vergleich*. UVK: Konstanz.

Trappel, Josef (2008) "Online Media Within the Public Service Realm?: Reasons to Include Online into the Public Service Mission," *Convergence* 14 (3): S. 313–322.

Uzelman, Scott (2011) "Media Commons and the Sad Decline of Vancouver Indymedia," *The Communication Review* 14 (4): 279–299.

Vogler, John (2000) *The Global Commons. Environmental and Technological Challenges*. 2nd ed.. Chichester: Wiley.

索　引

ア行

アイデンティティ　11, 15
アジア太平洋放送連合（ABU）　187, 189
アレント、ハンナ　61, 62
イギリス連邦放送連盟（CBA）　127
インターネット　7-10, 14, 19, 32, 34, 35, 40,
　42, 43, 50, 67, 77, 78, 85, 86, 91, 97, 99, 101,
　103-105, 108, 111, 181, 191, 193, 205, 207,
　209, 214-216, 225, 230, 231, 233, 234
インド洋大津波　186, 187, 189, 191
インド洋津波警報センター　187
英国放送協会（BBC）　3, 5, 7, 19-36, 70, 77,
　81, 90, 117, 118, 120, 121, 127, 128, 135, 136,
　142, 143, 147, 150, 152, 161, 200, 205, 230-232
　──（BBC）ワールドワイド　123, 128,
　135-137, 140, 142, 143, 145-148, 151, 152
欧州評議会人権委員会　217
沖縄密約事件　41
オンライン（の）プラットフォーム　225

カ行

家父長（主義）的　20, 21, 30, 36, 96, 189
カルチュラル・スタディーズ　95, 100-104,
　106, 110
基幹放送　43, 44
企業統治システム　24, 36
技術中立性　99, 103, 105
行政指導　45, 46
競争的協力関係　116, 117
緊急警報速報　188
緊急地震速報　179
グローバル化　11, 78, 96, 124, 125, 139, 180,
　186, 190, 212, 216
公共意識　171, 172
公共圏　15, 61-64, 71, 72, 118, 119, 122, 123,
　126, 127, 229
公共サービス任務　78
公共サービス放送　25, 27, 28, 163

公共サービスメディア（PSM）　11, 13, 14, 70,
　71, 77, 78, 80-83, 87-91, 95, 96, 99-104, 106,
　110, 115-130, 135-151, 153, 203, 207-213,
　215-222, 225-227, 229-238
　──の境界　235
公共的価値　29, 203, 219
公共の福祉　49, 68
公共の利益　4-6, 11, 13, 119, 120, 123, 125,
　126, 130, 207, 210
公共放送　3-6, 9, 11-15, 19-26, 28, 30-36, 49,
　50, 52, 55, 69, 70, 78-81, 95, 98-100, 103,
　110, 111, 119, 122, 140, 145, 161-164, 177,
　178, 189, 190, 199-203, 205, 206, 210, 211,
　217, 225, 226
　──サービス（PBS）　68, 69, 200, 205, 206
　──（米）法　200, 205
　──モデル　161
（タイ）公共メディア友の会　164, 166-169,
　172-175
公衆　14, 15, 109, 126, 139, 168, 210
国営放送　3, 20, 23, 210
国際放送　54
国民国家　59, 96, 120, 122, 123, 126, 127, 210,
　212, 219
個人情報保護法　41
コミュニティ放送局　205
コモンズ　226-230, 232-238
　──新しいコモンズ　228, 229
　文化──　231, 236
　無形文化──　232, 233
コンテンツ獲得競争　150
コンテンツ流通市場　152

サ行

災害対策基本法　178
災害報道　177, 178, 180, 182, 185, 186, 190,
　191
市場原理（主義）　14, 25, 26, 213

243

市場主義化　116-120, 122, 123, 127, 128, 130
市場の失敗　28
市民意識　169, 171
市民参加モデル　162, 164
市民ジャーナリスト　164, 165, 173
市民社会　164, 166, 175, 231
ジャーナリズム　7, 50, 60-65, 71, 72, 104,
　　109, 211, 212
社会的オルタナティブ　234, 238
社会的責任理論　65-67, 70
社会的存在価値　87
周波数の希少性　46
取材源の秘密　41
取材の自由　41
（英）受信許可料　24-26, 31, 32, 34, 81
受信料　50, 53, 91
　　——支払義務化　51
　　——支払督促　51
商業放送　3, 4, 8, 14, 20, 21, 28, 33, 34, 139,
　　140, 149, 161, 205
情報社会論　64
知る権利　40
人権　208, 209, 214-219, 221, 222
　　——とメディア　209
新自由主義　14, 116
新聞倫理綱領（旧）　67
スマトラ沖地震　180
制度化　5, 54, 101
ソーシャル・ネットワーク　109, 207
ソーシャル・メディア　64, 65, 182, 185

タ行
大規模地震対策特別措置法　178
タイPBS　161-175, 187
訂正放送・取消放送　48
停波　45
デジタル化　12, 13, 31, 32, 85, 78, 87, 97, 98,
　　100, 103, 107, 108, 124, 127, 128, 149, 151,
　　193, 229
デジタル技術　9, 11-13, 87, 115
デジタル・コモンズ　213, 214, 218-220, 229
デジタル・ディバイド　64

デジタル・ニュース・メディア　196, 197,
　　203
テレビ市場　136
テレビ番組購入戦略　135
電波法76条　45
独立性　32
特許状　24, 25, 81

ナ行
ナショナル・パブリック・ラジオ（NPR）
　　205
日本放送協会（NHK）　3-10, 12, 13, 19, 42-
　　44, 46, 48-54, 69, 77, 161, 177, 179, 183, 185-
　　187, 189-191, 205
　　——会長　3, 52, 53
　　——経営委員会　52, 53
　　——内部的自由　54
　　——予算　54
ネットワーク型コミュニケーション　97,
　　101, 104-108, 110, 111
ネットワーク社会　89

ハ行
パートナーシップ　33, 34, 36, 103, 128, 129
ハーバーマス，ユルゲン　62, 126
ハイブリッドキャスト　181
博多駅事件　40
パブリック・ディプロマシー　120
番組基準　49
番組編集準則　43, 45, 47
阪神淡路大震災　178
非営利メディア　193, 194, 199
東日本大震災　179-181, 189, 190
ビッグデータ　182
表現の自由　20, 39, 60, 79, 207, 217, 219
フェイスブック　196, 215
部分規制論　47
プレスの自由主義理論　66
プレスの自由に関する四理論　65, 69
プロパブリカ　198, 201
文化多様性　149, 212
文化帝国主義　136-138

文化的近接性　137-139
文化的資源　230
文化的な画一化　136, 137, 152
文化的枠組み　231
放送の社会的影響力　46
放送番組審議機関（番組審議会）　48
放送法　4, 42, 43, 45, 48, 49, 54, 178, 191
放送倫理・番組向上機構（BPO）　47, 49
ボーダーレス　213
報道の自由　40
ポスト放送時代　97, 98, 105

マ行
民営化　14, 26-78, 116, 117
民主主義　5, 39, 59-61, 63, 68, 72, 79, 83, 115,
　　119, 126, 166, 195, 199, 201, 210-212
名誉棄損　41, 42
メディア環境　9, 11, 13, 32, 79, 105, 109, 115,
　　149, 184, 207, 211, 215
メディア・コミュニケーション　215, 220

ヤ行
ユニバーサリティ　23, 78, 152, 220, 230

ユニバーサル・アクセス　31, 96, 237
ユニバーサル・サービス　69, 71, 99
ヨーロッパ放送連合（EBU）　11, 70, 80-83,
　　87, 89-91, 106, 190, 208, 215, 216, 220, 221
　　――（EBU）の六つの中核的価値　220

ラ行
ラジオ・イン・ア・ボックス　187, 188
リース，ジョン　30

英数字
ABU　→アジア太平洋放送連合
BBC　→英国放送協会
BBC iPlayer　21, 77, 90, 128
BPO　→放送倫理・番組向上機構
EBU　→ヨーロッパ放送連合
NHK　→日本放送協会
NPR　→ナショナル・パブリック・ラジオ
PSM　→公共サービスメディア
「TV Jor Nuer」　166, 169-174
Vision 2020　11, 80, 83, 87, 89-91, 208, 212,
　　214, 220, 221

掲載論文原題一覧

第 6 章　Broadcasting in the Post-Broadcast Era: Technology and Institution in the Development of Public Service Media
　　　　Taisto Hujanen

第 7 章　Public Service Media in 'Coopetitive' Networks of Marketisation
　　　　Tanja Meyerhofer

第 8 章　Public Service Media Programme Acquisition Strategies: BBC Worldwide and the Hegemony of Anglo-Saxon Content
　　　　Hilde van den Bulck and Karen Donders

第 9 章　TPBS: A Thailand Case Study
　　　　Palphol Rodloytuk

第 11 章　Hegemonic Challenge to Public Service Broadcasting in the United States Nonprofit Media Ecology
　　　　Alan G. Stavitsky

第 12 章　Globalizing Public Media Debates: Making the Case with a Rights-Based Approach
　　　　Minna Aslama Horowitz

第 13 章　Public Service Media and the Commons: Crossing Conceptual and Institutional Boundaries
　　　　Corinne Schweizer

編　者

大石　裕（おおいし　ゆたか／ Yutaka Oishi）（第4章）
　慶應義塾大学法学部教授

山腰修三（やまこし　しゅうぞう／ Shuzo Yamakoshi）（第1章）
　慶應義塾大学メディア・コミュニケーション研究所准教授

中村美子（なかむら　よしこ／ Yoshiko Nakamura）（第2・5章）
　NHK 放送文化研究所メディア研究部上級研究員

田中孝宜（たなか　たかのぶ／ Takanobu Tanaka）（第10章）
　NHK 放送文化研究所メディア研究部上級研究員

執筆者一覧

鈴木秀美（すずき　ひでみ／ Hidemi Suzuki）（第3章）
　慶應義塾大学メディア・コミュニケーション研究所教授

タイスト・フヤネン（Taisto Hujanen）（第6章）
　タンペレ大学コミュニケーション・メディア・演劇学部名誉教授

タニヤ・マイヤーホーファー（Tanja Meyerhofer）（第7章）
　欧州放送連合研究員

ヒルデ・ヴァン・デン・ブルック（Hilde van den Bulck）（第8章）
　アントワープ大学コミュニケーション研究学部教授

カレン・ドンダース（Karen Donders）（第8章）
　ブリュッセル自由大学コミュニケーション学部准教授

パラポン・ロドライドゥ（Palphol Rodloytuk）（第9章）
　シナワトラ大学教養学部准教授

アラン・G・スタヴィスキー（Alan G. Stavitsky）（第11章）
　ネバダ大学リノ校ドナルド・レイノルズ・ジャーナリズム学部学部長

ミンナ・アスラマ・ホロヴィッツ（Minna Aslama Horowitz）（第12章）
　セント・ジョーンズ大学マスコミュニケーション学部准教授

コリン・シュヴァイツアー（Corinne Schweizer）（第13章）
　ロンドン・スクール・オブ・エコノミクス　メディア・コミュニケーション学部特別研究
　員

メディアの公共性
——転換期における公共放送

2016 年 10 月 31 日　初版第 1 刷発行

編著者―――――大石裕・山腰修三・中村美子・田中孝宜
発行者―――――古屋正博
発行所―――――慶應義塾大学出版会株式会社
　　　　　　　〒 108-8346　東京都港区三田 2-19-30
　　　　　　　TEL〔編集部〕03-3451-0931
　　　　　　　　〔営業部〕03-3451-3584〈ご注文〉
　　　　　　　　〔　〃　〕03-3451-6926
　　　　　　　FAX〔営業部〕03-3451-3122
　　　　　　　振替 00190-8-155497
　　　　　　　http://www.keio-up.co.jp/
装　丁―――――鈴木　衛
印刷・製本――株式会社加藤文明社
カバー印刷――株式会社太平印刷社

©2016 Yutaka Oishi, Shuzo Yamakoshi, Yoshiko Nakamura, Takanobu Tanaka
Printed in Japan ISBN 978-4-7664-2377-8

慶應義塾大学出版会

ジャーナリズムの国籍
――途上国におけるメディアの公共性を問う

山本信人 監修／慶應義塾大学メディア・コミュニケーション研究所・NHK放送文化研究所 編　急速に変貌を遂げるメディア状況のなかジャーナリズムの国籍性とメディアの公共性は変質を余儀なくされた。10の途上国を取りあげることで、ジャーナリズムの苦悩と挑戦をえぐり出し、これからのジャーナリズム観・市民観を再考する試み。　　　　　　　　　◎3,800円

ジャーナリズムは甦るか

池上彰・大石裕・片山杜秀・駒村圭吾・山腰修三 著
ジャーナリストの池上彰、メディア研究者の大石裕らが、日本のジャーナリズムの問題点や将来のあるべき姿について熱く語る！　二極化する報道、原発報道から歴史認識問題まで、メディア、ジャーナリズムの現状と未来を問う注目の書。　　　◎1,200円

コミュニケーション研究　第4版
――社会の中のメディア

大石裕著　広範なコミュニケーションを考える入門書。コミュニケーションが社会の中で果たす役割、ソーシャルメディアや新たなメディアの社会的影響などを体系的に整理し、多くの図表を掲げわかりやすく解説する。
◎2,800円

表示価格は刊行時の本体価格（税別）です。